国际时尚设计丛书 · 服饰配件

国际首饰设计与制作：银饰工艺

［英］伊丽莎白 · 波恩　著
胡俊　译

中国纺织出版社

内 容 提 要

本书是一本银饰设计与制作工艺的专业书，由易到难地讲解了各种基础工艺、表面处理工艺与特殊工艺。每种工艺的讲解非常详细，分别介绍了工具与材料的准备、操作过程、提示与技巧，大大提高了可操作性。此外，还介绍了6位成功首饰艺术家的专业访谈，由其亲身传授创作心得和感悟。本书作者伊丽莎白·波恩既是一位颇有建树的首饰艺术家，也是伦敦首饰学院的专业讲师，从业将近20年，作者将大量的专业知识和技巧融入本书中。

本书案例丰富、图文并茂、步骤翔实，适合高等院校珠宝首饰专业师生、首饰设计师、工艺师、艺术品收藏者以及广大爱好者阅读与参考。

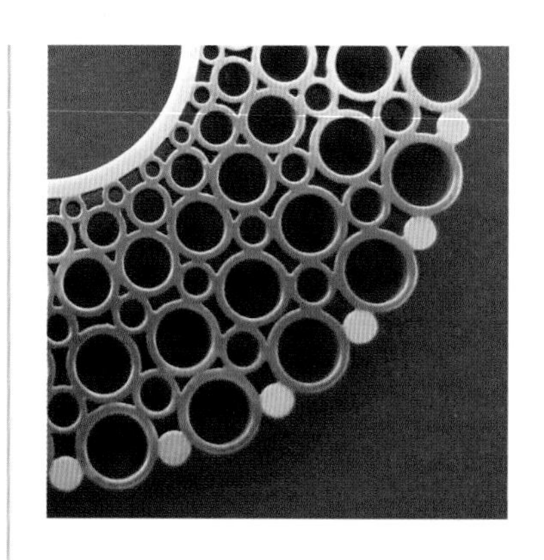

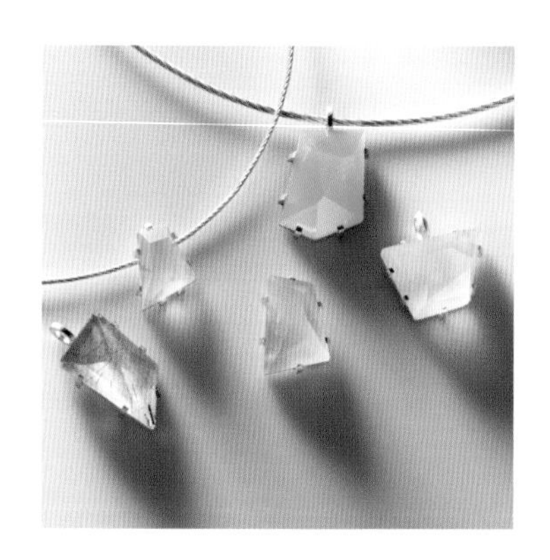

目录

第二部分
材料、工具与参考信息 175

第一部分
工艺与艺术家档案

基础工艺

表面处理工艺

特殊工艺

艺术家档案

《综合造型》，胸针，阿黛尔・布里尔顿 (Adele Brereton)，摄影：维多利亚・林格 (Victoria Ling)

戒指，伊丽莎白・波恩 (Elizabeth Bone)，摄影：乔尔・德根 (Joel Degen)

《直立》，戒指，苏姗・梅 (Susan May)，摄影：苏姗・梅

基础工艺

退火与酸洗

如何使加工过的、已经变硬的银材料保持延展性，唯一的办法就是对其进行退火。我们知道，银材料在加工过程中，因分子间的结构不断被挤压而逐渐变硬，从而给进一步的加工和塑型带来困难，此时，我们便需要对银材料进行退火，释放它的应力，恢复它的延展性。倘若在不退火的情况下执意对银材料进行持续的加工，银材料就一定会出现裂缝。

退火

退火应在较暗的光线下进行，因为，我们是依据金属被加热时呈现的颜色变化来判断它是否达到了退火的温度点，而强光之下这种颜色变化不易被察觉。操作时要点燃火枪，根据需要退火的银材料的体积来决定焰炬的大小，退火需要用焰炬中温度最高的部分，也就是蓝色外焰的尖端部分。

当银材料呈现淡红色时，则表明达到了退火的温度点，此时，应当迅速移开焰炬，以避免银材料继续被加热而熔化。暂时不要移动银材料，待红色的银材料转变为黑色，或者银材料的红色消失之后，才可以把银材料放入冷水中冷却。

标准银（925银）、布里特尼亚银（Britannia）、纯银以及阿金提姆银（Argentium silver）的退火温度点稍有不同（请参见第176页各类银材料的相关文字说明）。

标准银由92.5%银与7.5%紫铜组成，当它加热至呈现淡红色时就可撤去焰炬，待其转变为黑色时就可放入冷水中冷却。经过多次退火之后，标准银表面的氧化层会逐渐减少，颜色也不再从淡红色转变为黑色，所以，当淡红色消失之后，就可直接将其放入冷水中冷却了。标准银由于含有紫铜，在受热过程中其表面极易氧化而产生灰紫色斑点，这些斑点在抛光之后会更加明显，很难去除。如何避免产生这些斑点？退火之前，在银材料的表面涂抹焊剂，以形成保护层，阻止银材料氧化；退火过程中，我们应该让焰炬保持移动，而不要长时间停留于某一局部；每次退火之后，都要把银材料放入酸液中浸泡。另外，表面纯化工艺也可以达到去除斑点的目的。

布里特尼亚银由95%银与5%紫铜组成，由于紫铜含量相对较低，因此表面不易形成斑点。布里特尼亚银比标准银更软一些，所以需要退火的次数也比标准银少。在达到退火温度点时，布里特尼亚银呈现淡红色，撤开焰炬后淡红色即消失，便可放入冷水中冷却。

纯银的银含量高达99.9%，由于不含紫铜，退火时不会有氧化之虞，亦不会产生表面斑点，故而退火后不必放入酸液里浸泡。纯银非常柔软，可进行长时间的加工而无须退火。纯银达到退火温度点时呈现淡红色，淡红色消失之后即可冷却。

根据行业标准，阿金提姆银的银含量在93.5%~96%之间，除银之外，还有少量紫铜和锗，由于锗的存在，阿金提姆银退火后不会产生斑点，它的退火温度点也比标准银稍低。达到退火温度点时，阿金提姆银呈现微红色，由于这种微红色十分微弱，因此较难察觉。阿金提姆银加热至退火温度点的时间要比标准银长，退火之后，不要挪动，而应把它留在耐火砖上，仔细观察，等待微红色完全消失、温度逐渐降低后，方可挪动，否则，材料在加工过程中容易产生裂纹，甚至发生断裂。当然，过早地冷却也会导致同样的后果。有时，阿金提姆银在第一次退火之后会改变颜色，经过酸洗即可去除杂色，然后继续退火，由于金属中的锗会逐渐发挥抗氧化的作用，因此材料不再变色。

酸洗

酸洗，是指将受热或焊接后的金属浸泡于酸液中，使金属表面的氧化物与焊剂残留物逐渐被溶解和清除的过程。长期以来，由10%浓硫酸与90%清水配制而成的稀硫酸溶液被视为标准酸液，不过，由于酸液的保存和使用具有一定的危险性，所以，现在越来越多的人会选用固态酸晶体（即所谓的安全酸）来清洗金属。不过，安全酸（如硫酸粉）同样具有毒性和腐蚀性，所以应按照生产商提供的安全使用规范来调配酸液、使用酸液，可见，遵循正确的操作程序对于安全酸的使用十分重要。

还有许多非化学类的溶液可以用来清洗金属，这些溶液更环保，比如明矾溶液。可以逛逛普通杂货店香料区，从爽身粉类的货品中就能找到明矾粉，药店亦有出售。两汤匙明矾粉（30g）加0.5L（1品脱）水就可制成明矾溶液。另外，白醋、盐、柠檬酸加水也可制成一种非化学类的清洗溶液。

加热后的酸液要比常温的酸液更具清洗效力。用于加热酸液的容器有很多，相对便宜的有瓷罐、慢炖锅等。加热溶液需用文火，容器需盖好盖子，否则溶液会被逐渐蒸发掉。一般情况下，银材料在受热后的酸液中最多浸泡五分钟就可去除氧化物与焊剂残留物，但如果残留在银材料表面的硼砂焊剂过多，就需要更长的浸泡时间。其他影响浸泡时间长短的因素还有酸液的种类、温度以及酸液已使用时间的长短等。酸液在使用时需不时补充硫酸和添加清水，因为在清洗金属的过程中，酸液会不断吸收氧元素，最终变为蓝色的、饱含氧元素的液体。如果酸液清除污物的时间变得越来越长，那么，酸液就该彻底更换了。有时，由于把钢镊子直接伸进酸液中夹取金属，或者，焊接时用来捆扎和固定银片的铁丝未经去除，连同银片一并被放入酸液中，那么，酸液里就会溶解少量的铁元素，从而产生某种化学反应，致使浸泡在酸液里的银片的表面覆上一层薄薄的铜。为了避免这种情况发生，我们应该尽量使用黄铜、塑料或者木质的镊子夹取酸液中的银饰，把银饰放入酸液之前，一定记得解除捆扎在银饰上的铁丝。当然，如果钢镊子不小心污染了酸液，且银饰表面已经覆盖了一层铜，我们则可以对银饰进行加热并将其浸泡在干净的酸液中，再用涂抹去污粉的金属刷子反复擦拭银饰，以去除表面那层薄薄的铜。如果酸液里的铁元素被去除，酸液则可继续使用，不会再发生化学反应。

从酸液中取出银饰后，还要把银饰浸泡于清水中，由于淤积在犄角旮旯里的酸液不易清除，因此浸泡时需不时翻动银饰，才能达到完全洗去酸液的目的。小苏打具有中和酸性物质的功效，因此可以用113g（4盎司）小苏打和0.5L（1品脱）水配制成的溶液来浸煮银饰，这种小苏打溶液用于中和淤积在银饰腹腔内的酸液非常有效，要知道，那些淤积在银饰腹腔内的酸液是通过很小的孔洞进入银饰中空的内部，这些酸液一旦进入腹腔就很难再流出来，所以只能采用小苏打水中和的方法。清洗后的银饰要置于通风处自然晾干，银饰的各个部位都不能残留水分。除了自然晾干，我们还可以用吸水性强的纸巾包裹银饰，或者把银饰置于暖气附近，甚至使用吹风机迅速吹干银饰。

退火与酸洗工艺示范

银片与银丝的退火

工具与材料

- 银片
- 木炭块或耐火砖
- 火枪
- 水
- 酸液
- 银丝
- 黄铜、塑料或木质镊子

操作过程

1. 关闭工作灯，把银片置于木炭块上，点燃火枪，使用焰炬中温度最高的部分加热银片，焰炬应保持移动，以便银片加热均匀。

2. 观察银片的颜色变化，如出现淡红色，则表明已达到退火温度点，继续移动焰炬，使整个银片都呈现淡红色。

3. 撤去焰炬，把银片留在木炭块上几秒钟，银片会从红色转变为黑色。

4. 把银片放入冷水中冷却，然后放入热的酸液里浸泡五分钟，当银片的表面变得干净且呈现亚白色时，用镊子从酸液中夹出银片，再放入清水中清洗，然后自然晾干。

5. 此后，如果再给银片退火，银片表层的氧化现象会显著减少，银片也不再呈现黑色，不过，淡红色也不如先前明显了。

6. 给银丝退火之前，应先把银丝盘成圈，银丝的末端要缠紧，以防退火过程中因受热而弹开。把盘好的银丝圈置于木炭块上，关闭工作灯，用软火加热银丝，并保持焰炬移动，当银丝圈呈现淡红色时，再把银丝圈翻转过来，继续移动焰炬加热，确保银丝的每一个区域都达到了退火的温度点。

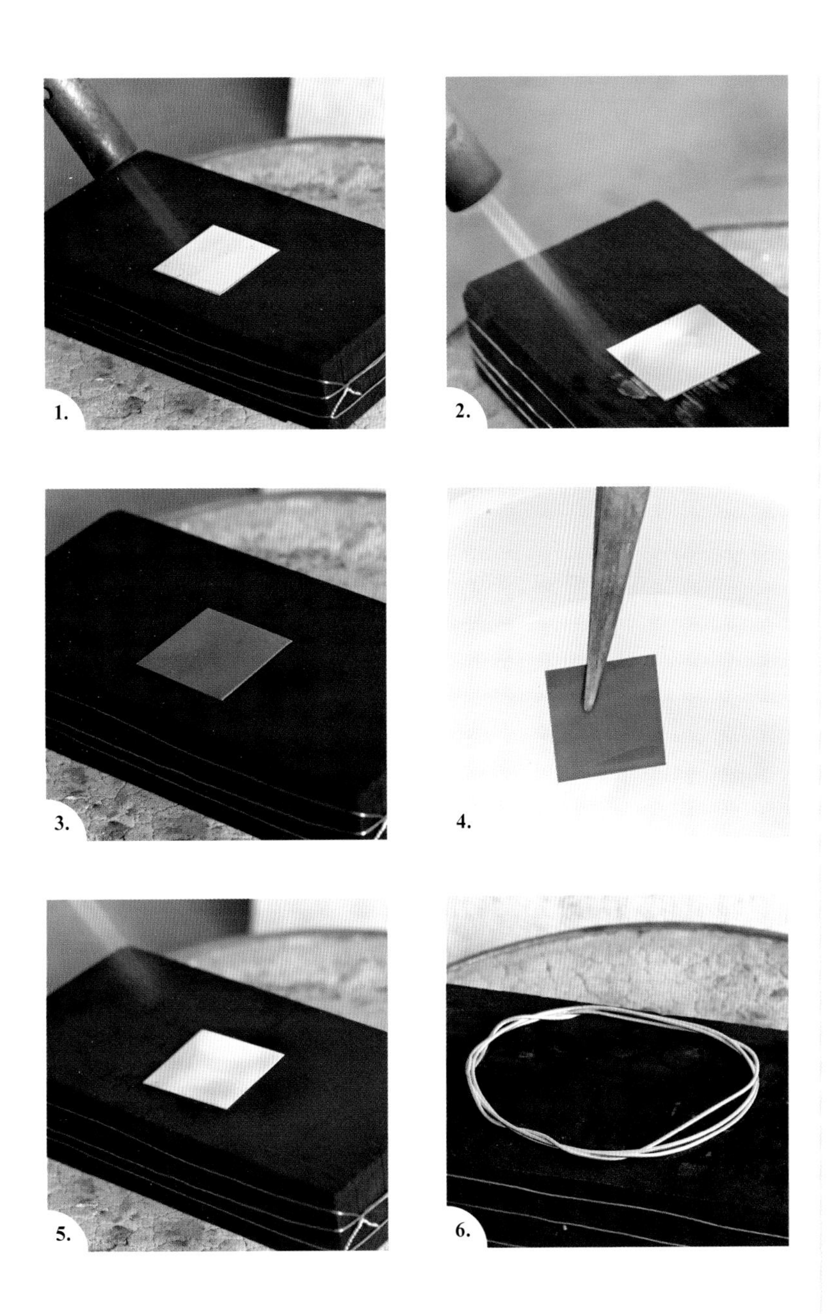

提示与技巧

在加工过程中，银材料一旦变硬就必须给它退火，否则，银材料会出现裂缝甚至断裂。

耐火砖与木炭块的表面必须保持干净，确保没有残余细碎的焊药片。否则，给银片退火时，这些细碎的焊药片往往会熔化在银片的表面，造成污染。

退火时一般采用软火，并且时间不宜过长，另外，需根据银材料的体积来调整焰炬的大小，焰炬应完全覆盖银材料，注意温度不要超过退火温度点。

把银材料放入清水或酸液之前，一定要让银材料自然冷却一会儿。

给体积较大的袖扣或手镯等银饰退火时，应该把银饰倾斜放置以利于银饰快速受热，或者用耐火砖围住银饰，这样可以避免加热过程中热量的流失。

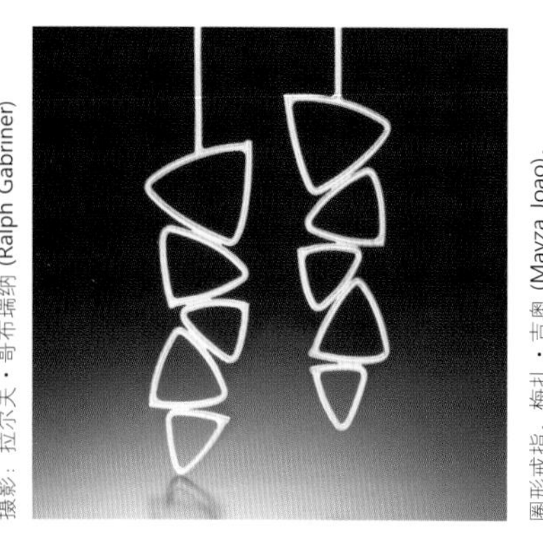
三角形耳饰，唐娜·阿奎诺 (Donna D'Aquino)，
摄影：拉尔夫·哥布瑞纳 (Ralph Gabriner)

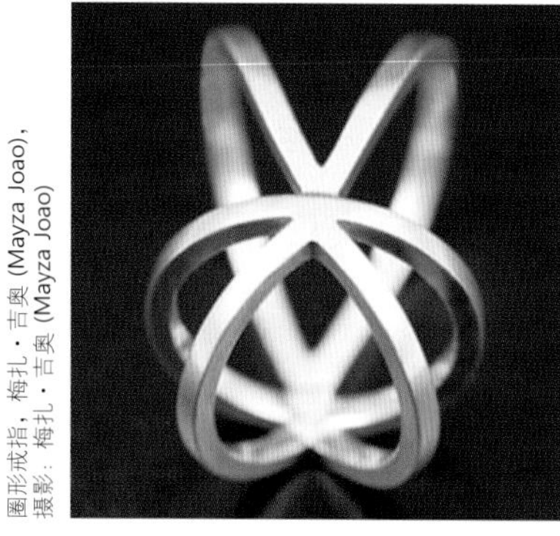
圈形戒指，梅扎·吉奥 (Mayza Joao)，
摄影：梅扎·吉奥 (Mayza Joao)

焊接

焊接是指用焊药（一种合金）把多件金属牢固连接在一起的工艺。焊药的熔点应低于要连接的金属件的熔点，焊接时辅以焊剂，焊药就会熔化而流进金属之间的缝隙。焊药凝固后，金属件就被牢牢地焊接在一起。银焊药由不同比例的纯银、紫铜与锌制成，锌所占比例的多少决定了焊药熔流温度点的高低。

银焊药有高温、中温、低温与超低温之分，此外还有一种专用于珐琅工艺的超高温焊药。高温银焊药的锌含量最少，所以它的熔流温度点最高，另外，高温银焊药的色泽很接近纯银，流动性能也最好（参见第187页银焊药的熔点与熔流温度点图表）。

通常，焊接时最先使用高温焊药，随后是中温焊药，最后使用低温焊药，依照这样的焊药使用顺序，可以避免先期完成的焊点再次裂开。焊接是一项较为复杂的工艺，需要在操作前对整个焊接工序做到心中有数。例如，如果一件作品的焊点较多，你可以先用高温焊药把多个比较靠近的焊点一次焊接成功，之后，再用中温焊药焊接距离较远的焊点，最后用低温焊药焊接最后一个焊点。为了防止已完成的焊点再次受热而裂开，可用红铁粉加水，调成糊状后涂抹于焊点，这样就可以起到隔热保护的作用。在所有的银焊药中，超低温银焊药的熔点是最低的，多用于首饰的修补工作。银焊药一般可加工成焊药片、焊药条以及焊药丝。

涂抹焊剂于焊接口，可以使焊药更好地流动。因为焊剂在银的表面形成保护层，从而阻止银发生氧化，使焊接口保持干净。焊剂有许多种，最常用的是硼砂。

钢镊子、反向镊子以及焊接辅助针是操作焊接工序时必备的工具，另外，还有木炭块、耐火砖等。旋转焊接台也很重要，它可以旋转，使我们能从各个角度对金属进行加热，使金属受热均匀。一般情况下，我们最好准备一大一小两把火枪，或者是一把配备不同口径枪头的火枪，这样，我们就可以获得大小不同的焰炬了。

焊接法

焊片焊接法：这是一种最常用的焊接方法。沿焊药片或焊药条的边缘剪下一条焊药，然后把这条焊药剪成小段。这些小焊药片使用起来十分方便，可在加热金属前放置于焊接口，也可以一边加热金属、一边放置焊药片。

熔焊法：此种方法尤其适合于焊点被覆盖的、中空的金属件。焊接时，先把焊药熔化在一块待焊金属的表面，然后把另一块待焊的金属放置于其上，对其加热，当达到焊药的熔点时，先前熔化且凝结的焊药会再次熔化，从而促成两块金属焊接在一起。此法由于焊点隐藏于金属件内部，表面看不到焊点，故而完成焊接后的金属件的表面十分干净。

蘸焊法：有时，焊点太小，以至于焊药片无法平稳放置，此时，蘸焊法尤为适用。蘸焊法的方法是：先把焊药剪成小片，再用蘸过硼砂焊剂的焊接辅助针的针头粘起焊药小片，或者先用火枪将焊药小片烧成小球，再用焊接辅助针针头粘起焊药小片，然后给金属件加热，当焊接口接近焊接温度点时，把粘在焊接辅助针针头的焊药小片接触焊缝，焊药旋即熔化，流进焊缝，完成焊接。

焊条焊接法：体积较大的金属件的焊缝一般较长，比如，剔线对折的金属件。此时，焊药的使用量相对较多，焊条焊接法便派上了用场。用反向镊子夹紧焊条，给焊缝涂抹焊剂，用火枪加热，当金属达到焊接温度点时，用焊条直接触碰焊缝，焊药条旋即熔化，立刻用焰炬灼烧焊缝的另一端，引导焊药溶液流向焊缝的另一端。

糊焊法：这种焊接法适用于焊接纤细的、不易触及的焊点。先把焊药粉与焊剂混合，搅拌成糊状，用注射器把混合物推挤到焊点，使之糊住焊点，然后加热焊接。这种焊接法不可单独使用，它一般作为其他焊接法的补充手段加以运用。

成功操作注意事项

- 焊接口应当严丝合缝，在灯光前我们可以很好地观测接缝是否严实，这个步骤很重要，否则，可能导致焊接失败，不得不再次操作焊接。
- 待焊接的金属与焊药都必须保持清洁，确保没有油污，焊缝必须修整干净，涂满焊剂，否则，焊药熔化后不会流进焊缝。
- 裁剪后的不同大小的焊药片需放置于纸上，这样可以使焊药片保持清洁，且不易丢失。
- 关闭或弱化强光源，以便很好地观测受热金属的颜色变化。
- 焊药的用量应适当，因为即便是一小片焊药，也可以流满一段较长的焊缝。如果焊药不够，可以继续添加。
- 焊药应放置于两块待焊接金属的接缝处，也就是两块金属之间，而不可偏于任何一边。
- 焊药熔化后会流向温度高的区域，正确的焊接应是：先给金属件以及焊药整体加热，接近焊药熔流温度点时，用焰炬对焊药与接缝进行局部加热，达到熔流温度点，再用焰炬引导焊药溶液流进焊缝。
- 焊药熔化并流进焊缝后，应及时撤去焰炬，否则，过度加热，焊药里的锌会挥发殆尽，银的表面以及焊缝里会形成砂眼（小坑）。由于锌的挥发，焊药的熔流温度点升高，所以继续对它加热已经没有作用，此时，应该重新放置一块新的焊药，焊接工作才有可能继续进行。
- 焊接中空的金属件应该加倍小心，确保其不致爆裂。故而，中空的金属件需要再次受热时，应提前在金属件上钻孔，以便留存在金属腹腔中的空气或蒸汽在受热膨胀时能够逃逸出来。
- 焊接阿金提姆银时千万不可使用高温焊药，而应使用中温、低温焊药，因为高温焊药与阿金提姆银的熔点实在太接近了。如今，阿金提姆银的专用焊药已被开发出来，正被大量使用。

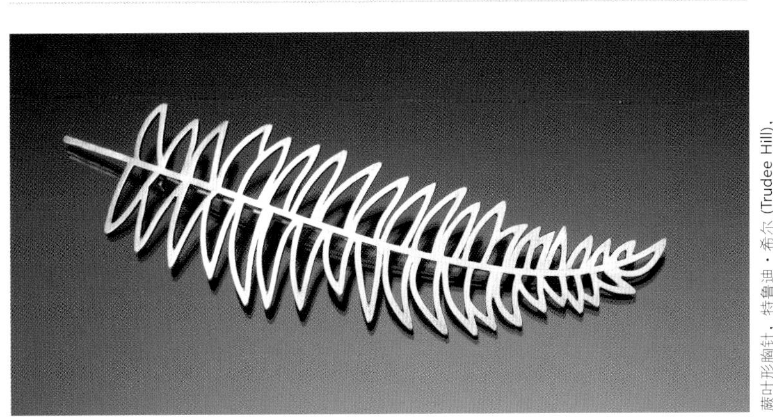

蕨叶形胸针，特鲁迪·希尔（Trudee Hill），
摄影：道格拉斯·雅培（Douglas Yaple）

焊接工艺示范

焊片焊接法与焊条焊接法

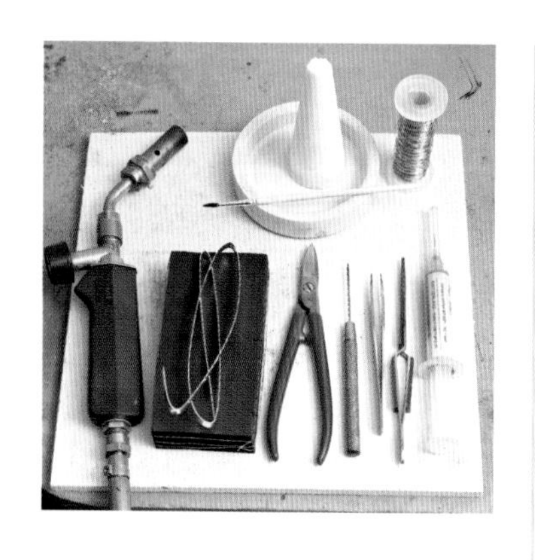

工具与材料

- 标准银戒圈
- 擦拭布
- 高温银焊药
- 压片机或铁砧、平头锤
- 小剪钳
- 平嘴钳
- 硼砂粉和小碗
- 水
- 焊砖或木炭块
- 焊剂刷
- 火枪
- 表面饰有锤敲肌理的银手镯
- 捆绑丝
- 耐火砖
- 焊接辅助针
- 剔线对折的标准银片
- 反向镊子

操作过程：焊片焊接法

1. 把一段标准银条弯成戒圈，于灯光前检查戒圈的连接处是否严丝合缝，如果缝隙比较严实，就可以用擦拭布擦净连接处，准备焊接。

2. 准备一片高温焊药，用压片机压薄，再用擦拭布擦净，沿焊药的边缘剪下一长条焊药，此时，剪下来的焊药为卷曲状，可用平头锤小心地敲打，使之平整。然后，再把它剪成细碎的焊片待用。

3. 用小碗装一些硼砂粉末，倒入少量清水搅拌，调成糊状硼砂液。如果硼砂液开始变干，可适量添加清水，再搅拌以备用。

4. 放置一小段焊片于木炭块上，在戒圈的接缝处涂抹硼砂液，把戒圈扣在焊片之上，调整位置，使焊片正好位于接缝的下方。（这种方法适合于初学者，而有经验的首饰制作师通常会把焊片直接放在戒圈接缝的正上方。）

5. 用火枪对戒圈的外围进行加热，焰炬需保持一定的倾斜角度（不要垂直）。戒圈受热后，硼砂液会膨胀，待水分完全蒸发，硼砂液就会停止膨胀而凝结。此时，戒圈的温度不断升高，不要再用焰炬对戒圈外围加热，而应顺着戒圈的接缝来回移动。当看到焊药片开始发光熔化，应移动焊炬，引导焊药溶液流进戒圈的接缝里，然后迅速移开焰炬。

6. 快速把戒圈翻转过来，用焰炬继续对戒圈的内圈加热，确保焊药溶液充满整个接缝。

操作过程：焊条焊接法

7. 准备好一只表面饰有锤敲肌理的银手镯，用锉子修整接缝，使之严丝合缝，并用金属丝捆绑手镯，这样做可以避免手镯在受热过程中发生膨胀而致使接缝张开。用耐火砖围成圈，以防热量散失。往缝隙里涂抹硼砂液，并把高温焊条紧靠于手镯内圈的接缝处。之所以要把焊条放置于内圈，是因为手镯的外圈饰有肌理，如果把焊药放置于外圈，焊药融化后势必覆盖肌理，从而破坏手镯的肌理装饰。点燃火枪，对手镯的内圈整体加热，硼砂液受热膨胀，导致焊条移位，此时，应该用焊接辅助针把焊条轻轻推回原位。待手镯达到一定温度，集中火力加热接缝，见到焊药开始发光熔化，再移动焊炬，引导焊药溶液流进缝隙，然后迅速移开焰炬，把手镯翻转过来，用焰炬继续对手镯的外围加热，确保焊药溶液充满整个缝隙。

8. 剪一小段焊条，洗净，用反向镊子夹住备用。取一块银片，剔线对折，对折处需要焊接。先把硼砂液涂抹于对折的缝隙里，点燃火枪，给银片整体加热，当银片接近焊接温度点时，用焊条的前端轻轻触碰缝隙，焊条瞬间熔化，然后顺着缝隙移动焰炬，引导焊药溶液从缝隙的一端流向另一端，直至充满整个缝隙。

4.

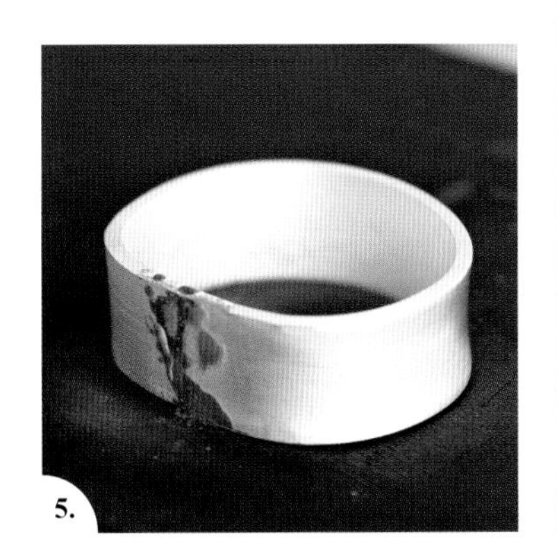
5.

7.

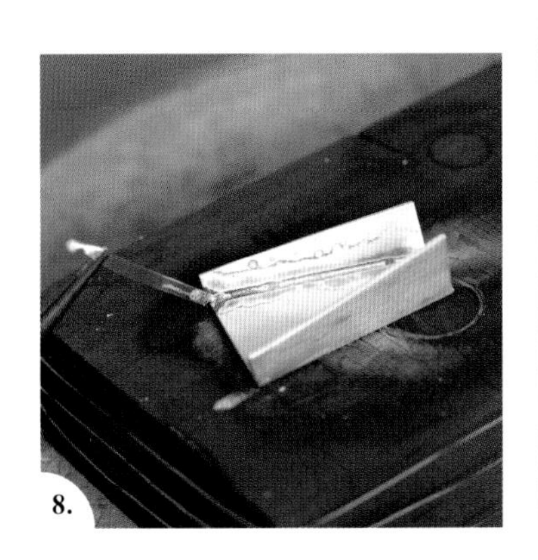
8.

提示与技巧

银材料经长时间加工会变硬，此时，如果未经退火就实施焊接，接缝往往会受热张开，缝隙随即扩大，导致焊接无法进行，究其原因，在于受热后的银材料会变得柔软而松弛。

为防止焊药熔化后污染现有的纹理，需把焊药放置于银片的背面来实施焊接。

如果需要焊接的银饰尺寸较大，可用耐火砖围成圈，以防止加热时散失热量。

焊接一旦失败，焊缝裂开，那么，再次焊接前一定要用锉子修整焊缝后再实施焊接操作。

银饰抛光后十分光洁，焊缝不易辨别。可用软火加热银饰，焊缝很快就会呈现暗色，利用这种方法可以很方便地找到焊缝。

焊接时尽量避免单次使用大块的焊药，因为这样容易造成焊药的堆积，给下一步清理多余的焊药带来麻烦，不如开始时先使用小块的焊药，不够时再一点一点添加。

操作焊接的时间不宜过长，因为高温银焊药的熔点已经十分接近退火温度点，此时，银片已经发红，长时间加热就有熔化的危险。

焊接工艺示范

空腔焊、对接焊、袖扣配件焊接

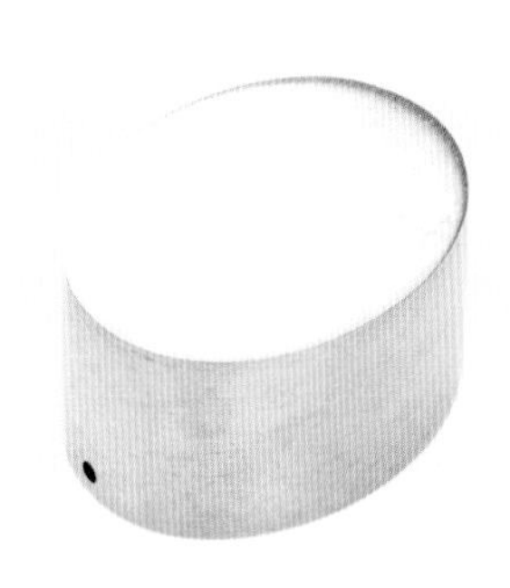

工具与材料

- 银片
- 高温银焊药
- 椭圆形戒指棒
- 木炭块
- 平头锤
- 金刚砂锉子
- 硼砂粉和小碗
- 火枪
- 焊接辅助针
- 酸液
- 红铁隔热粉
- 水
- 小号刷笔
- 中温银焊药
- 手钻或吊钻
- 银丝
- 圆锉
- 竹叶锉
- 银袖扣配件
- 反向镊子

操作过程：空腔焊

1. 用细长条的银片围成一个戒圈，用高温银焊药焊接（请参见第12页的步骤2~6），把焊好的戒圈套在椭圆形戒指棒上，用锉子和砂纸修整成型。

2. 剪两块面积略大于戒圈的银片，用平头锤敲平，用砂纸打磨光滑，把其中的一块银片平放于木炭块上，涂上焊剂，把戒圈放在银片上，戒圈的焊缝位于后方。围绕戒圈的外围均匀放置焊药片，焊药片需接触到戒圈，注意，戒圈的焊缝下方不宜放置焊药片。

3. 开始加热，用焰炬灼烧银片的四个边并保持移动，注意不要把焰炬直接对准戒圈加热。当银片的温度升高之后，戒圈也一起升温，焊剂开始受热膨胀并凝结，用焊接辅助针把因焊剂膨胀而移位的焊药片推回原位，当整体温度上升到一定程度时，给焊缝局部加热，看见焊药片开始熔化流动，迅速把焰炬移动到另一焊药片，使其熔化流动，再把焰炬移至下一焊药片，依次进行，直至所有的焊药片熔化，流进焊缝，完成焊接。

4. 冷却、酸洗、晾干之后，把多余的银片剪掉，用锉子修整直至其与戒圈的外围完全吻合。把红铁粉加水调成糊状，涂抹并掩盖住焊缝，晾干，之后用中温焊药把它与另一块银片焊接在一起，方法参照步骤2和步骤3。

5. 把中空的银饰件放入冷水中冷却，如有气泡冒出，说明焊接得并不严实，仍有缝隙存在。在银饰件的底面钻两个小孔，把里面的空气和液体放出来，然后重新焊接。

操作过程：对接焊

6. 用圆锉在银丝的一端锉出圆形沟槽，使之与另一根粗细相同的银丝的中部对接，并严密贴合。

7. 把这两根银丝平放在木炭块上，于接缝处涂抹焊剂，放置高温银焊药片。给银丝加热，温度不断升高，直至焊药片熔化。

8. 冷却、酸洗、晾干之后，用竹叶锉修整大形，再用金刚砂锉子锉出肌理。

操作过程：袖扣配件焊接

9. 用反向镊子夹住袖扣配件，在配件的底端涂抹焊剂，并把一小块高温焊片熔化在其上。给银袖扣的背面涂抹焊剂，并加热，加热过程中把袖扣配件小心地放在银袖扣上，一起加热，直到焊药再次熔化，完成焊接。

提示与技巧

用小苏打液体中和进入银饰空腔内的酸水。

如果想拆开焊缝，可用反向镊子夹紧银饰的一端，给银饰涂抹焊剂，用焰炬整体加热，待焊缝里的焊药熔化，迅速用镊子把银饰的另一端拆下来，即可拆开焊缝，解除焊接。

2.

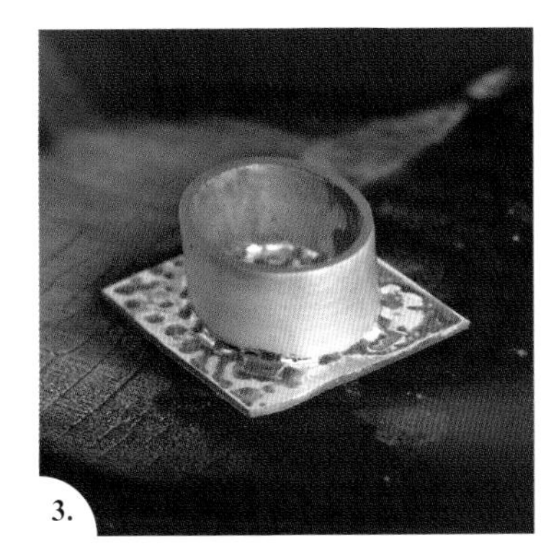
3.

4.

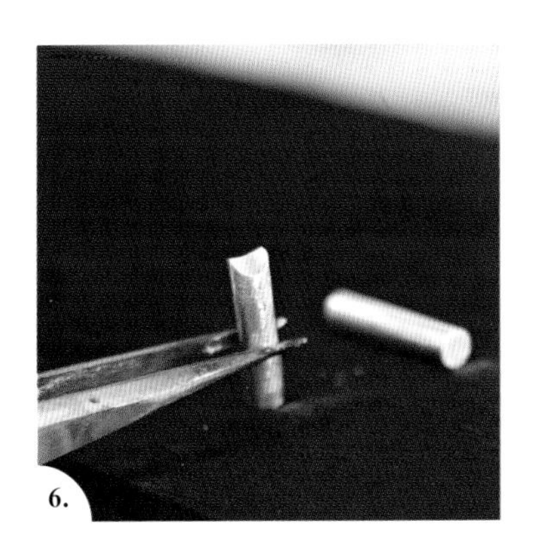
6.

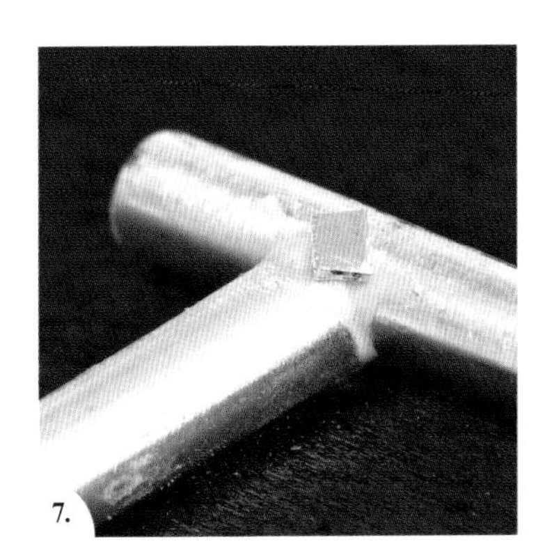
7.

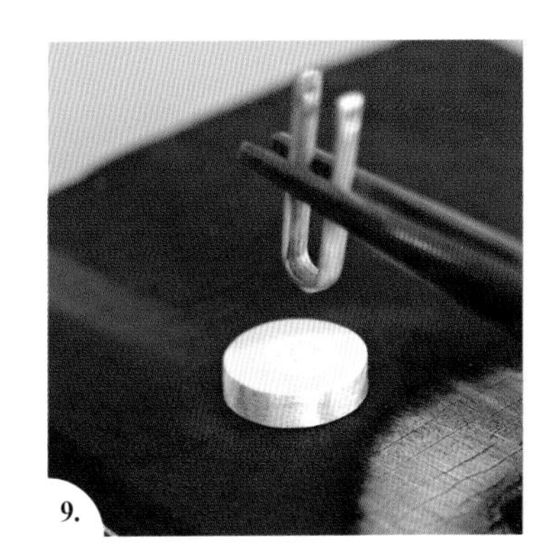
9.

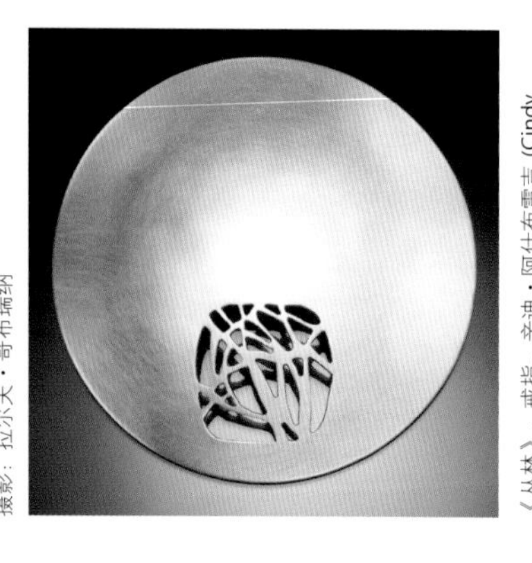

圆盘吊坠，克里斯蒂·克卢格 (Christy Klug)，摄影：拉尔夫·哥布瑞纳

《丛林》，戒指，辛迪·阿什布雷吉 (Cindy Ashbridge)，摄影：保罗·蒙塞 (Paul Mounsey)

胸针，汉娜·路易丝·兰姆 (Hannah Louise Lamb)，摄影：汉娜·路易丝·兰姆

切割与锉磨

切割与锉磨是银首饰制作最基本的加工工艺，应该掌握这种工艺，在银首饰制作的各个阶段会反复地用到。

切割

裁片机、钢剪与银剪子都可以用作裁剪银片的工具，但这些工具裁剪出来的银片都有毛边，且不够精确。可用水口剪钳和斜口剪钳剪断银丝，但用这两种工具剪断银丝后会留下倾斜的断面，需要用锉子修平。如果使用虎头剪钳，则剪断银丝后留下的断面较为整齐，基本不需要用锉子修整。

如果用锯子来切割和剪裁银片、银丝和银管，效果则要好很多。锯子是最基本的首饰制作工具，其用途十分广泛，无论是简单的还是复杂的银片裁剪工作都可以胜任。锯子由锯弓和锯条组成，锯条需用锯弓夹牢，这样，裁切时锯条才不会松动。锯条的型号有许多，常用的型号在4/0～8/0号之间，其中4/0号较粗， 8/0号较细。我们必须根据银片的厚薄来选择锯条的粗细，通常来讲，银片的厚度应该与锯条的三个齿的距离相等，举例来说，型号在4/0～8/0号之间的锯条比较适合于裁切厚度不超过0.6mm（22 Ga.）的金属片，3/0号的锯条适合于裁切厚度不超过1.3mm（16 Ga.）的金属片，2/0号的锯条适合于裁切厚度不超过1.6mm（14 Ga.）的金属片，1/0～4/0号的锯条适合于裁切厚度不超过3mm（9 Ga.）的金属片。裁切曲线时，最好使用较细的锯条。

锯子可以锯出具有装饰性的线条，也可以进行镂空装饰。镂空装饰是指直接在银片上掏空进行图案装饰，它无须从边缘开始掏空。基本工序是：先把图案转印到银片上，在图案中靠近边缘线的位置钻孔，用锯弓下方的夹头夹紧锯条的一端，把锯条的另一端从钻好的孔中穿过，再用锯弓上方的夹头把锯条夹紧。锯弓与锯条要垂直于银片，然后开始镂刻图案。镂刻应该先从较为靠近银片中央的地方开始，然后是靠近边缘的图案，这样有利于我们的手按紧银片。镂空的空间不要过于狭小，至少锉子要能伸进去修整。

用锯子裁切金属片时，台塞是必不可少的辅助工具。台塞应该有一个“V”形的缺口，在锯金属片时，一只手握住锯弓，另一只手把金属片摁紧在台塞上，锯条的行进方向始终朝向“V”形缺口的尖端。

锉磨

锉磨工艺适用于作品的整形、精修，通过锉磨可以去除小坑和毛刺、扩大孔洞以及锉出沟槽等。锉子通常为钢质，通过锉子面的槽齿来达到切削金属的目的。锉子有不同的型号，其中00号较粗，4号较细。下面是锉子的分类：

- 手锉：这种锉子是首饰专用锉子中体积最大的，形状和长度均有不同，长度有两种，一种为150mm（6″），另一种为200mm（8″），其中2号平锉与2号半圆锉用得最多，另外，再粗一号的平锉也多有使用，它切削金属的效率较高。为方便使用，可以给手锉安装一个木质把柄。一般情况下，木质把柄与手锉是分开售卖的。给手锉安装木质把柄时，先把手锉的下端用火枪烧红，然后趁热插进木质把柄事先钻好的孔洞中，在铁砧上敲紧木把，即可完成安装工作。
- 油锉：油锉的体积要比手锉小得多，它尤其适合于修整尺寸较小、结构较复杂的作品，比如镂空装饰作品。油锉有多种形状，粗细也不同，一套粗细为2号、囊括所有12种形状的油锉，绝对是首饰匠必备的工具。
- 异形锉：异形锉的体积比油锉小，锉头的形状也有很多种。异形锉比较适用于结构复杂、造型奇特的作品，尤其适合打磨那些拐弯抹角的地方。
- 方柄锉：方柄锉比油锉更小、更精细，多用于精细首饰的修整以及宝石镶嵌。
- 选择正确的锉子来进行修整是十分重要的，如修整孔洞需用圆锉，修整戒指内圈需用半圆形锉，而修整戒指外圈则需用平锉，另外，粗锉子切削金属的效率高，而细锉子则用于去除粗锉子留下的锉痕。当然，细锉子留下的锉痕则需用砂纸来去除。
- 一定不要在作品悬空的状态下用锉子去修整作品，这样修整的效果会很差。比如修整一块银片的长边，一定要用夹具夹紧银片，并紧靠台塞，这样才可以开始锉磨工序。
- 锉磨的作用力一般是通过摁在锉子上的手指的按压得以实现，锉子向前推进时，摁在锉子上的手指一定要用力；而锉子向后运动时，锉子应该抬起，不要接触金属。如果锉子向后运动而又不得不接触金属时，我们摁在锉子上的手指就要放松，不要用力，所以我们一定要对锉子与金属的具体接触部位非常清楚。
- 仔细检查被锉磨过的部位，如果这是需要焊接的焊缝，就更应该仔细检查。倘若这个部位锉磨得并不平整，那么，你的锉磨技术则有待进一步提高。
- 锉磨曲面时，应注意锉子的行进路线应始终贴合这个曲面，否则，会把曲面锉成平面。有时，锯条也可用于锉磨，如针对镂空纹样中尖锐的拐角，我们就可以用锯条来磨蹭它。

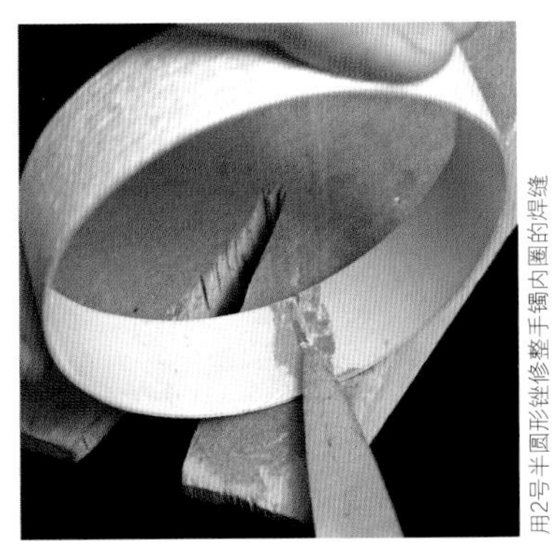
用2号半圆形锉修整手镯内圈的焊缝

用锯条修整镂空纹样的造型

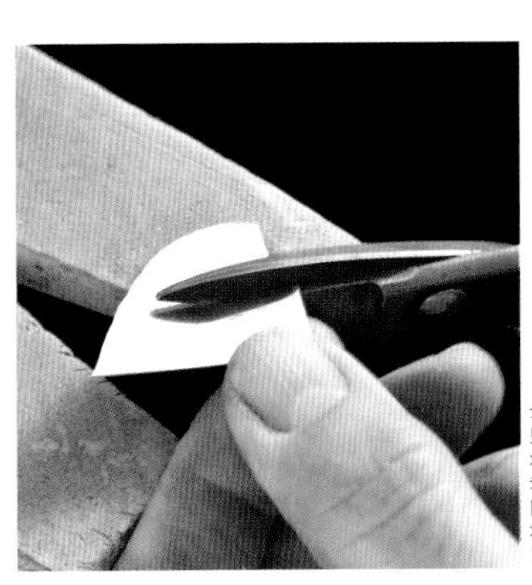
用剪子裁剪银片

锉磨工艺示范

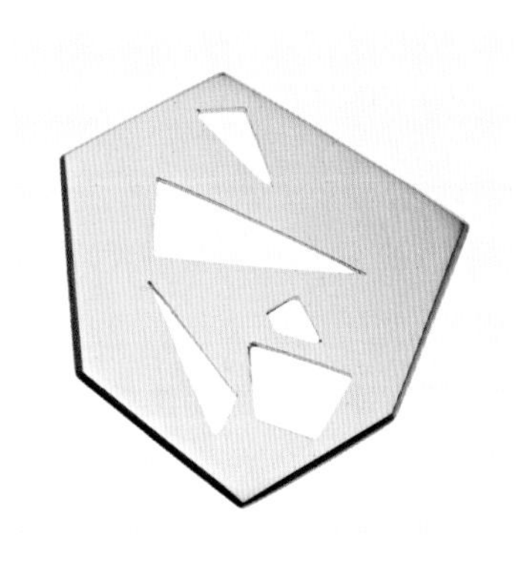

工具与材料

- 需要锉磨的银饰件：银条、平面戒圈以及镂空饰件
- 尺子和划线笔
- 台塞
- 2号平锉
- 银焊药
- 2号半圆形锉
- 戒指成型棒
- 2号竹叶锉

操作过程

1. 把银条的两端锉平，围成圈，焊接，做成一只戒面为平面的戒圈。可按如下步骤操作：首先，借助尺子，用划线笔在银条上画出精确的直线，手握银条，紧靠台塞，用2号平锉把银条的一端锉平。锉子应该紧紧握在手里，将锉子表面平贴银条，并靠在台塞上，开始用力，充分使用整个锉子的长度，从锉子的前端一直锉到后端，然后抬手，使锉子离开金属，如此反复。

2. 不时观察银条的断面是否被锉平，把银条翻一个面，从断面的另一端再次修整、锉平，反复几次，完成修整。再修整银条的另一断面。

3. 把银条焊接成戒圈，用2号半圆形锉把戒指内圈多余的焊药锉掉，一只手紧握戒圈于台塞上，另一只手紧握锉子，用锉子的弧面修整戒圈焊缝，注意从前后两个方向分别锉磨。

4. 把戒圈套进戒指棒中，用2号平锉锉去戒指外圈多余的焊药，锉磨操作大致与步骤1相同，稍有不同的是，此次锉子应该顺着外圈的曲面运行，以防戒面被锉平，保持这种运锉的方式，直到整个外圈完成一次锉磨。然后把戒圈调转过来，再以相同的运锉方式把整个外圈锉一遍。

5. 用2号平锉锉出斜边。把银片紧靠台塞，调整锉子与银片的接触面，呈斜角，然后向前运锉。

6. 用2号竹叶锉修整镂空纹样。竹叶锉较为扁平，可以伸进镂空纹样中，而又不会接触到旁边的金属，避免造成破坏。注意锉子的运行方向始终是向前，回撤时锉子不要接触金属。

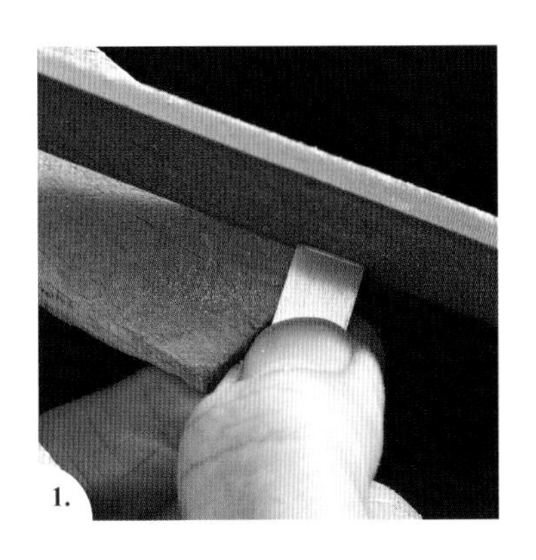
1.

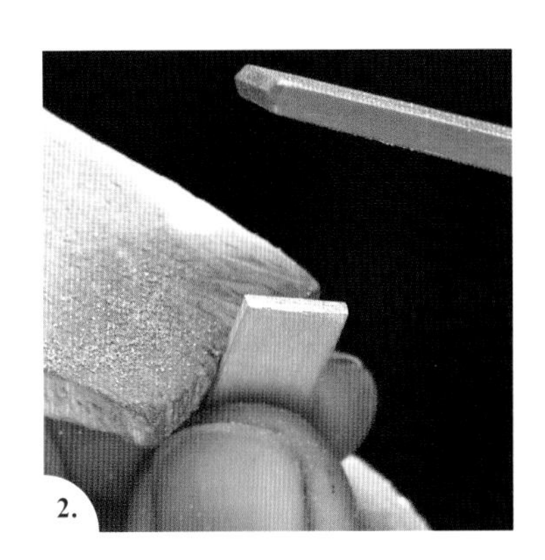
2.

3.

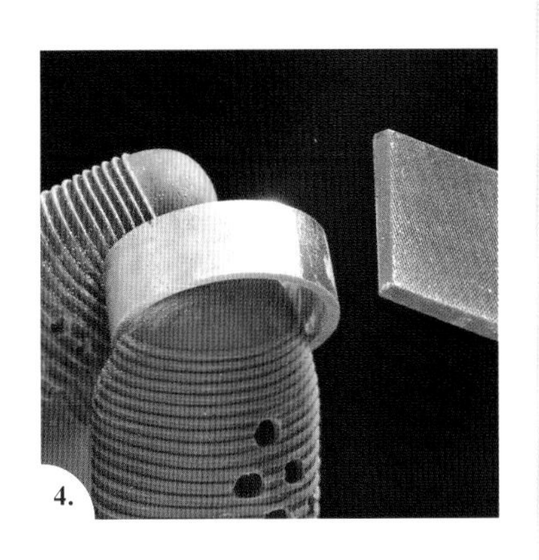
4.

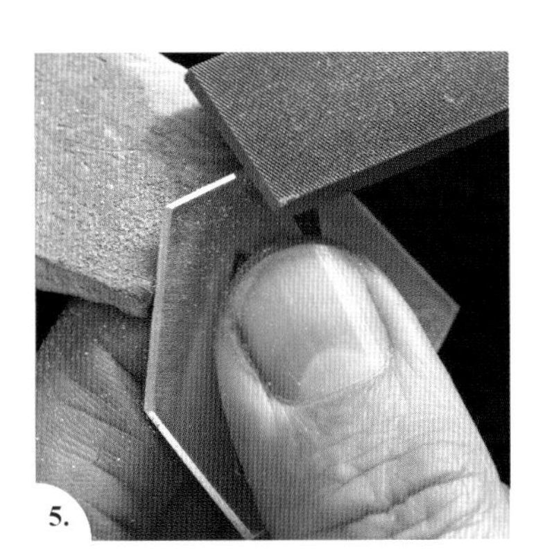
5.

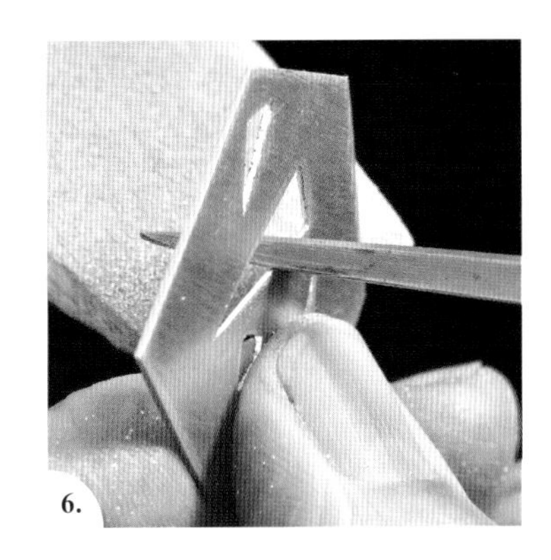
6.

提示与技巧

记住，锉子只有在向前运行时才会达到切削金属的目的。

用锉子修整金属边缘时，最好先用尺子和划线笔画出精确的锉磨标记线。

不要在悬空状态下锉磨金属件，长条状的金属件一定要用台钳夹紧后再锉磨，如果金属件很小，可以用手指捏住它，再把手靠在台塞上。

锉磨直边时，保持锉子向前运行，锉子回撤时不要接触金属，以免破坏直边。

选择与金属件形体相配的锉子来进行锉磨，平锉一般用于修整凸起的形体。

用锯条打磨镂空纹样的尖角，可以达到与锉子相同的锉磨效果。

锉子应该分开放置，否则锉子相互摩擦，会损坏锉子的齿面。

钻孔工艺示范

台钻、吊钻、手钻以及孔洞拓宽法

工具与材料

- 待打孔的银饰件
- 万力夹
- 定位錾
- 錾花锤
- 台钻
- 吊钻
- 银片
- 铁砧
- 木块
- 手钻
- 球针或桃针
- 护目镜
- 蜜蜡或润滑剂

操作过程：台钻

1. 用万力夹夹紧饰件，为防止钻头接触金属表面时打滑，可用定位錾在打孔处敲打出小坑，给钻头定位。

2. 把钻头固定在台钻的夹头中，钻头的正下方恰好是饰件表面的定位点，一只手摁紧夹有饰件的夹具，另一只手揪动钻头伸缩器，降低钻头的高度，使之接触饰件，开始钻孔。钻孔的深度应循序渐进，不时抬起或降低钻头，直到获得想要的孔洞深度。

操作过程：吊钻

3. 要在银片中间镂刻纹样，必先钻孔，以便锯条能够穿过孔洞，镂刻纹样。先在银片上画好纹样，把银片放置于铁砧之上，再用定位錾打出小坑，如步骤1。

4. 给吊机装好钻头，一只手把银片牢牢摁在木块上，另一只手握住吊钻，吊钻与银片呈90°，给银片钻孔，钻孔应由浅入深，循序渐进。

操作过程：手钻

5. 准备银片，并按步骤1给银片定位。紧握手钻，手掌应紧紧包住手钻的木柄，用食指和大拇指旋转手钻，钻孔过程中应始终保持手钻直立，用力应均匀，钻孔由浅入深。

操作过程：孔洞拓宽法

6. 为了拓宽已有孔洞（比如银管）的洞口，我们可以把球针或桃针安装在吊机上，用球针或桃针打磨洞口，就可以达到拓宽孔洞的目的了。

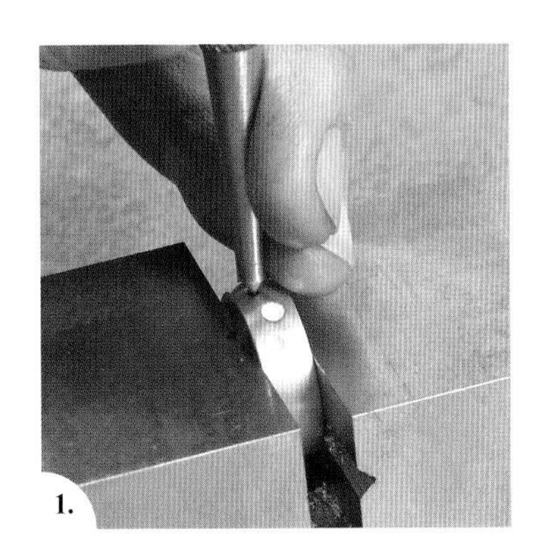
1.

2.

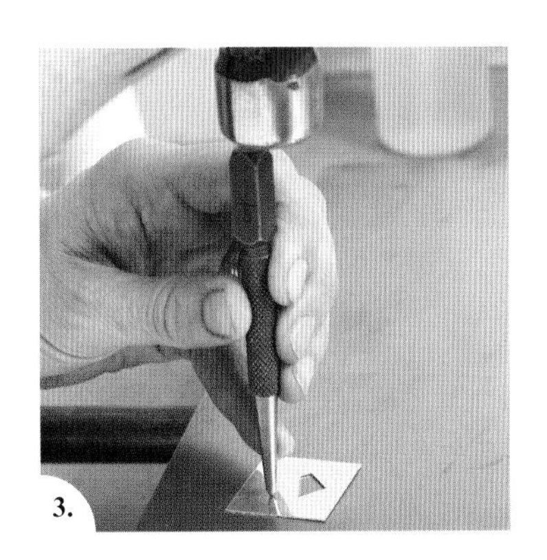
3.

4.

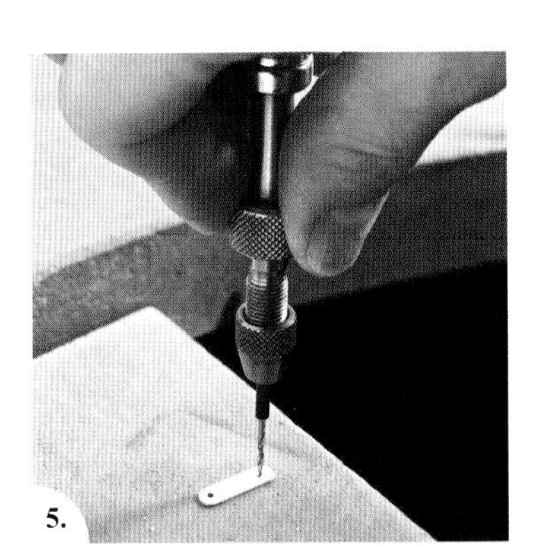
5.

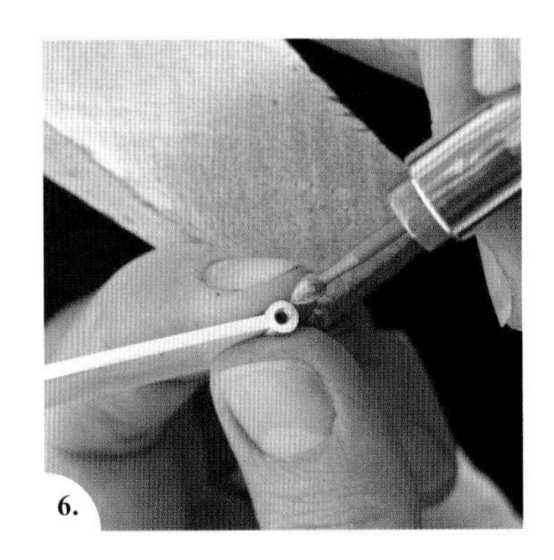
6.

提示与技巧

钻孔时必须佩戴护目镜。

为了保护工作台，钻孔时应在金属片的下方垫一块木头。

用吊钻或手钻来钻孔时，一定确保钻头与金属片呈90° 角。

想要钻一个大口径的孔，应先钻一个小孔，再换用更大的钻头来逐步扩大这个小孔。

钻孔之后，金属片的背面通常会有碎屑，记得把这些碎屑清理干净。

孔洞的口沿一般比较锋利，可用球针或桃针对口沿进行打磨。

给钻头涂抹蜜蜡或润滑剂，不但能够延长钻头的使用寿命，还能防止钻孔时钻头过热、被卡住以及钻头断裂。

镂空工艺示范

镂空与切割直线

工具与材料

- 双面胶
- 标准银片
- 直径1mm或更小的麻花钻头
- 锯子
- 有V形缺角的台塞
- 油锉

操作过程：镂空

1. 在纸上画好纹样，用双面胶把它粘牢在标准银片上，在靠近纹样边缘线的地方钻孔。

2. 在工作台前坐定，用胸脯顶住锯子的把手，锯子的另一端顶着台塞，这样，我们的双手就被解放出来。一手拿锯条，把锯条末端插进锯弓下端的夹槽，另一手拧紧夹槽，从而固定锯条的这一端，注意锯条的锯齿应朝向锯弓的把手。再把锯条的另一端从钻好的孔洞中穿过，粘贴有纹样纸的那一面银片应朝上。

3. 把银片移到锯条的末端，用胸脯顶住锯弓，把锯条的前端固定住，松开锯弓，锯条就被绷紧了。

4. 检查锯条的安装是否正确，可以用手指从上往下小心地划过锯条，如果手指感觉很顺畅，没有任何阻碍，则说明锯条的安装完全正确。

5. 一只手轻握锯弓，保持锯条与银片垂直，另一只手把银片紧紧摁在台塞上，确保切割的起点位于台塞V形缺角的尖端。手握锯弓，略微倾斜，开始锯银片，稍后让锯条重新与银片垂直，然后继续锯银片，锯条上下运行，始终垂直于银片，操作时用力不可过大。

6. 切割曲线，并非依赖于锯弓的拐弯，而是要靠摁紧银片的手旋转银片，锯弓的运行方向始终是朝前的。如果需要锯一个狭窄的尖角，我们应从两个方向锯出线条，两条线的交汇处形成尖角。当内部的纹样镂空之后，再把外围的形体锯掉，然后用油锉修整边缘。

操作过程：切割直线

7. 把锯条安装在锯弓上，检查锯条是否被绷紧、锯齿的朝向是否正确。一只手轻握锯弓，保持锯条与银片垂直；另一只手把银片紧紧摁在台塞上，确保切割的起点位于台塞V形缺角的尖端。手握锯弓，略微倾斜，开始锯银片，稍后让锯条重新与银片垂直，然后继续锯银片，锯条上下运行，并始终垂直于银片，操作时用力不可过大。当锯条运行至直线的拐角处，让锯子停止前进，但保持上下运行，与此同时旋转银片并调整锯子的角度。

2.

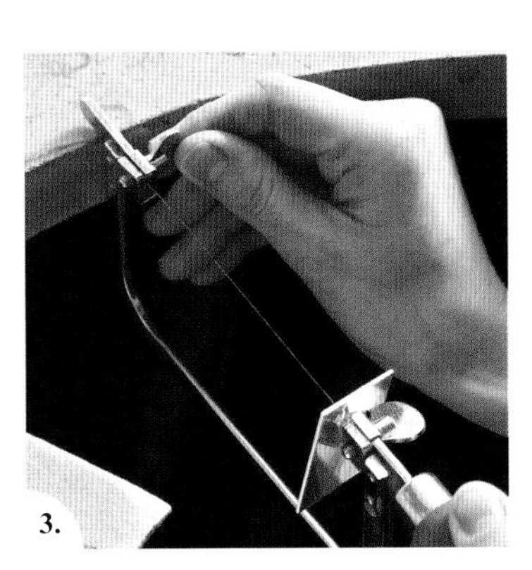

3.

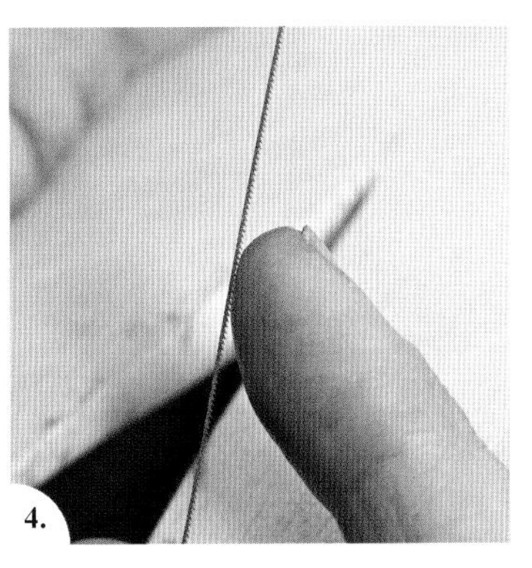

4.

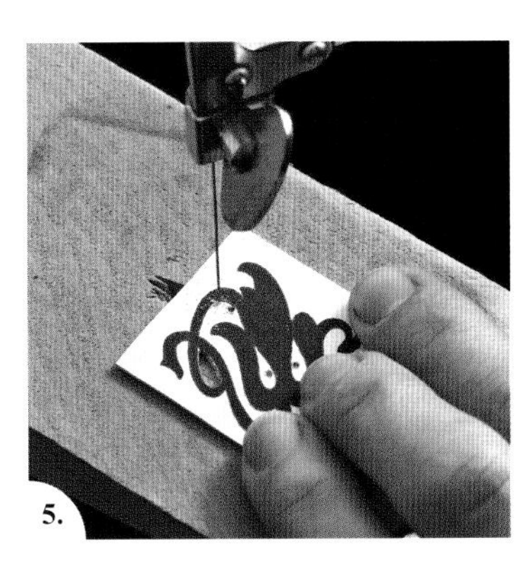

5.

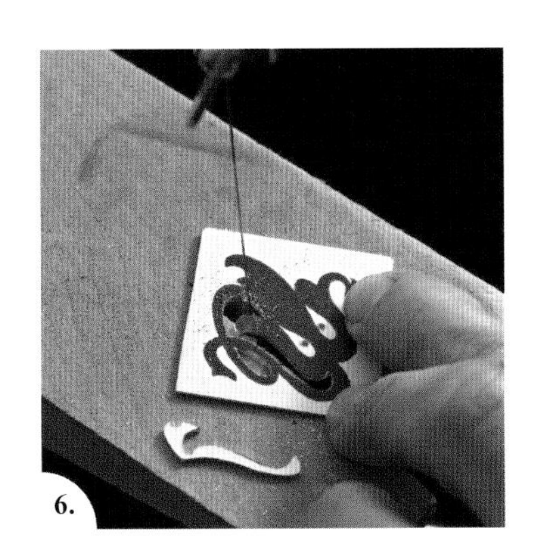

6.

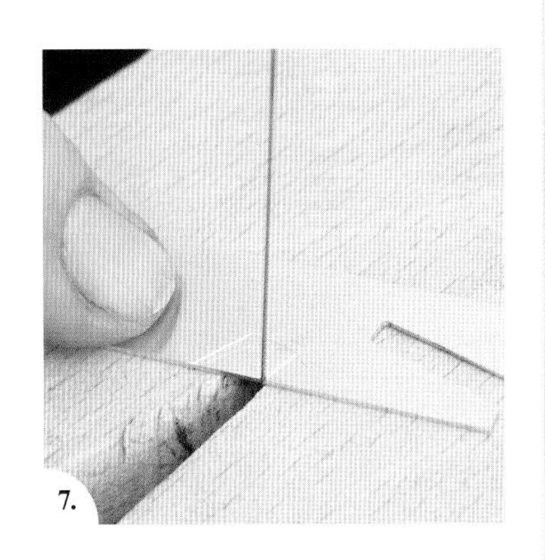

7.

提示与技巧

运行锯子的力量来自于你的肘部而非手腕，所以手握锯弓的力量应该较为轻柔，做到手腕和全身都放松。

如果用力过大，或者没有选用与金属的厚薄相匹配的锯条，就容易造成锯条的断裂。

一定要检查锯条是否被绷紧，没有绷紧的锯条在工作时很容易断裂。

将锯条稍稍倾斜，开始最初的切割操作，当锯开了一道口子之后，让锯条与银片保持垂直角度，再进行后续的切割操作。

一定要紧紧摁住银片，不要让银片随着锯条的上下运行而发生震动，另外，确保手指不在锯条的运行线路之内。

台塞一定要有V形缺角，这样即便是很小的银片，放置在V形的尖角处进行切割也是很安全的。

手臂上的雕塑，乌特·德克尔，
摄影：埃尔克·博克 (Elke Bock)

戒指，唐娜·阿奎诺，
摄影：拉尔夫·哥布瑞纳

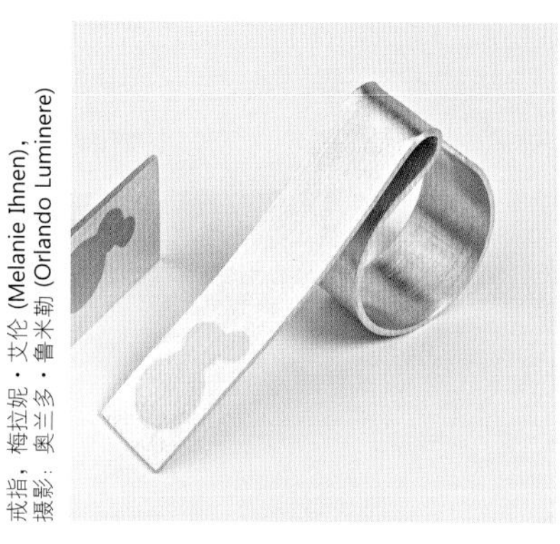

戒指，梅拉妮·艾伦 (Melanie Ihnen)，
摄影：奥兰多·鲁米勒 (Orlando Luminere)

简单成型

简单成型，是一种使银片和银丝快速弯曲变形、从而形成简单或较为复杂的形体的首饰制作工艺。这里，以戒指圈和手镯的成型作为简单成型的工艺范例。

成型的工具

简单成型工艺所使用的工具包括钳子、成型棒、皮锤或尼龙锤等基本工具。一套形状各异的钳子十分有用，比如：平嘴钳、尖嘴钳和平行钳可用来折角；半圆钳可用来做曲线，用它把银条弯曲成戒圈十分有效；圆嘴钳则可用来增加曲线的曲度，尤其适用于银丝的弯曲。

金属钳嘴极易在银子的表面产生印痕，故而，使用钳子时应尽量小心，特别是制作纯银饰品，稍微用力，就会在柔软的纯银表面留下累累伤痕。为了减少这种伤害，我们可以在钳嘴安装套嘴或皮垫，如今，在首饰器材商店里我们可以买到装有尼龙套嘴的钳子。

皮锤和尼龙锤不会伤害银材料的表面，制作戒圈或手镯时可用它们来使银材料成型。这种平头的非金属类的锤子有各种不同的尺寸。此外，除了平头的，还有梨形的锤头。一把新的非金属锤子在正式使用之前，最好先用它来敲击硬物，待锤头变得较软后再开始正式使用。

简单成型工艺通常需要综合使用锤子、成型棒、铁砧以及钳子等工具，有时，也需要直接用手指或者其他工具来达到弯曲金属的目的。记住，银材料在成型之前或成型过程中，一旦变硬，就要给它退火。

成型材料

自己花时间制作所需厚度和长度的银材料，比到市场上购买要便宜得多。我们可以使用手镯尺度圈、纸条或者软尺，就可测出制作手镯所需的银条长度。使用戒指尺度圈来测量所需银条长度时，戒指尺度圈的戒面宽度应与将要制作的戒指的戒面宽度大致相等。一般来讲，戒面较宽的话，就该把实测的戒指号码加大一级。否则，由于指关节的存在，宽面的戒指戴进去容易，取出来难。

计算银条的长度时应把银材料的厚度双倍计算在内（请参见186页戒指号码表）。用金属丝也可以较为准确地测出戒指的周长以及所需银条的长度。方法如下：把金属丝固定在戒指尺度棒相应的号码上，拧成一个环，退出金属环，用剪刀把它从中间剪开，展开金属丝，其长度加上双倍的金属厚度就是所需的银条长度。

字母戒指，特鲁迪·希尔，
摄影：道格拉斯·雅培

用木槌在戒指棒上把银丝敲弯

用皮锤在戒指棒上把焊好的银圈敲成圆形

在手镯成型棒上把表面饰有肌理的银片敲圆

简单成型工艺示范

用银片和银丝制作戒指

工具与材料

- 标准银片
- 酸液
- 半圆形钳
- 戒指棒
- 台钳
- 皮锤
- 木块
- 银焊药
- 火枪
- 酸液
- 砂纸
- 圆形标准银丝
- 锯弓和锯条
- 2号平锉
- 2号半圆形锉

操作过程：用银片制作戒指

1. 给一块标准银片退火、冷却和酸洗，把银片的两端锉平，用半圆形钳小心地夹紧银片的一端，使之弯曲，再夹住另一端，同样使之弯曲。

2. 用台钳把戒指棒夹住，把弯曲的银片套在戒指棒上，用皮锤敲打银片，直到银片与戒指棒贴合，再把戒指圈掉一个头，重新塞进戒指棒，继续敲打直至与戒指棒贴合。

3. 在木块上用皮锤小心敲打戒圈，使它的两端重合。

4. 用半圆形钳夹紧戒圈，使之紧密对接，然后让戒圈的对接处上下重叠，再轻轻地把重叠的部分推回并对齐，这样，戒圈就可以依靠自身的弹力紧密闭合，完成对接。

5. 焊接、冷却以及酸洗，锉掉戒指内圈多余的焊药，塞进戒指棒，用皮锤把戒指敲圆，取出戒指，调转方向再塞进戒指棒，继续用皮锤轻轻敲圆，使戒指前后两面的直径保持一致。不断重复这个过程，直到戒指的外形完全与戒指棒贴合，达到正圆形。把戒指外圈锉平，用砂纸打磨光滑。

操作过程：用银丝制作戒指

6. 准备一段圆形银丝，长度比所需的略长，退火、冷却以及酸洗。用台钳夹紧戒指棒，把银丝弯曲成型，衔接处重叠，用皮锤把戒圈敲圆，取出，调转方向，重新塞进戒指棒，再次敲圆。

7. 不断敲击戒圈，直到获得想要的戒圈直径，这时，戒圈两端的银丝重叠相交。

8. 用锯子把戒圈银丝的重叠处锯断，如步骤4把银丝对齐，此时，戒指的接缝处无须用锉子修整。随后焊接、冷却、酸洗，如步骤5所示，敲圆戒指，完成制作。

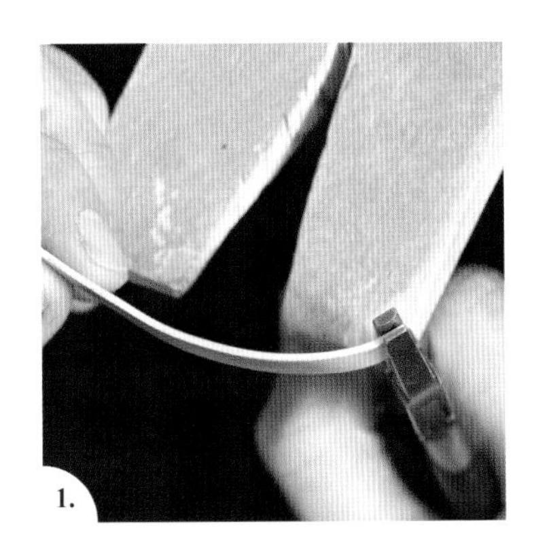
1.

2.

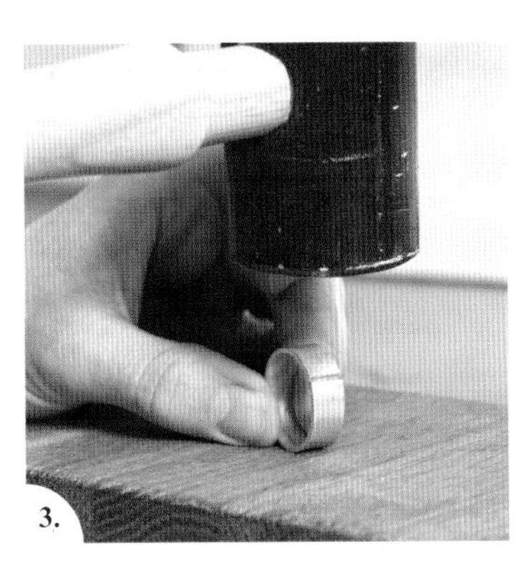
3.

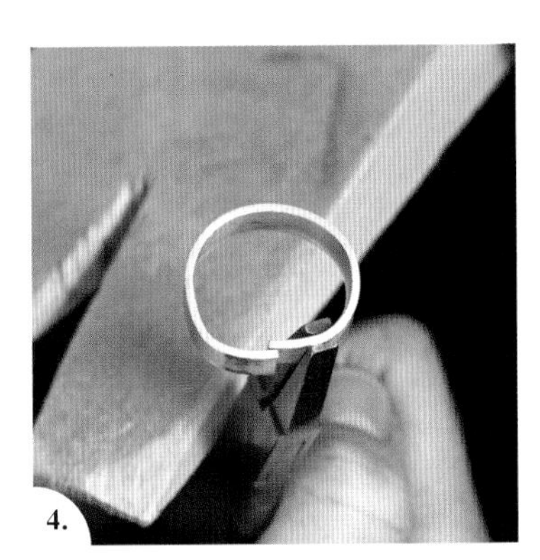
4.

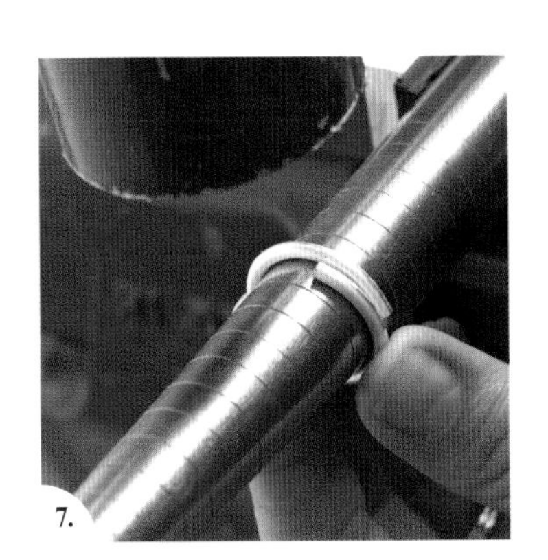
7.

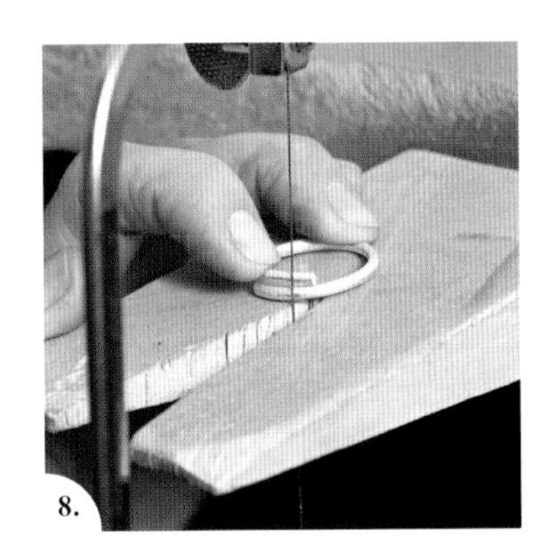
8.

提示与技巧

银材料在制作之前以及变硬之后，都应该及时退火，以便进行下一步的成型工艺。

记住，先做一个比所需戒指的直径小一号或半号的戒指，再塞进戒指棒中敲圆，这时，戒指圈会受力扩大，恰好得到所需尺寸的戒指。

依靠成型棒来制作戒指或手镯，切记一定要使戒指或手镯前后两面的直径相同。

用银片制作戒指，如想连接紧密，可以使连接处的银片上下重叠，用锯子把重叠处锯断，再把银片对齐。这种做法虽然金属损耗稍多，但对接处无须用锉子修整就已经很齐整了。

用平头金属锤而非皮锤敲打套在成型棒中的戒指，可以起到扩大戒指圈的作用，但是，金属锤子会在银子表面留下锤痕，所以，这种扩大和调整戒指直径的方法要慎用。

简单成型工艺示范

手镯成型棒、平嘴钳、半圆形钳以及圆嘴钳

工具与材料

- 用于制作手镯的、饰有锤敲肌理的标准银片
- 酸液
- 手镯成型棒
- 皮锤
- 捆绑丝
- 银焊药
- 火枪
- 耐火砖
- 平嘴钳
- 标准银片
- 直角尺与划线笔
- 半圆形钳
- 圆嘴钳
- 圆形标准银丝
- 2号平锉
- 2号半圆形锉
- 镊子
- 砂纸

操作过程：手镯成型棒

1. 在一块标准银片上锻造肌理，然后退火、冷却以及酸洗，把两端锉平。

2. 直接用手把银片放在手镯成型棒上弯曲成圆形，再用皮锤敲打，进一步修整形状。

3. 把两端对接，使对接处的银片上下重叠，再轻轻地把重叠的部分拉回并对齐，这样，手镯就可以依靠自身的弹力紧密闭合，完成对接。用铁丝绑紧手镯，以防焊接时手镯的接口会松开。

4. 焊接完成后，用锉子把手镯内圈多余的焊药锉干净，再把手镯放进成型棒，用皮锤敲打、修整形体，注意皮锤仅仅敲打手镯接触成型棒的边缘部分，待这部分的形体修整完毕之后，再把手镯从成型棒取出，换一个面重新放入成型棒，继续敲打，直至手镯两面的直径相同、达到正圆形为止。

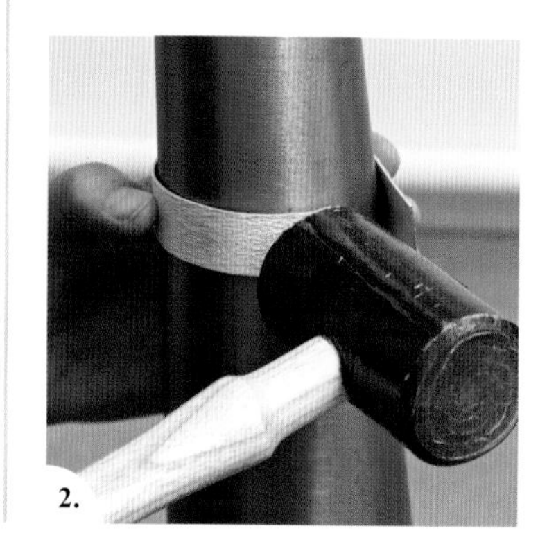

2.

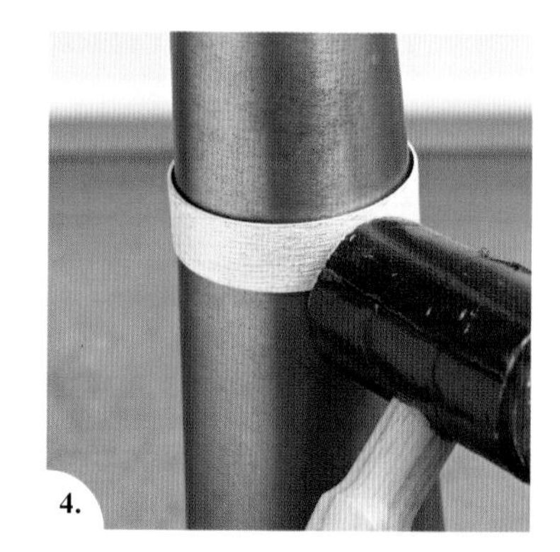

4.

操作过程：平嘴钳

5. 使用平嘴钳来给银条折角时，先用直角尺和划线笔在银条上画出记号线，以此为依据，用平嘴钳折角。折角时，应先把钳嘴紧贴记号线折弯，再用钳嘴将弯折过来的银条夹平。把弯曲的银条换一个面，再用平嘴钳修整一遍角度。

操作过程：半圆形钳

6. 使用半圆形钳把标准银条折成银圈，弯折时小心钳嘴不要伤及银材料的表面，所以，操作时，半圆形钳嘴应位于银圈的内圈。

操作过程：圆嘴钳

7. 使用圆嘴钳在银丝末端做一个环。先把银丝末端锉平，然后用圆嘴钳嘴头最细的部分夹紧银丝，拧一圈，使银丝成环。

提示与技巧

大尺寸的片材和线材较难成型，需要在成型棒上反复用木槌敲打。

金属钳的钳嘴极易在纯银表面留下印痕，所以，使用金属钳子时需倍加小心，尤其是当银子的表面饰有肌理的时候。此时，可以在钳嘴处垫一块皮革，或者使用有塑料套嘴的钳子。

用钳子调整和修正银片的曲度和角度的时候，一定要选择与形体相匹配的钳嘴，从而可以减少对银子表面的伤害。

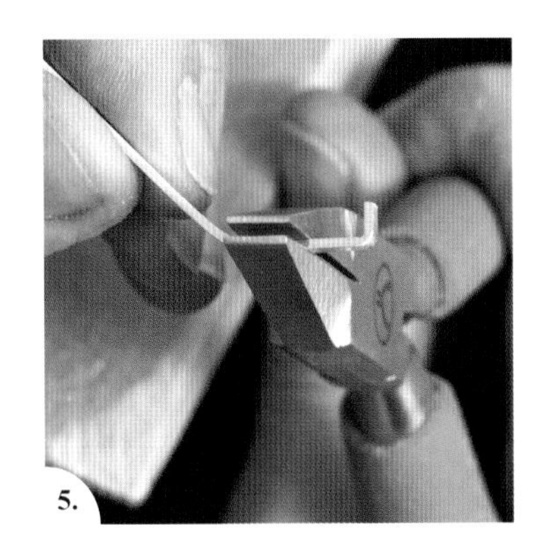
5.

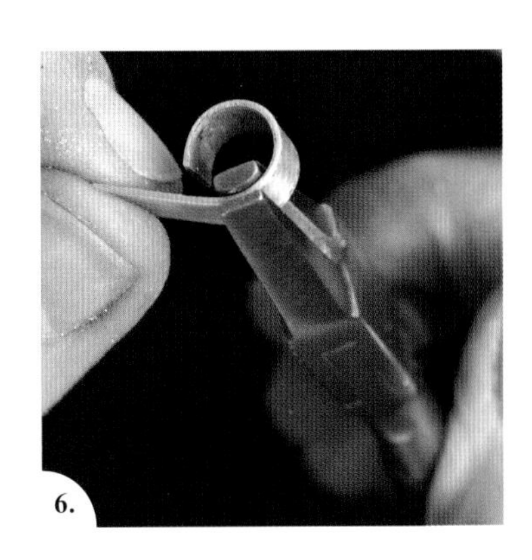
6.

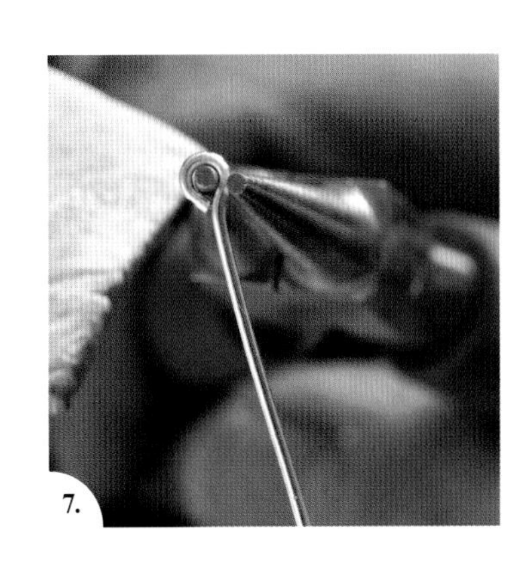
7.

用薄银片折叠而成的线条

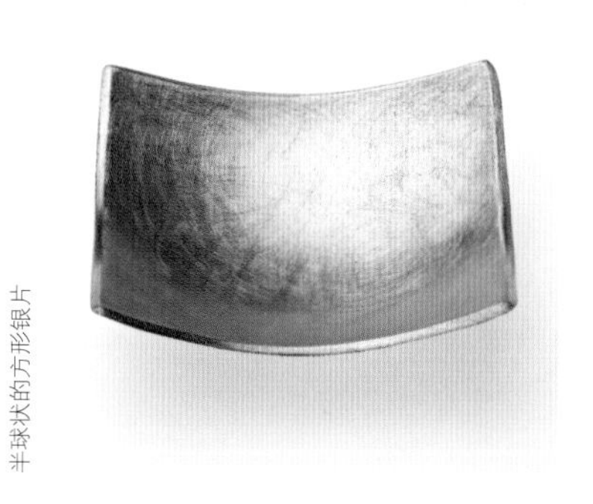
半球状的方形银片

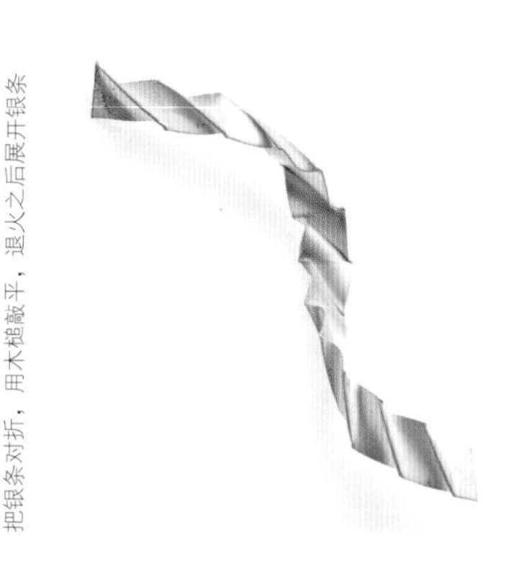
把银条对折，用木槌敲平，退火之后展开银条

起版

通过使用砧子、模具以及锤子等工具，我们可以充分开发和拓展银材料的可塑性，把它们加工成立体的、三维的首饰。与简单成型工艺相比较，起版工艺的加工范围更大，自由度更高。而随着所需形体不断复杂化，起版工艺也应随之调整，不过，起版工艺过程中一定要不断给银材料退火，恢复银材料的柔软度和延展性。

球面成型（半球形塑造法）

球面成型（半球形塑造法），指使用窝錾、窝墩或钢模，把圆盘形或者其他形状的银片加工成球面的起版工艺。窝墩或钢模通常为立方体或长方体，为钢或黄铜质地，其上有大小不等的半球形凹坑。窝錾则有钢质和硬木质之分，通常为柱状，前端为球体，用来錾刻金属，使金属成型，后端平坦，便于铁锤敲击。窝錾配套出售，每套都配备粗细不同的窝錾，这些窝錾一一对应窝墩中大小不同的凹坑。窝錾和窝墩都有大小不同的尺寸，用途广泛，比如制作两个半球形，再焊接在一起而成中空的银球或银珠子。银片在做成球面之前不要钻孔，因为在制作球面的过程中会拉伸孔洞，使孔洞变形，所以，应该是在银片做成球面之后再钻孔。而表面肌理装饰应在制作球面之前的银片上做好，肌理做好之后，可以贴上胶带，保护好肌理装饰，再敲成球面，或者，使用木錾子来把饰有肌理的银片制作成球面。为了把球面做得完美，我们应该选择略大于圆银片直径的凹坑，配套选择略小于该凹坑直径的窝錾，这样，窝錾与窝墩之间会有缝隙，正好可以容纳银片的厚度。反复敲打银片，直到获得想要的球面高度和外形。

型铁成型

型铁是一种钢质的模具，有平行的凹槽或通道，利用这些凹槽或通道，可以把银片制成曲面、沟槽和管子。曲面或半圆的型铁凹槽可与窝錾的圆柱形支杆或者钢棍配套使用。把一长条形银片置于凹槽之上，选择与形体相配的錾子，用木槌敲击錾子，银片就会紧贴凹槽，被敲打成曲面，再用平行钳把曲面的两端对接。如果想要制作银管，可以用拔丝板把这段银材料拔得再细一些，并焊好接缝，这样就完成了银管的制作。

剔槽对折成型

这是一种在金属片上剔出沟槽然后再对折的成型工艺。剔槽对折后，折缝处应该焊接，以便使对折牢固。剔槽是为了获得清晰的对折线，如果不先行剔槽，而直接把金属放在铁砧的边缘进行敲打，则会使金属变形，也使对折线不够清晰和挺拔。针对较薄的银片，只需用划线笔就可以画线剔槽；而针对较厚的银片，则需使用方形油锉、甚至是自制的角度更大的剔槽刀来剔槽。我们可以用废旧的锉子来制作剔槽刀，方法很简单，把锉子柄端折弯，打磨锋利即可。剔槽时以钢片尺作为辅助，用剔槽刀在金属表面反复刮擦，就可剔出一道沟槽。如果从金属的反面可见一道顶起的线条，则表明这片金属可以徒手折弯了。

弯曲的沟槽线可通过以下方法获得：预先弯曲一根铁丝或黄铜丝，然后把铁丝或黄铜丝固定在银片上，用压片机碾轧，就可以把铁丝或黄铜丝的印痕轧在银片上，获得弯曲的沟槽线。银片退火之后，很容易依照印痕折弯，最后把沟槽缝隙焊接即可。

对折成型

20世纪80年代，查尔斯·牛顿·布莱恩（Charles Lewton-Brain）把对折成型工艺发展到很高的水平，使得运用对折成型工艺时，能够充分利用金属的特性，制作出重量轻、结实、活动而又无须焊接的作品。使用的工具不外乎台钳、木槌、錾花锤以及铁砧，银片的厚度均不超过0.4mm（26 Ga.）。他所有的作品都是通过以下方法制作：先用台钳把银片夹紧，然后开始折叠，用木槌在铁砧上把折叠的银片敲紧，或者用压片机轧紧，然后展开银片，露出折叠线。或者干脆不展开它，继续用錾花锤锻打，不断改变它的形状，使银片变得更薄，退火后继续锻打，如此反复，直到获得足够多的褶皱，经退火后再展开银片。

耳饰，安妮·贝德 (Anne Bader)，
摄影：安妮·贝德

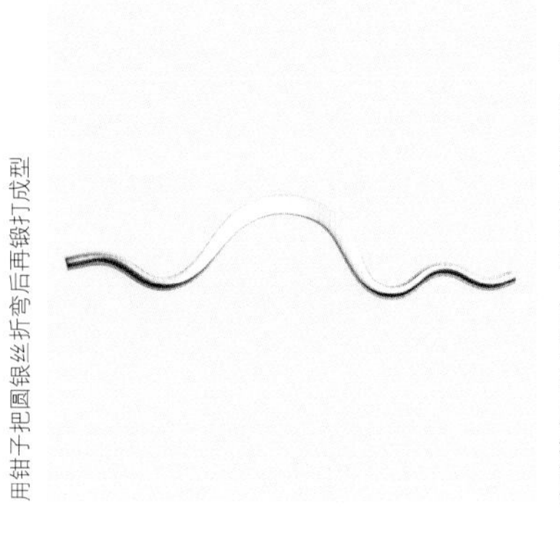
用钳子把圆银丝折弯后再锻打成型

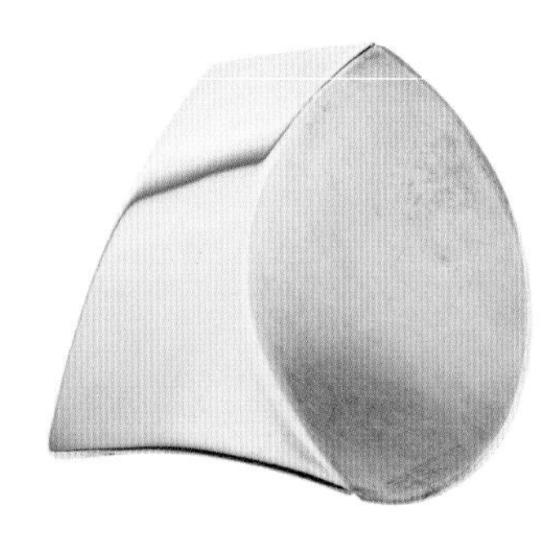
弯曲的金属丝与银片一起经过压片机辗轧，留下印痕，再依照这个印痕弯折银片成型

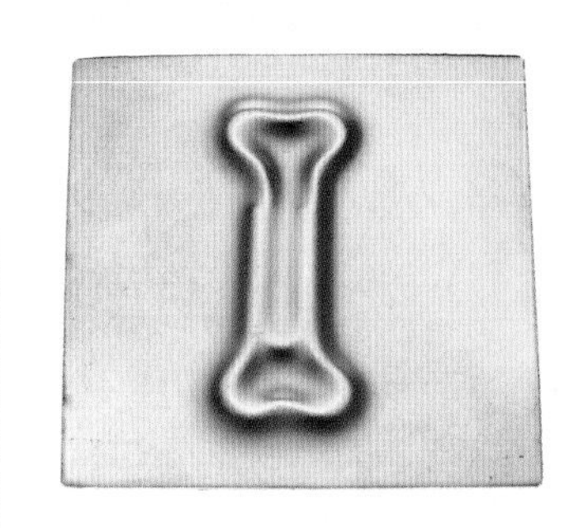
把曲别针的形状压印到银片上

锻打成型

锻打工艺是利用银的柔软性和延展性，以锤子锻打的方式来控制和塑造金属形体的工艺。锻打工艺可塑造锥形的、曲面的、楔状的金属形体，无论是锻打用的锤子、砧子或者其他的支撑物，都对最终的金属成型有直接的影响。一把圆柱形锤，如錾花锤或敲花锤，都可以把金属锻打成有角度的曲面；一把圆头锤，如平凸锤或敲凸锤，可以在金属表面留下圆形坑。平砧子在锻打工艺中使用较多，因为它对金属表面的影响相对较小，而弧面的、圆形的砧子可以达到把金属向外扩展的目的。锻打时锤子在金属表面留下印痕是不可避免的，但我们也可以用平头锤把这些印痕敲平。另外，金属件的高度应该与肘部持平，这样，工作起来会相对轻松。手握锤子把柄的末端，用肘部发力，而不是用手腕。不断练习才可以熟练地使用锤子，这样锻打出来的金属作品无须过多的锉磨，形体也会十分精致。

敲打成型

这种工艺一般被银匠用来制作器皿，是一种无须焊接就可以把银片敲打成器皿的工艺。当然，在首饰制作领域它也有一定的用武之地，可用于制作对称和不对称的中空形体。

银匠通常使用0.9~1.2mm（17~19 Ga.）厚度的银片来敲打器皿，如果制作首饰，0.55~0.6mm（22~23 Ga.）厚度的银片就足够了。敲打的方法因作品的不同而各异，重要的是，敲打作品时一定要循序渐进，不能急于求成而省略一些必要的步骤，这样的结果只能是使作品的形体不规范。首先，我们应该把圆形银片垫在沙袋上，用圆头锤或梨形锤把它敲成浅浅的盘子，接下来，把金属垫在砧子上用敲花锤敲打，这种敲花锤有大有小，锤头前平后圆，锤头的拐角圆润而光滑，这样就不会在金属表面留下印痕。除了锤子以外，砧子也是必不可少的，同样，砧子的形状也是各种各样，砧子的表面凸起，边缘一定要圆滑。砧子由柱形钢材或者硬木制成，砧子表面需用锉子修整。当金属被大致敲打成型以后，可以把窝錾作为砧子，垫在下面，继续用木槌敲打金属，记住，砧子的形状应尽量与作品的造型接近。最后，用整平锤把作品的表面敲打平整、光滑。在熟练掌握敲打工艺之前，先用铜片来练习敲打技术不失为聪明之举。

冲压成型

此种工艺是把金属片放在模具的空腔上，通过挤压金属片而成三维立体造型的工艺。这是一种适合于批量生产的工艺，因为模具是可以反复使用的。另外，运用这种工艺时，也可把银片垫在实际物体之上，按压银片，从而把实物的轮廓转印到银片上；当然，这个实物必须结实，能够抗挤压而不易变形。适合于冲压工艺的银片厚度一般为0.5~0.8mm（20~24 Ga.）。相对于标准银而言，纯银和布里特尼亚银更容易冲压成型。尽管冲压过程中，银片的肌理会被破坏一点，但通常肌理还是应该在冲压之前就制作完毕。

冲压工艺的压力来源于万力夹具、螺旋压力机与液压机等。万力夹具的压力较小，所以适合于使用体积较小的模具和比较薄的银片来制作较小的作品。液压机的压力够大，易于操作，可以使用较厚的金属片来制作体积较大的作品。模具可用10mm（3/8″）厚的亚克力板制成，如果需要压制的金属件较多，应该在亚克力板表面贴一块造型相同的黄铜片，这样就可以反复压制作品了。流畅的曲线形体比较容易冲压，有拐角的形体则不宜冲压成型。

把一块退过火的银片用胶带粘在模具上，在银片上面放置一块橡胶片，再用钢片或钢板把它们夹在中间。也许需要多次冲压才能获得理想的浮雕高度，所以银片也需经过多次退火。一旦冲压成型，就可以锯掉多余的银片，而只留下浮雕部分。根据不同的使用目的可对浮雕部分进一步加工，比如，把两个造型相同的浮雕形体焊接在一起，或者运用錾刻工艺对其进一步塑造。

可双面佩戴的项饰，伊丽莎白·波恩，
摄影：乔尔·德根

起版工艺示范

球面成型与型铁成型

球面成型的工具与材料

- 标准银片
- 圆形模版或圆规
- 划线笔
- 锯子
- 平锉
- 酸液
- 窝墩
- 窝錾
- 木槌

型铁成型的工具与材料

- 标准银片
- 型铁
- 窝錾
- 木槌
- 2号平锉
- 平行钳

操作过程：球面成型

1. 用模版和划线笔在银片上画好圆形，用锯子锯出来，选择平锉把圆银片的边缘锉圆、锉齐整，然后退火、冷却和酸洗。

2. 把圆银片放进一个直径稍大的凹坑的中央，选择一支直径略小于该凹坑的窝錾，轻轻放在银片上，并用锤子敲打窝錾，使银片陷下去。

3. 换一个较小的凹坑和窝錾，继续敲打银片，直到获得足够高度的半球形。

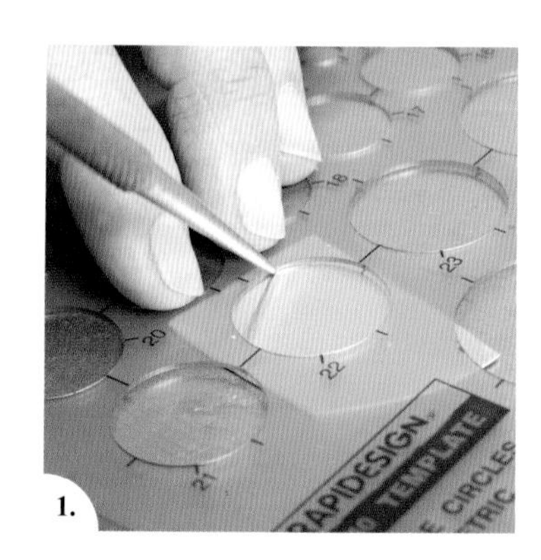

1.

2.

3.

操作过程：型铁成型

4. 裁切一条标准银片，置于型铁的沟槽中，选择大小合适的窝錾，把窝錾的立柱部分横着放在银片上。

5. 用木槌敲打窝錾，使银片陷下去而形成一定的曲度，再换一支更小的窝錾，把银片放进一个更窄的沟槽进行敲打。

6. 用2号锉子把银片的边缘修理平整。

7. 把银材料垫在木砧子上，用木槌轻敲银材料的两边，使之合拢，再用平行钳小心夹紧合拢的缝隙，这样，就可以去焊接这条银管的接缝了。

4.

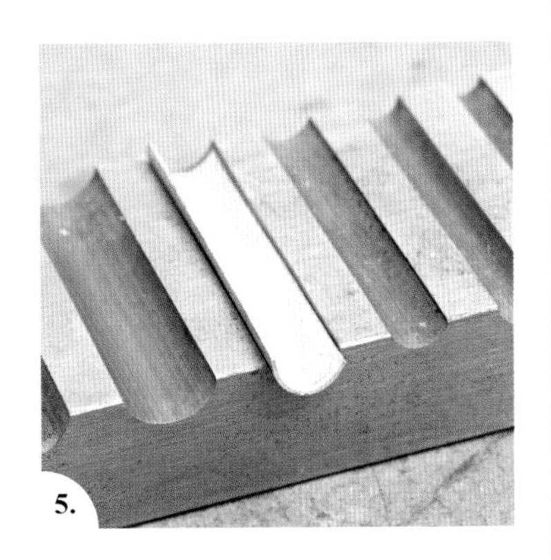

5.

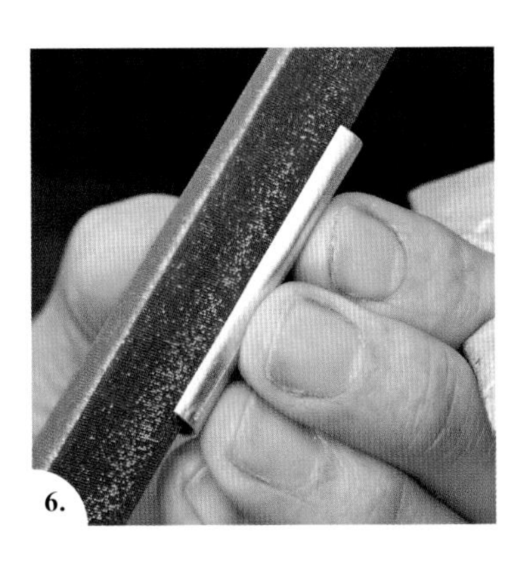

6.

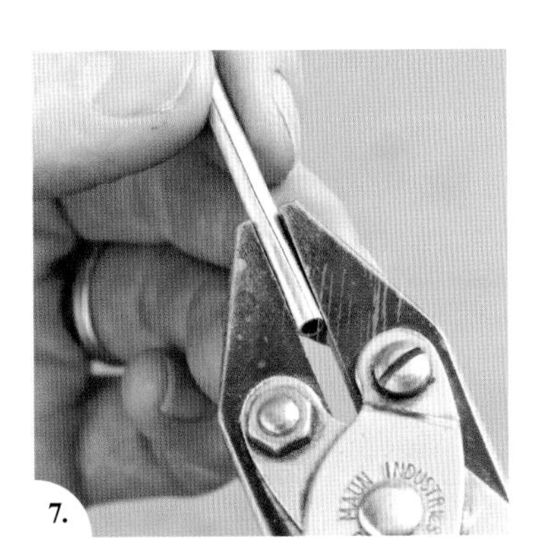

7.

提示与技巧

银片表面的肌理应该在裁切冲压之前就要做好。

银片表面的肌理在裁切冲压之前需贴好胶带保护，另外，尽量使用木质的窝錾而非钢质的窝錾来敲打银片。

一定要选择大小合适的凹坑，并且，先从较大的凹坑开始敲打，再换较小的凹坑，直到获得理想的球面高度。如果选择的凹坑不合适，球面的顶端就会起皱。

无论是球面成型还是型铁成型，操作时都需要不断给银片退火。

由于型铁可以使银片形成曲面和沟槽，所以可通过合拢银片的两边并焊接的方法来制作银管。

在型铁的沟槽中把银片敲弯，用木槌在木砧子上轻轻敲击银片，使银片的两边逐渐合拢而形成接缝，焊接好接缝，这样就做成了银管。

起版工艺示范

剔槽对折成型，由迈克尔·米洛依 (Michael Milloy) 演示

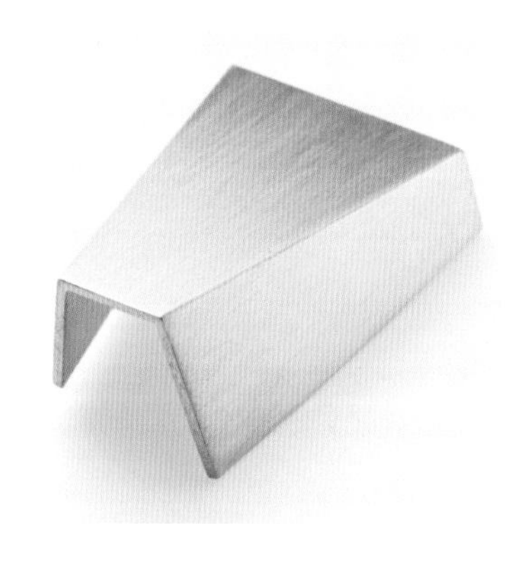

工具与材料

- 钉子和錾花锤
- 木块
- C（G）形桌钳
- 银片
- 记号笔
- 钢尺
- 划线笔
- 剔槽刀
- 2号方形油锉
- 浮石粉
- 铜刷子
- 焊药
- 火枪
- 直角尺
- 长方形标准银丝
- 台塞
- 平嘴钳
- 钢丝
- 成型棒
- 压片机
- 酸液

操作过程：剔槽

1. 在木块的尾端钉两个钉子，可以用来顶住银片。把钉有钉子的木块用桌钳紧紧夹在工作台上。

2. 用记号笔在银片上画两条直线，以钢尺作为辅助，再用划线笔在原有直线上反复刻划出有一定深度的直线。

3. 把银片放在木块上，银片的底端紧紧顶住钉子，以钢尺作为辅助，把剔槽刀的刀头放在划线笔刻划出的线的起点，往有钉子的方向开始挖槽，反复几次，每一次都会有银屑从沟槽中被挖出。当沟槽够深，剔槽刀无须任何辅助就能在沟槽中稳定运行时，撤去钢尺。

4. 当金属的背面可见凸起的线条时，停止剔槽，改用方形油锉来修整沟槽。

5. 依槽线徒手弯折银片，用铜刷子蘸浮石粉把银片清洗干净，再用高温焊药与焊条焊接法把槽缝焊接牢固。

6. 用直角尺和划线笔在长方形标准银丝上等距离画垂直线，把银丝紧靠台塞，倾斜方形油锉，在线的起点先锉出一道浅槽，再顺着这道浅槽逐渐锉出一道贯穿银丝的V形沟槽，然后从V形沟槽的另一个方向继续用方形油锉修整，直到这道V形沟槽的深度达到银丝厚度的3/4。

7. 用手和平嘴钳弯折银丝，清洗干净之后，用高温银焊药以及焊片焊接法把折缝焊接牢固。

操作过程：对折

8. 把一段钢丝退火，并在成型棒上把钢丝弯折，把钢丝放在经过退火的银片上，用压片机碾压。

9. 给银片退火，酸洗干净，依据钢丝压在银片上的槽线徒手把银片弯折，清洗后把折缝焊接牢固。

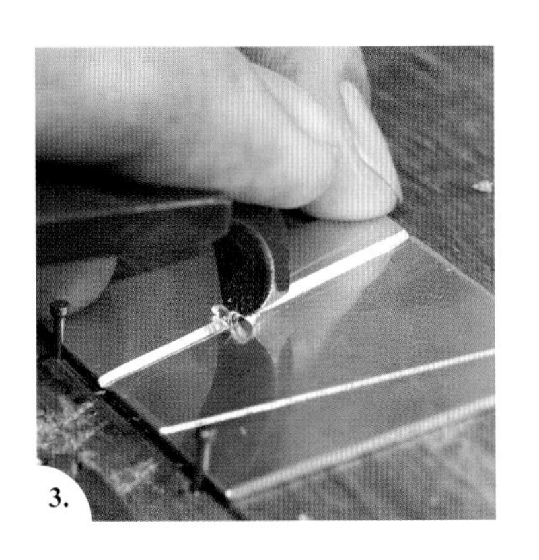
3.

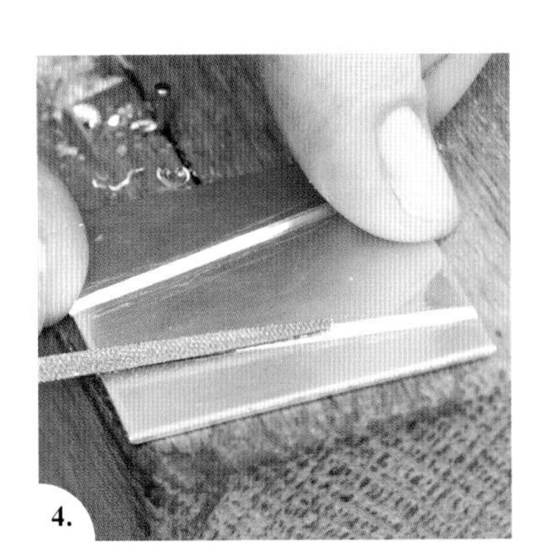
4.

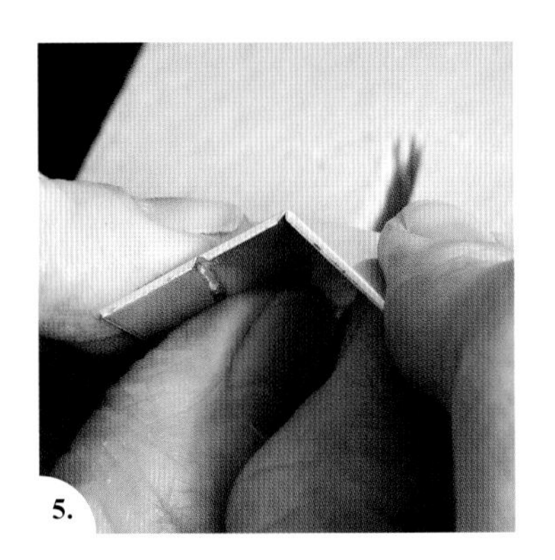
5.

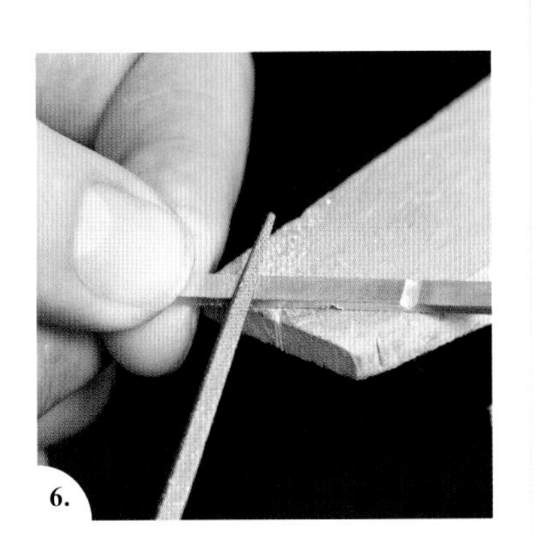
6.

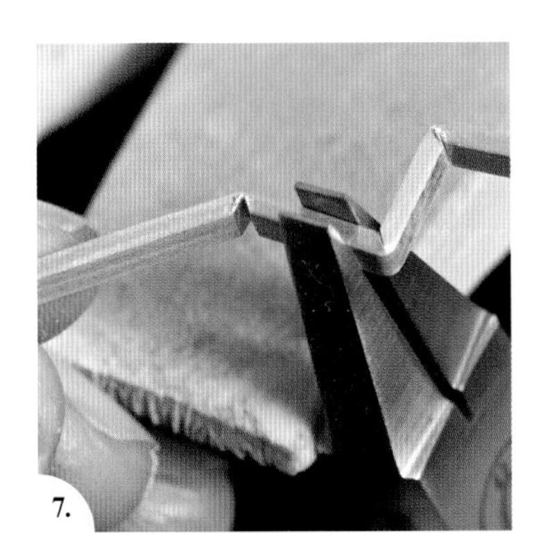
7.

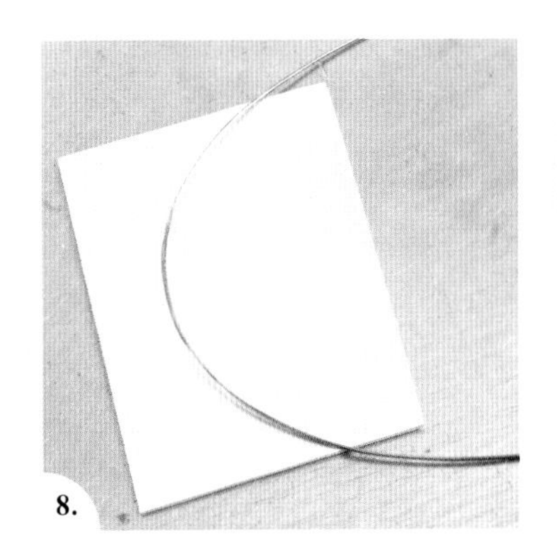
8.

提示与技巧

给薄银片剔槽最好使用划线笔，而非剔槽刀。

钢尺作为剔槽刀挖槽的辅助工具，应该用桌钳牢牢固定。

槽线应该使用柔和的力量逐渐挖深，千万不要妄想只需一两次用力刻挖就能成功剔槽。

每一次刻划的线条不可过长，因为，刻划越长，越容易导致剔槽刀滑出，从而造成槽线分叉。当金属的背面可见突起的线条时，就可停止剔槽。

用于在银片上碾压出印痕的金属丝，其直径不能大于银片的厚度。

适合用剔槽刀来剔槽的银片，其厚度应不少于1mm（18 Ga.）。

起版工艺示范

对折成型

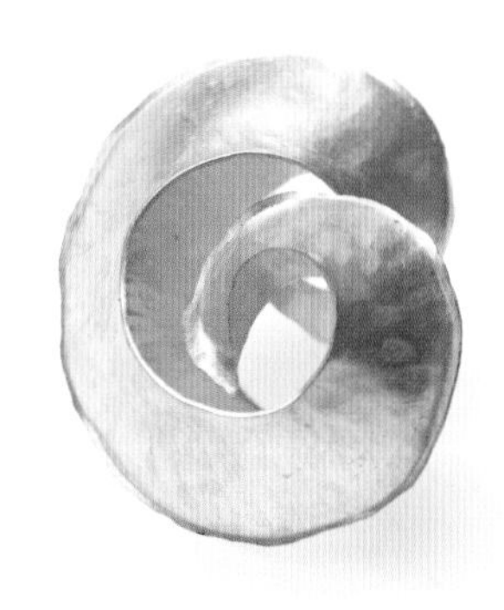

工具与材料

- 0.4mm（26 Ga.）厚的标准银片
- 台钳
- 木槌
- 钢砧
- 记号笔
- 剪子
- 手锉
- 羊角砧
- 敲花锤或錾花锤
- 酸液
- 木质筷子

操作过程

1. 裁切一长条0.4mm（26 Ga.）厚的银片，从中间对折，并用装有护嘴的台钳把对折的银片夹扁，然后取出，放在钢砧上用木槌把银片的折缝敲成扁平状。

2. 折缝置于左端，在银片右端用记号笔画曲线，并用剪子沿曲线剪开，用平锉把剪开的边缘锉齐整。

3. 在银片中央画线，线的两边画有箭头，指示锻造的起点和方向。

4. 把折叠的银片置于羊角砧上，用敲花锤狭长的锤头并以正确的角度敲打银材料，先从银材料的中央往上敲打，继而从银材料的中央往下敲打，锤痕可以被覆盖，注意不要敲打银片的拼贴边。然后，以相同的方法敲打银片的背面，之后退火，并放在钢砧上冷却。

5. 重复步骤4，继续敲打银片，银片的正反两面都需经过敲打，之后退火，并放在钢砧上冷却。这时，银片由于局部被锻打而变薄，使得整体形状出现弧度。

6. 重复敲打直到获得理想的银片弧度，注意不可把银片敲得太薄。最后，退火、冷却以及酸洗，用木筷子把银片的拼贴边从中部顶开，再逐渐顶开到两端。

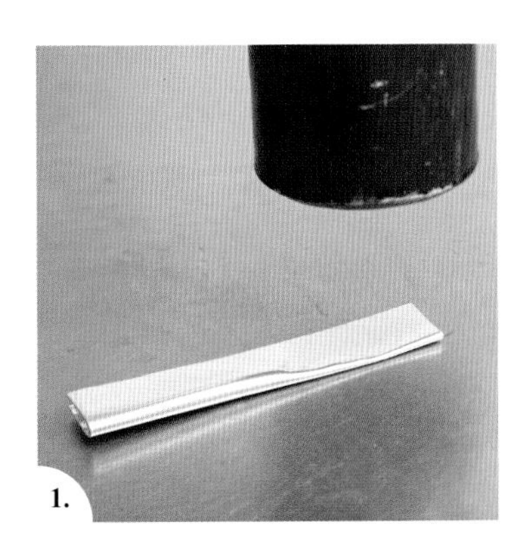
1.

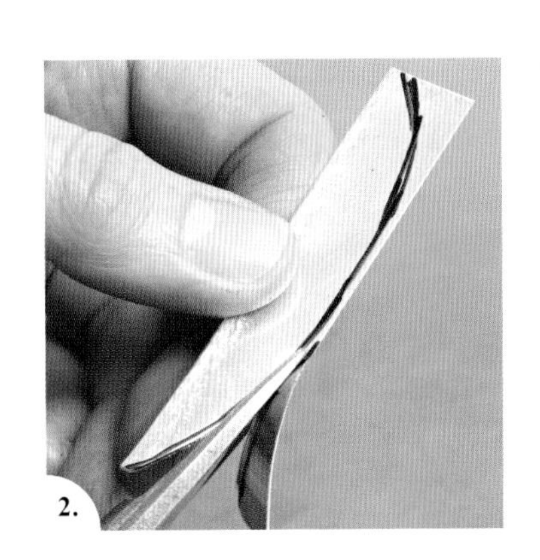
2.

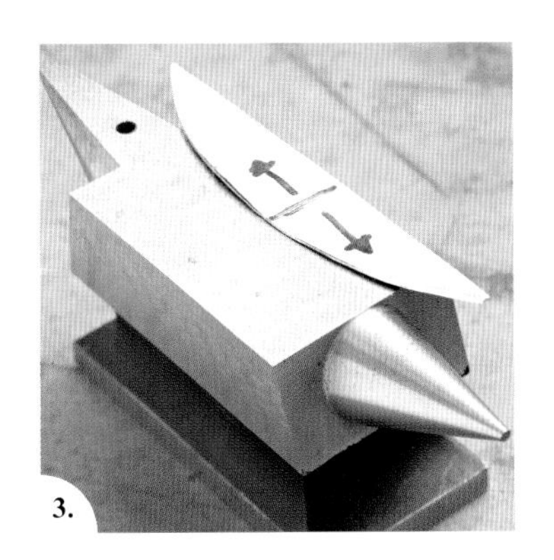
3.

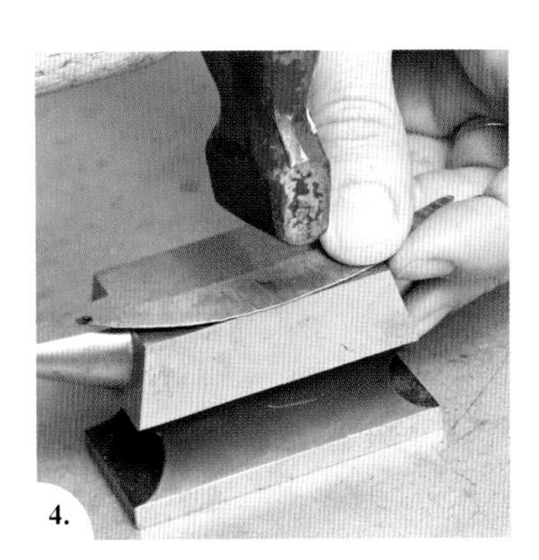
4.

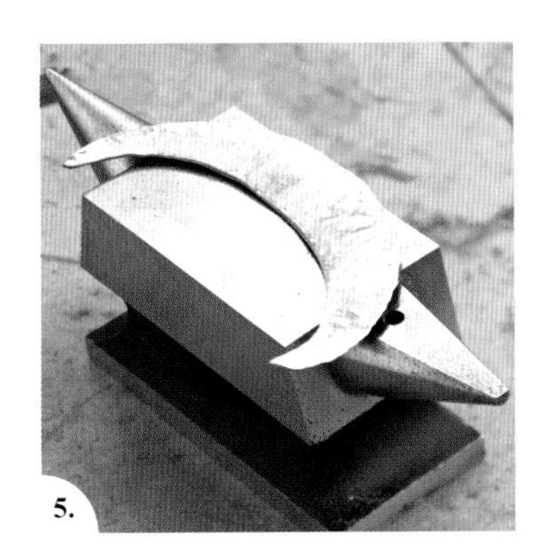
5.

6.

提示与技巧

不要敲击银片的拼贴边。

退火之后不要立刻酸洗，把银片放在钢砧上自然冷却后继续锻打。

当银片开始呈现曲度时，要给银片退火，再用木槌把凹凸不平的银片敲平，才能继续锻打银片。

银片不可敲得太薄，否则会产生裂纹。

还有另外一种方法可以制作出同样的造型，方法如下：银片对折后，在折缝中间夹一长条1mm（18 Ga.）厚的紫铜片，用台钳合并夹紧，按照步骤2剪下金属片，退火之后用压片机碾轧夹着紫铜片的金属件，退火，再碾轧，碾轧时注意金属件送进滚轮的角度，以防金属件弯曲后刮擦压片机的壁柱。直到获得满意的弧度，且金属件折边的厚度与其余部分一致，才停止碾压，然后给金属件退火，打开金属件，取出紫铜片，完成造型。

起版工艺示范

锻打成型

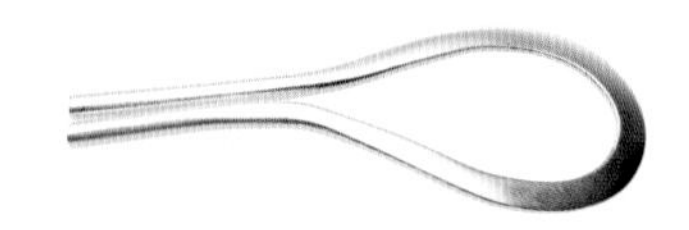

工具与材料

- 圆形银棒
- 敲花锤
- 钢砧
- 曲面砧
- 台钳
- 圆形成型棒
- 火枪
- 耐火砖
- 镊子
- 酸液
- 锉子
- 砂纸

操作过程

1. 用敲花锤在平面钢砧的边缘锻打一截退过火的圆形银棒，从银棒的顶端开始，一直敲到银棒的中部，锤子锻打银棒的角度始终保持一致，锤痕可以叠加。翻转银棒的四个面，每个面都要进行锻打，但每一次翻转的角度都呈90°。之后，退火与酸洗。

2. 按照步骤1的方法锻打银棒，使银棒从距离顶端20mm（¾″）处开始逐渐变细，成为锥形，翻转90°，继续以相同角度锻打，重叠锤痕，再翻转，使银棒的四个面都呈逐渐变细的形状，然后，退火和酸洗。

3. 用敲花锤把银棒四个面的拐角敲平，使银棒呈八个面。然后，退火和酸洗。

4. 用整平锤修整银棒锥形部分的同时，慢慢旋转银棒，使银棒的锥形部分被敲圆修平，然后用砂纸打磨银棒。

5. 在圆形成型棒上把一截退过火的圆形银丝折弯，用台钳固定曲面砧，然后在曲面砧上用敲花锤锻打银丝的曲线部分，注意以相同的角度锻打，重叠锤痕，再用整平锤精修，整平锤痕，最后用砂纸打磨。

6. 用圆嘴钳把一截退过火的圆形银丝折弯，用台钳固定曲面砧，然后在曲面砧上用敲花锤锻打银丝的局部，注意以相同的角度锻打，重叠锤痕。退火之后继续锻打，再用整平锤精修，整平锤痕，最后用砂纸打磨。

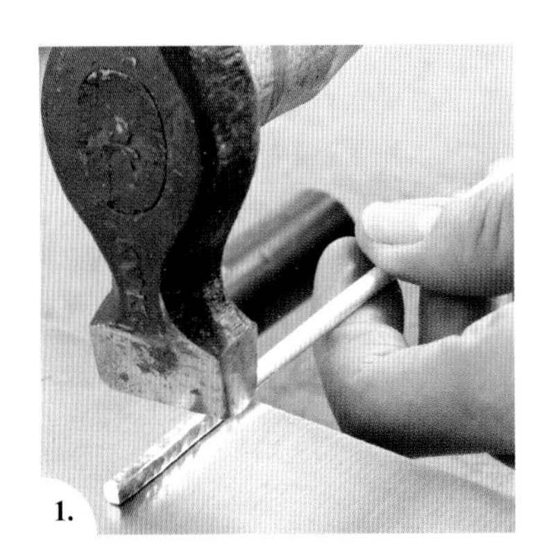
1.

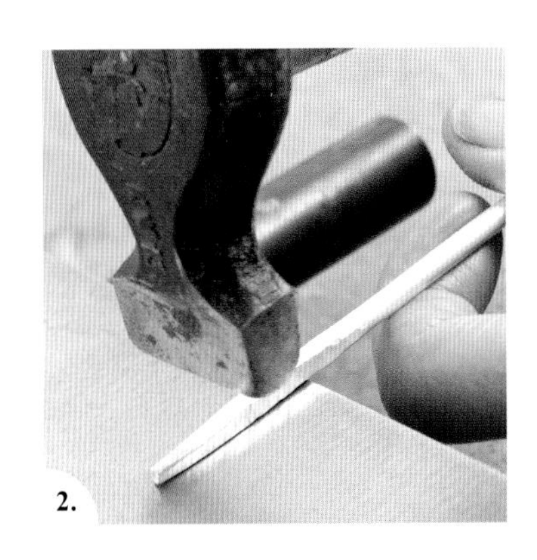
2.

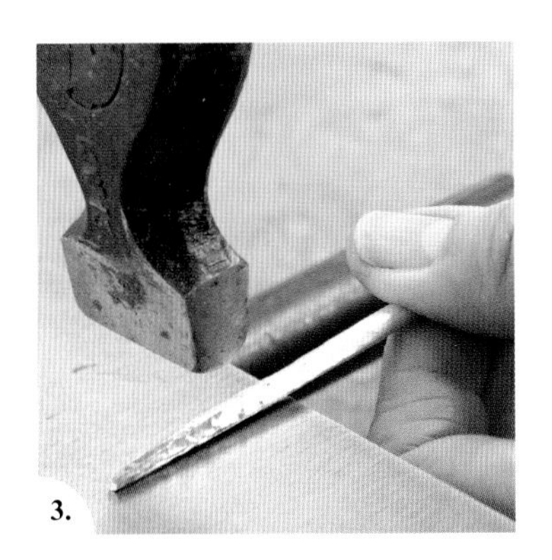
3.

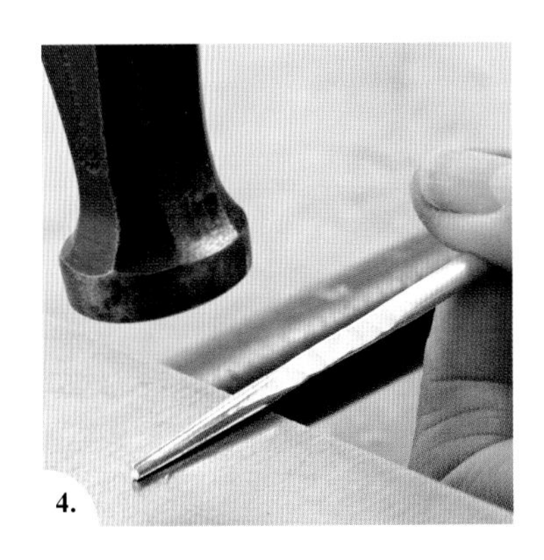
4.

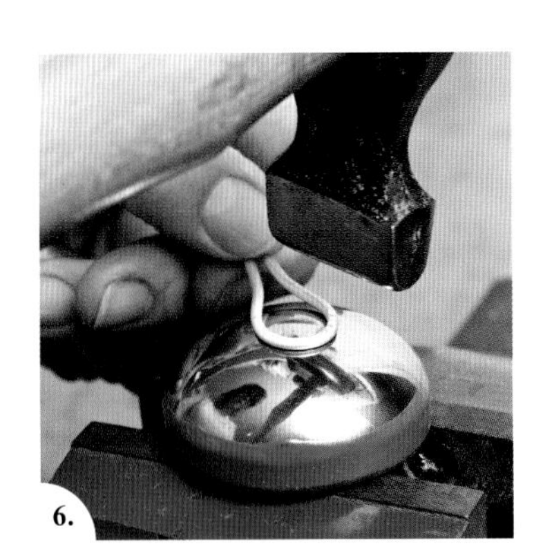
6.

提示与技巧

锤子和砧子的表面都必须保持绝对平整光滑，否则，即便是很小的印痕也会被转印到银子的表面上去。

锻打金属时，必须佩戴护耳器。

想要锻造极其平整的金属面，必须在开始工作前确保砧子被台钳牢牢夹稳。

金属件的高度应该与肘部持平，这样，工作起来会相对轻松。手握锤子把柄的末端，用肘部发力，而不是用手腕。

锻打银棒前端的时候，如果锤打的频率或角度不统一，就不会获得方形的锥体，而是菱形的锥体。所以锻打时需不时检查银棒的形状，要么用锉子修正，要么重新把银棒敲圆，然后再锻打成方形锥体。

起版工艺示范

敲打成型，由阿德斯·乌凯洛 (Adaesi Ukairo) 演示

工具与材料

- 划线笔
- 纯银片
- 分规
- 锯子
- 铅笔或圆规（可选）
- 沙袋
- 敲凸锤
- 木砧子
- 曲面砧
- 台钳
- 敲花锤
- 木槌
- 窝錾
- 整平锤

操作过程

1. 用分规在圆银片上画出一个直径为72mm（$2^3/_4$″）的大圆圈，用锯子锯出圆形，把边缘锉平，退火。继续用划线笔在圆形中央画一个直径为30mm（$1^3/_{16}$″）的小圆圈，在大小两个圆圈之间间隔7mm（$^4/_{16}$″）再画两个圆圈。

2. 把银片放在沙袋上，画有圆圈的那一面朝下，用敲凸锤沿圆银片外围向内敲打，银片开始向下凹陷，逐渐呈现圆盘的造型。为了防止圆盘的边缘插进沙袋，可以把圆盘放置到木砧子上，再敲打它的边缘。不断重复这道工序，直到圆盘基本成型，再给它退火。

3. 为了增加银盘的深度，给它退火之后，需要用台钳固定曲面砧，把银盘垫在曲面砧上，从另一面对它进行敲打。切记，敲打的区域是银盘与砧子前端实际接触的部分。敲打工作从接近圆盘底部所画的第一个圆圈和第二个圆圈之间的部位开始，找准银盘与砧子接触的部位敲打，每一次的敲打都会在银盘的表面留下清晰的、重重叠叠的锤痕。锤击的路线是沿着圆圈做顺时针行进，这种行进从银盘底部一直推进到顶部，而顶部的口沿部分则需换用木槌来敲打。

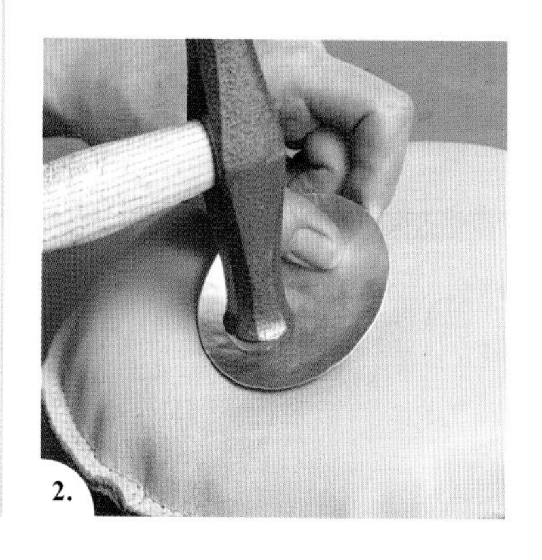

2.

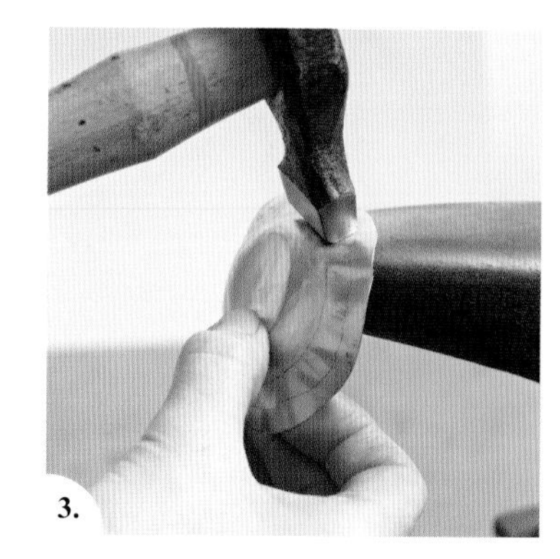

3.

4. 完成一遍敲打之后，给银盘退火，如果先前刻划的圆圈线已经模糊，再重划一遍。然后继续敲打，直到圆盘边缘更加收拢，银盘渐成银碗。用木槌敲打口沿，把所有的褶皱敲平。

5. 把银碗放在沙袋上，用敲凸锤把银碗的底部敲成穹顶。

6. 想要减小银碗的直径，可以把银碗重新放回到砧子上，用敲花锤给银碗收边，收边从银碗的腰部开始，依照步骤3的方法，一圈一圈地运行锤击路线，每敲完一圈就要给银碗退火，然后继续从刚才结束敲打的地方重新开始敲打，这样渐渐接近口沿，再改用木槌敲打。

7. 选择形状合适的窝錾作为砧子，用台钳固定窝錾，把银碗放在窝錾上用木槌敲打，使银碗的造型规范、表面光滑。

8. 最后，把银碗放在窝錾上，一边旋转银碗，一边用整平锤细心地整修银碗的表面，去除所有的锤痕，使银碗的表面光滑整洁。

提示与技巧

银碗表面的裂缝可以用高温银焊药修补。

除了不对称的银器造型，都应该在银片的中部刻划圆圈作为辅助线，并从中部开始敲打成型。

梨形木槌比敲凸锤更适合在沙袋上敲器皿的大形。

不要在沙袋上敲打器皿的边缘，因为，这样容易导致沙袋破损。在木墩上掏一个凹坑，银片放在凹坑上敲打，很容易就能把银片敲凹。

如果敲打的速度太快，则极易在器皿的口沿产生褶皱，可以用木槌把这些褶皱敲平。

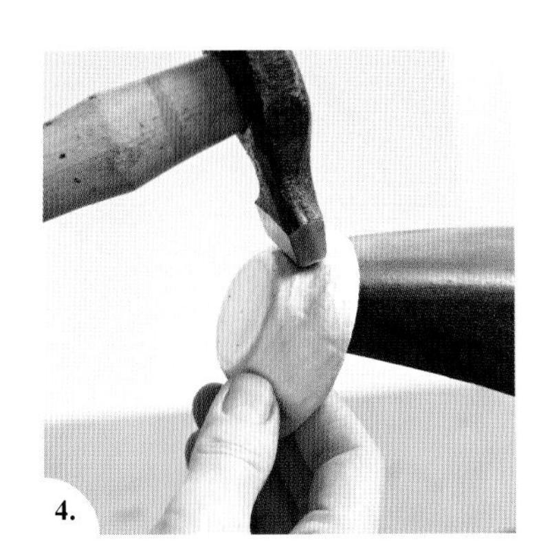
4.

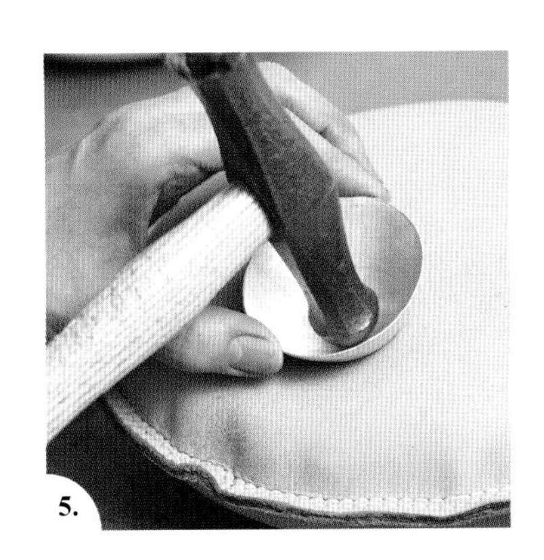
5.

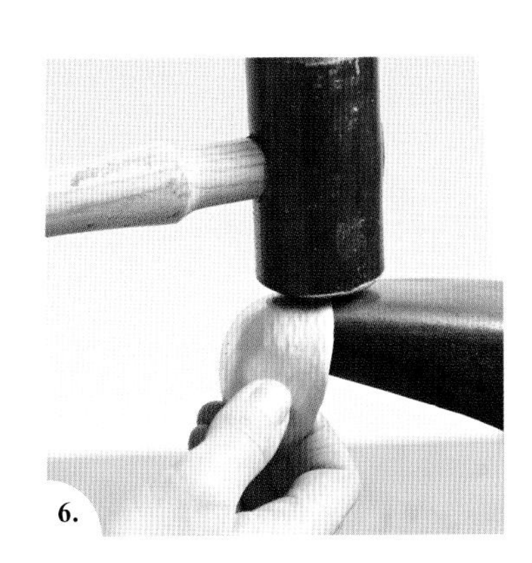
6.

起版工艺示范

冲压与印压成型

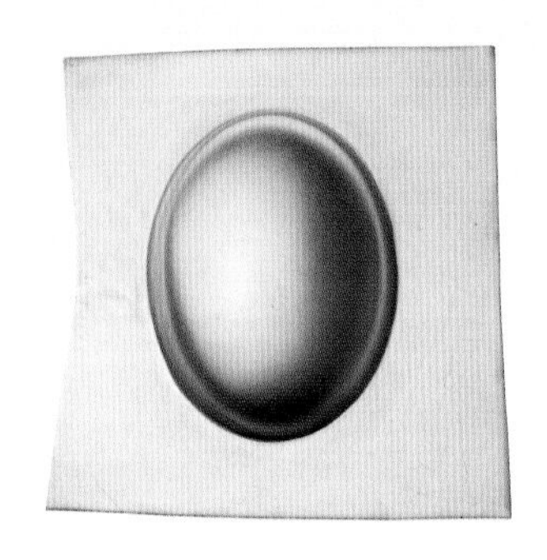

工具与材料

- 10mm（3/8″）厚的亚克力板
- 记号笔
- 钻头和台钻
- 锯弓和锯条
- 半圆形手锉
- 0.55mm（23 Ga.）厚的布里特尼亚银片
- 胶带
- 橡胶片
- 钢砧
- 液压机或螺旋压力机
- 用于印压的物件

操作过程：冲压成型

1. 用记号笔在亚克力板上画一个椭圆形，在椭圆形里面钻孔，用锯子把形体镂空，锯的时候尽量让锯条与亚克力板保持垂直运行。用半圆形手锉把镂空形体的边缘修整平滑。

2. 裁切一块比镂空形体大10mm（3/8″）的银片并退火，放置于亚克力模板镂空造型的中央，用胶带贴紧固定，银片上面放一块橡胶片，再用两块钢板上下夹住它们，放在压力机上，开动机器挤压，钢板使压力均匀扩散（如果使用液压机来操作，则注意抬升基座时需加压，挤压到加工件时需减压）。

3. 打开金属件，检查冲压的进展和效果，重新剪裁一块略小于镂空形体的橡胶片，把橡胶片放在镂空形体中，重新组合好所有的金属片，按照步骤2继续用压力机冲压。

4. 打开金属件，拿出银片，检查冲压的进展和效果，给银片退火，然后放回模板中，重新剪裁一块略小于镂空形体的橡胶片，把橡胶片放在镂空形体中，重新组合好所有的金属片，继续用压力机冲压，直到获得理想的冲压形体。

操作过程：印压成型

5. 把等待压印的物件放在钢砧上，剪裁一块退过火的银片，把银片放在物件上，并用胶带固定。

6. 银片上放一块橡胶片，橡胶片上再放钢板，用压力机对工作件进行冲压（如果使用液压机来操作，则注意抬升基座时需加压，挤压到加工件时需减压）。冲压后给银片退火，再冲压，如此反复，直到获得理想的印压浮雕图案。

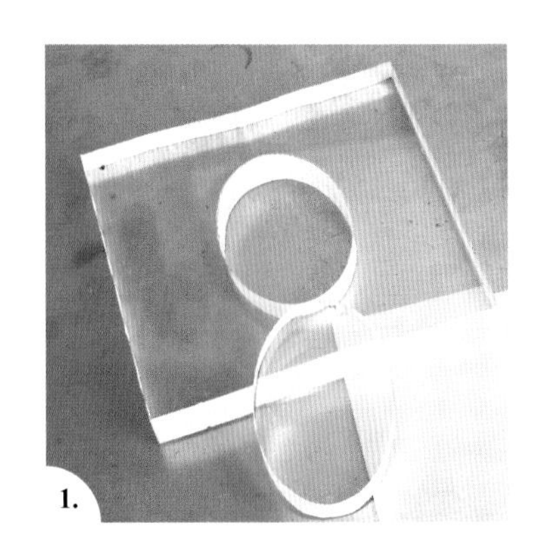
1.

2.

3.

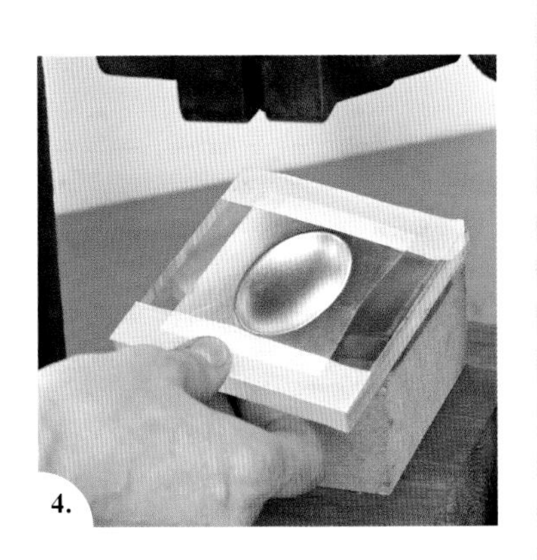
4.

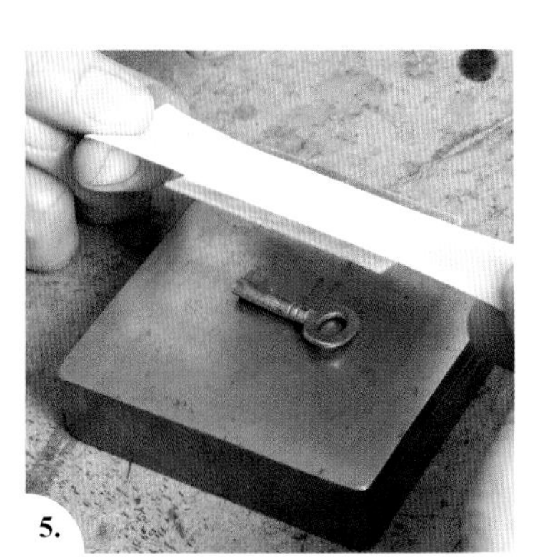
5.

6.

提示与技巧

用较粗的锯条或者蜡锯条来镂刻亚克力模板。

想获得较高的浮雕造型，最好使用液压机来操作冲压工作，银片的厚度也需增加。另外，模具的厚度也需相应增加，叠加两块亚克力板来做模具即可。

想要增加模具的强度，可以把一块镂空有相同图样的黄铜片叠加在亚克力板上面。

冲压成型需要循序渐进，如果一次冲压过度，会造成银片开裂，所以一定要多次退火，冲压才可成功。

冲压过程中银片的边缘会形成褶皱，用木槌在钢砧上把褶皱敲平，小心不要敲到浮雕部分。

用来压印的物件一定要足够硬，能经得住挤压。

戒指，安妮·贝德，
摄影：安妮·贝德

缠丝戒指，杰西卡·罗斯 (Jessica Rose)

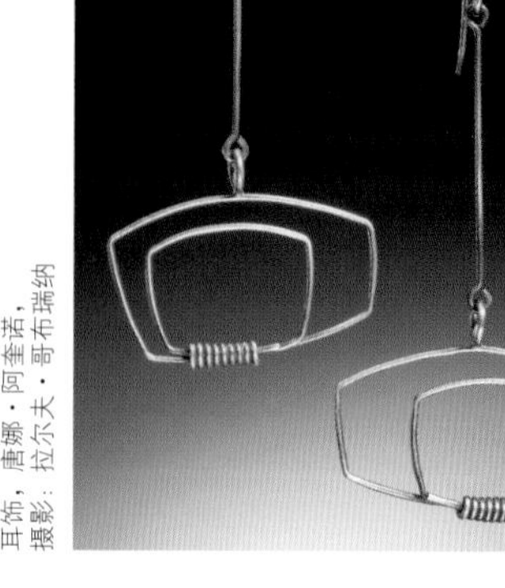

耳饰，唐娜·阿奎诺，
摄影：拉尔夫·哥布瑞纳

冷连接

冷连接是一种无须加热和焊接就可实现连接的加工工艺。这种工艺尤其适合于综合材料与银材料的连接，以及不能受热的材料与银材料的连接。冷连接可能是纯功能性的，比如使用合页连接，但它又可以使这种功能性具有某种装饰性。

缠丝

不同材料或造型都可以用金属丝来缠绕连接，所以缠丝连接用途很广。另外，金属丝缠绕本身也是一种造型手段，它是构成三维立体作品的有机组成部分。

圆形、方形以及半圆形的标准银丝非常适合于缠绕连接工艺。用于缠绕戒指作品的银丝最好是半圆形的，因为这样会使戒指的佩戴更舒适。细银丝比较柔软，也极易弯折；粗银丝则较硬，难于弯折，缠绕的效果也不够整齐。细银丝虽然柔软，易于弯曲，但经常会出现打结的情况，其表面也容易留下工具的压痕，所以软银丝较适合于捆绑和拧接，而半硬的银丝由于不易变形，其用途会更广一些。

半硬银丝的直径一般为0.8mm（20 Ga.），半圆形银丝的直径一般为1mm（18 Ga.），直径为0.6mm（24 Ga.）以及0.4mm（28 Ga.）的银丝适合于装饰性的缠绕，更细的银丝则会拧在一起，用于增加连接的强度。

最基本的缠丝工艺就是拧丝，把多股银丝拧在一起，弯折和塑型。缠丝工艺简单易行，使用的工具较为简单，如钳子、剪子、台钳、钢砧、木槌和油锉。预先设计和勤于练习是掌握缠丝工艺的关键，你可以在使用银丝之前先用紫铜丝来练习缠丝工艺。

铆接

铆钉由银丝和银管制成，最简单的铆钉其实是一种有头的银针，把这种银针从连接用的孔洞中穿过，然后把银针的另一头用锤子敲平，从而达到铆接的目的。

铆钉可以把两个或多个零部件紧紧连接在一起，可以在零部件之间借助银管间隔器制作间隙，可以使作品活动，可以连接不能受热焊接的零部件。标准银丝和银管是制作铆钉合适的材料，银丝要有一定的硬度，可以在使用前把它敲硬。

把纸质的轴心棒塞进铆接的连接件中，使之保持稳定，待完成连接件的制作之后，把纸质轴心棒烧掉或洗掉即可。

铆钉的头可以高于金属，也可以与金属持平或低于金属，如果想低于或与金属持平，则需用桃针或球针打磨孔洞的一端或两端，也就是把洞口拓开了，待铆钉插进去后，用锤子敲打铆钉头，钉头就会陷进洞口的开拓区域内，而不会高出金属片的平面。铆钉头的制作有多种方法，其一，用锤子把凸起的钉头敲平；其二，把银丝的一端加热，熔化成球状，再用锤子和锉子加工成水滴形；其三，直接在银丝末端焊接一小块银片。后两种方法制作出来的铆钉的钉头较大，同时具有装饰性。而银管包裹铆钉的铆接方法，适用于连接那些经不住锤击的零部件。

成功的铆接应该遵循以下步骤操作：首先，完成零部件的制作，在部件上画好钻孔的位置，孔洞的直径需与铆钉的直径一致。先在第一个部件（最外层的部件）上打孔，用机针把洞口拓开，然后与下层的部件叠置，用记号笔直接通过外层部件的孔洞给下层部件画出钻孔的位置，然后钻孔，不断使用相同的方法给更下层的部件钻孔，最后穿过铆钉，实现铆接。

《黑水熄》，胸针，文迪·麦克阿里斯特(Wendy McAllister)，
摄影：哈普·萨科娃(Hap Sakwa)

冷连接工艺示范

缠丝，由杰西卡·罗斯演示

工具与材料

- 1mm（18 Ga.）方形标准银丝
- 1mm（18 Ga.）半圆形银丝
- 剪子
- 宝石（此处使用碧玉照片）
- 台钳
- 两个束钳
- 圆嘴钳
- 胶带
- 记号笔
- 尖嘴钳
- 软尺

操作过程

1. 把银丝的一端用台钳夹住，另一端用钳子夹住，猛力拉直。剪下两段方形银丝，每一段的长度足够绕宝石两圈，另外再剪下两段长约50mm（2″）的银丝，分别用束钳夹紧，拧成麻花状。

2. 剪下一段150mm（$5^{14}/_{16}$″）长的半圆形银丝，把银丝的一端锉平，用圆嘴钳弯成U形，银丝平整的那一面在内圈。

3. 两段麻花状的银丝在里面，两段方形银丝分别位于外侧，用胶带把这条银丝饰带粘牢，用记号笔画出中心线，在中心线缠绕半圆形银丝，先用钳子轻轻夹住半圆形银丝，然后用手把银丝紧紧缠绕在银丝带上，每一圈都要缠紧，缠绕的角度完全相同，每一圈银丝之间不留缝隙，用钳子修理整齐。

4. 剪掉多余的银丝，注意银丝的末端都应该位于同一个侧面——这个侧面将会成为银丝圈的内侧，用锉子把银丝末端修理圆滑，并用尖嘴钳把它们压紧。

5. 围绕宝石，徒手把银丝饰带弯曲成椭圆形，在椭圆形的左右两边、离银丝缠绕处相等距离的地方做记号。

6. 剪两段100mm（4″）长的半圆形银丝，把末端锉平，然后在两个做记号的地方，分别把两段银丝缠好。

7. 把宝石放入银丝带围成的圈里面，银丝带在宝石的上端交叉，用记号笔在交叉处画好记号。

8. 把银丝带的一端用尖嘴钳折弯，以步骤5所做的记号为辅助，测量弯折处到该点的长度，然后在银丝带的另一端再以这个相同的长度为依据，标好记号，并于此处把银丝带的另一端折弯。

9. 把宝石放进圈中，检查银丝圈的大小是否合适，然后用半圆形银丝在圈的顶部把整个银丝带绑好，捆绑的位置恰好位于银丝圈的结合处，这样才不会导致银丝圈松开。

10. 为了从后面托住宝石，可以在最底层的方形银丝圈上，用尖嘴钳弯折两段相同的曲线。

11. 为了从前面镶住宝石，可以在最上层的方形银丝圈上，用尖嘴钳弯折两段不相同的曲线。

12. 最后制作吊环。用束钳把四根方形银丝都拧成麻花状，把其中的一根弯折成旋涡状，置于宝石上方，起到固定宝石的作用。先留一根长银丝暂且不动，其余的银丝都剪成12~14mm（7/16~9/16″）的长度，用圆嘴钳向下拧弯。此时，再把那根长银丝用圆嘴钳拧成环，末端绕圈，然后减掉多余的银丝。

提示与技巧

操作前一定要把方形银丝拉直。

反复操作会使银丝变硬，而不断修整则会使银丝变得脆弱，最终导致断裂。

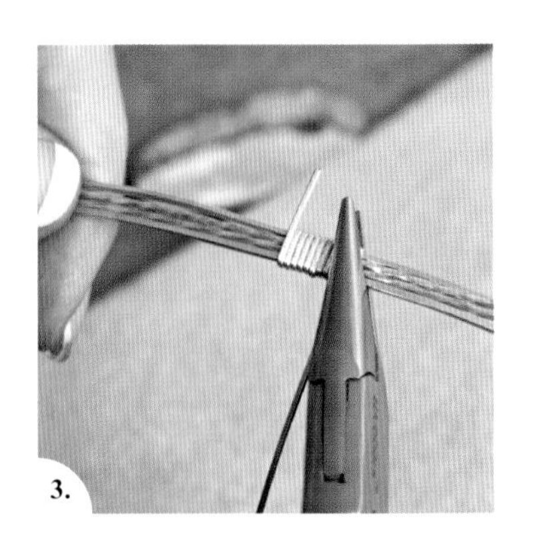
3.

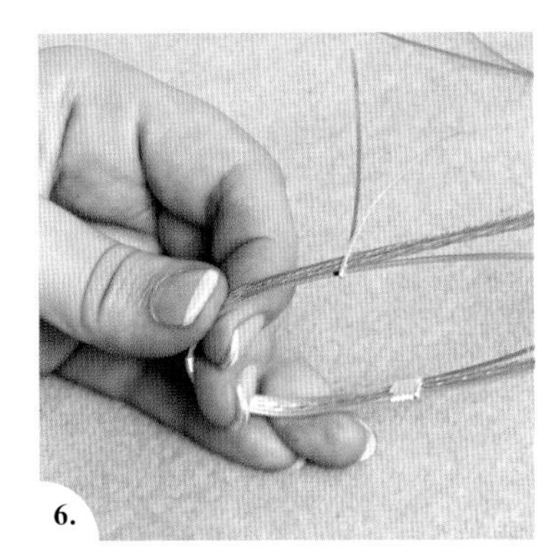
6.

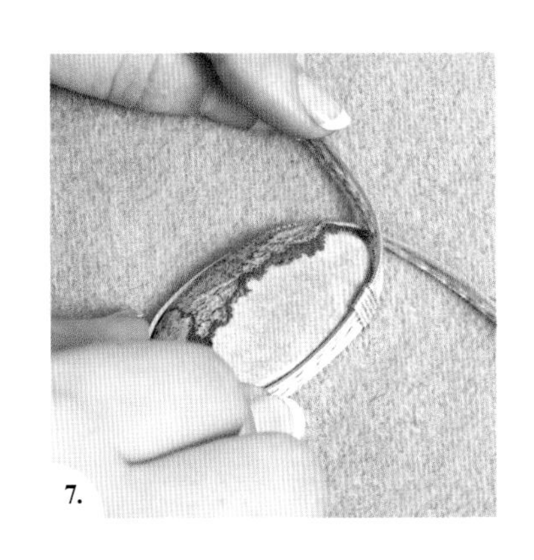
7.

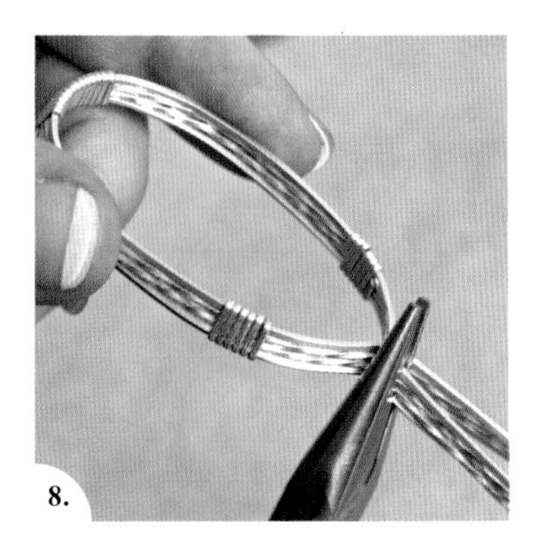
8.

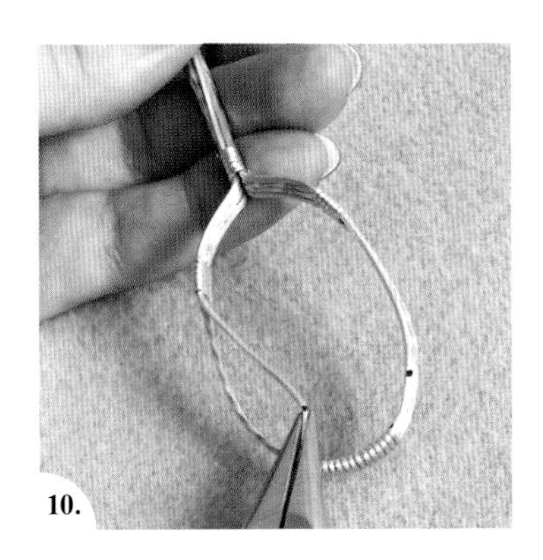
10.

12.

冷连接工艺示范

铆接

工具与材料

- 金丝
- 尺寸不等的标准银片
- 台钳
- 平凸锤
- 尺子
- 记号笔
- 与银丝和银管相同直径的钻头
- 胶带
- 桃针或球针
- 吊钻
- 剪线钳和裁管器
- 钢砧
- 平锉和油锉
- 砂纸
- 拔丝板
- 整平锤
- 锯弓和锯条
- 压光笔
- 窝錾

操作过程

1. 裁剪一小段金丝，用垫有护套的台钳固定，把金丝末端锉平，然后用平凸锤末端敲成一个铆钉头。

2. 在上层金属片上做好钻孔的位置标记，用与铆钉直径相同的钻头打孔，把这片金属与下层金属用胶带粘在一起，透过上层金属片的孔洞给下层金属片钻孔。

3. 使用吊机，装上桃针或球针，把孔洞两端的洞口拓宽。

4. 把金铆钉穿过孔洞，留下一定的长度用于制作铆钉头，多余的金丝用剪子剪掉。

5. 在钢砧上把金丝的末端用平凸锤拓宽，敲成铆钉头。

6. 用平油锉把高于金属片的铆钉头部分锉掉，并用砂纸磨平锉痕。

7. 把一小段银丝的末端用火枪熔化成小球，把圆形拔丝板固定在台钳上，选择与银丝直径相同的孔洞，穿过银丝，银丝末端的小球留在拔丝板上，用整平锤把小球敲平。

8. 敲平后的小球用锉子修整成铆钉头，按照步骤2在需要铆接的金属片上钻孔，拓宽孔洞的洞口，这个洞口恰好可以容纳铆钉头。从孔洞穿过铆钉，留下一定长度的银丝用于制作铆钉头，多余的银丝用剪子剪掉。

9. 钢砧上垫一张纸，以保护已做好的铆钉头，依照步骤5，用平凸锤轻轻敲打银丝铆钉的末端，拓宽它的面积，制成铆钉头。

10. 用裁管器或锯子裁剪一小段银管，依照步骤2在银片上打孔，依照步骤3把孔洞的洞口拓宽，给银管退火，之后，把银管插进孔洞中，用压光笔把银管的洞口压宽，放在钢砧上，再用一支小窝錾把拓宽的银管洞口敲平。

1.

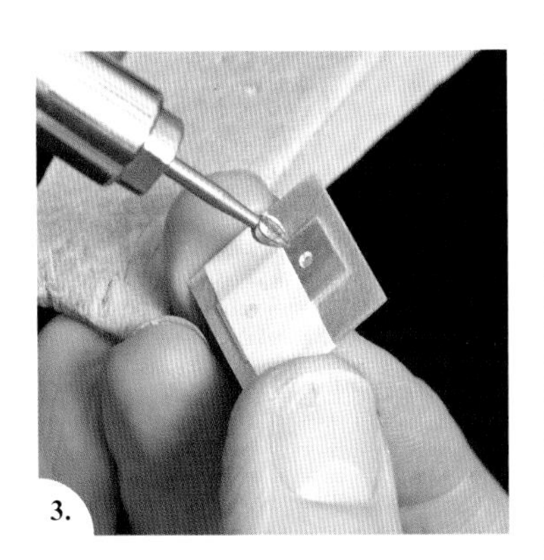

3.

5.

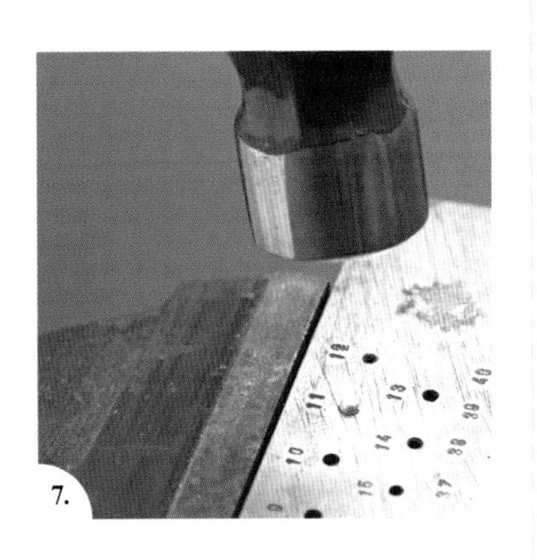

7.

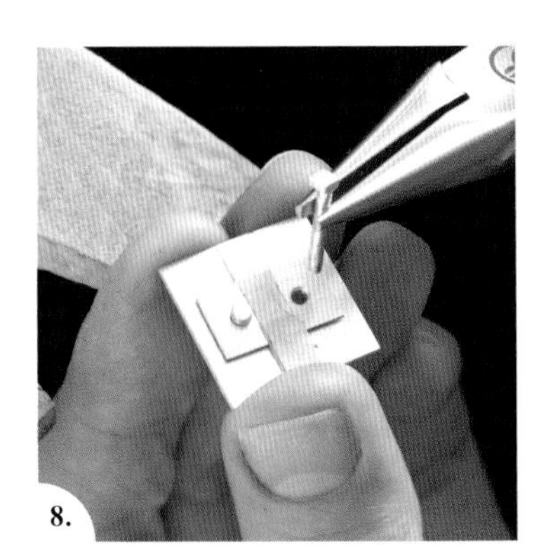

8.

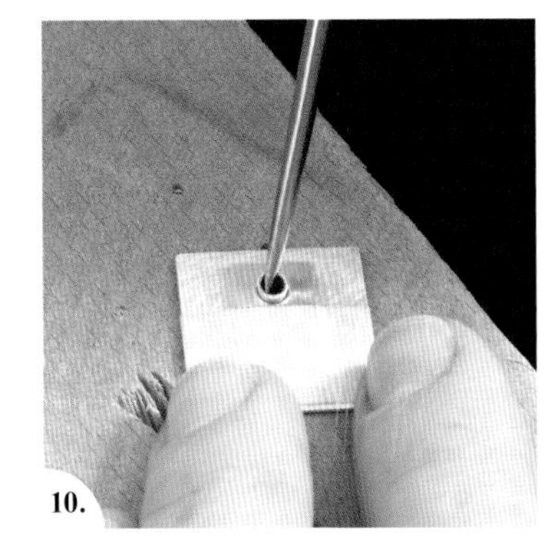

10.

提示与技巧

钥接之前，零部件的所有加工工作都需完成。

使用与铆钉相同直径的钻头钻孔，这样才能使铆接严丝合缝。

敲打铆钉头时，小心不要敲打到旁边的金属片，你可以把金属片贴上胶带保护起来。

制作装饰性铆钉头时，需在钢砧上垫纸或者皮革，以保护铆钉头的肌理不受影响。

预先把银管的洞口用压光笔拓宽，再剪裁掉多余的银管，使操作更简便易行。

《连续的圆》，手镯，乔治·维斯曼 (Georgia Wiseman)，摄影：乔治·维斯曼

《结构化的纹理》，戒指，乔治·维斯曼，摄影：乔治·维斯曼

《关闭》，项链，达芙妮·克瑞诺斯 (Daphne Krinos)，摄影：乔·德根 (Joel Degen)

丝线首饰与链条

丝线

粗细不同以及造型各异的金属丝线，其用途十分广泛，它即可以单独使用，也可以结合其他的银材料、宝石以及珠子一起使用。金属丝线的加工方法也较为简便，如扭转、缠绕、盘绕以及弯折，从而使金属丝线非常适用于冷连接工艺，也有利于塑造装饰性的细节。此外，可以把金属丝线的末端熔化成球而制成铆钉，用于铆接不同的零部件。

丝线的种类很多，有标准银丝、纯银丝、阿金提姆银丝，这些丝线粗细不同、造型各异，有圆形、方形、长方形、三角形、椭圆形、半圆形以及各种花样形。圆形丝线的使用最为广泛，其直径从0.2mm（32 Ga.）到6mm（2 Ga.）不等，而比这些直径还要大的丝线通常就被称为柱或棒。市场上销售最旺的标准银丝一般为柔软级，但也会根据销售地的不同而发生例外。一般情况下，圆形标准银丝分为高硬度、中硬度和柔软三个等级，还有一种含有焊药的银丝，型号不多，但十分适合于制作链条和跳环，因为这种银丝已经含有焊药，焊接时无须再使用焊药，只需使用提高焊接速度的焊剂就行。

银丝的延展性极强，这就意味着可以用拔丝板来对它进行加工。拔丝板是一种有不同造型孔洞的模板，每一种造型从粗到细，一应俱全。用它可以改变银丝的粗细和形状，还可以通过使用同一个孔洞反复拉拔银丝的方法而使银丝变硬。拔丝板的作用实在太大了，它可以使你轻易地改变银丝的粗细和形状，而有些压片机也会有半圆形和方形的沟槽，通过这些沟槽能轧出半圆形和方形的银丝，其作用与拔丝板相同。

银丝通常成卷或成捆销售，所以使用前需把它拉直。用台钳夹紧银丝的一端，另一端用钳子夹住，使劲拽银丝，反复几次，弯曲的银丝就会被拉直。有时候，在制作过程中或制作结束之后，需要银丝保持硬度，我们可以使用整平锤敲击或者压光笔按压的方法来达到目的，如果受条件所限不能使用这些方法，我们也可以使用滚筒抛光机对银饰抛光的方法，来使银饰上的银丝变硬。

链条

链条通常由一系列的接环或者锁头有规律地串联而成。传统的链条一般用跳环和接环制作而成，但实际上链条也可以采用固定的或者随意的造型。不过，链条都必须是活动的，这样佩戴起来才会舒适。

作为悬挂吊坠的辅助手段，链条的设计通常会比较内敛，以防比吊坠还要夺目。这些链条还必须结实，足以挂住吊坠，还能经得起拉扯而不至变形和断裂。

只要有成型棒、模具、钳子、锯子、锤子、一块钢砧和一套焊接工具，就足以制作链条了。成型棒可以用钻头、编结芯棒以及钢棒制成。虽然有很多种形状的银丝都可用来制作链条，但1mm（18 Ga.）的圆形银丝是最佳的选择。不同形状的银丝、不同大小的链环、拧结的银丝、饰有锤敲肌理的银丝、被压片机碾轧平整的跳环，这些都可以用来连接链条。想要链条佩戴舒适，那么链环的长度必须合适，尤其是脖子周围及悬垂在最底端的链环越短越好。

熔接链环（而非焊接链环）工艺，大大提高了链条制作的工作效率，而阿金提姆银丝特别适合于熔接，所以值得花时间好好研究和实践阿金提姆银丝的熔接工艺，以此提升自己做链条的信心。也有一些链环是不需要焊接甚至熔接的，如链环铠甲，它只要把链环串起来就行了，当然，制作这种链环铠甲需要用较粗的银丝。

用抛光轮给链条抛光是不可能的，我们可以使用抛光线、蘸有肥皂的铜刷子以及滚筒抛光机来给链条抛光。

《打破边界》，项饰，方顺武（Sun-Woong Bang），摄影：格兰特·汉考克（Grant Hancock）

丝线首饰工艺示范

拔丝与跳环制作

工具与材料

- 不同粗细的圆形和方形银丝
- 台钳
- 锯齿钳、平嘴钳、圆嘴钳、平行钳和尖嘴钳
- 酸液
- 拔丝板
- 拔丝钳
- 蜂蜡
- 手锉和油锉
- 成型棒
- 锯弓和锯条
- 台塞
- 擦拭布
- 耐火砖/木炭块
- 高温焊药
- 火枪
- 砂纸
- 手钻（手摇钻）
- 整平锤
- 格栅板、芯棒或木棒与无头的钉子
- 滚筒抛光机（可选）

操作过程：拔丝

1. 银丝在使用之前应该拉直。把银丝的一端用台钳夹住，另一端用锯齿钳夹紧，猛力拉抻。

2. 退火、冷却以及酸洗这段银丝，把银丝的一端锉尖，使它能够塞进拔丝板的孔洞，露出足够长度的银丝可以让拔丝钳夹牢，在银丝上涂抹蜂蜡，以便银丝能够顺滑地从孔洞中拔出。

3. 用台钳固定好拔丝板，把银丝的尖头从拔丝板背面的孔洞穿过，用拔丝钳夹紧穿过孔洞的尖头部分，然后用力把银丝抽拽出来，换一个更小的孔洞来拔银丝，每变换两到三个孔洞，银丝就需退火，如此反复，直到获得足够细的银丝。

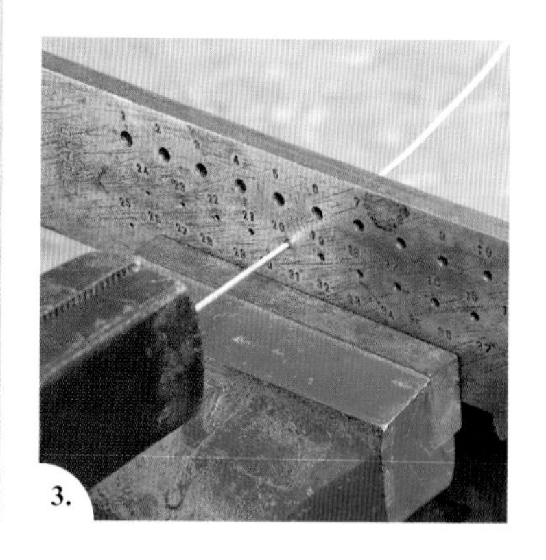
3.

4.

操作过程：跳环制作

4. 退火、酸洗一段圆形银丝，把银丝在成型棒上缠绕一圈，用台钳夹住成型棒以及绕好的那圈银丝，然后继续用手在成型棒上紧紧缠绕银丝。

5. 把这整条银丝圈从成型棒上取下来，之后可以用锯子把所有的环都锯开。手握银丝圈，顶住台塞，锯子稍微倾斜，轻轻地把银环一个一个锯开，跳环依次落下。

6. 左右手同时使用两把钳子，夹住跳环的接口使之对齐，用擦拭布把接口处擦净，然后把跳环整齐摆放在木炭块上，用高温焊药焊接。冷却、酸洗，然后晾干，用油锉锉掉多余的焊药，再用砂纸打磨光滑。

提示与技巧

如果是手动拔丝，操作前要确定拔丝钳已经夹紧银丝，并且，夹住的银丝要有足够长度，才能确保银丝能够被顺利拔出。

特别小心钳子和成型棒不要在银丝的表面留下印痕，有必要在操作时把钳嘴和成型棒都贴上皮革或保护胶带。

焊接跳环时不要使用过多的焊药，以免给后续的锉磨工作带来麻烦。尽量尝试使用熔接工艺来替代焊接工艺。

为了使一条圆形银丝变硬，可以在钢砧上用木槌轻轻敲打银丝，敲打的同时不断滚动银丝，可以防止银丝被木槌敲打变形。

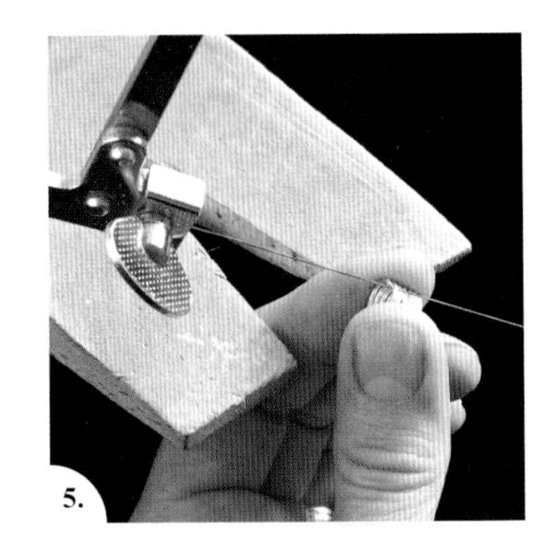
5.

6.

丝线首饰工艺示范

拧丝、旋丝、装饰丝以及用格栅板编丝

操作过程：拧丝

7. 退火、冷却以及酸洗一段方形标准银丝，银丝的一端用台钳夹紧，另一端用手钻（手摇钻）夹牢，绷紧银丝，缓缓转动手钻的摇把，开始拧丝，直到把银丝拧成满意的形状才停手，给银丝退火。

操作过程：旋丝

8. 退火、冷却以及酸洗一段平直的麻花银丝，用圆嘴钳最尖的部分夹紧银丝的前端，开始旋转银丝，围绕钳嘴旋转一圈。

9. 用平嘴钳夹紧已经旋好的圆圈，徒手弯折圆圈之外的银丝，使银丝紧贴已有的圆圈弯折，一圈一圈地弯折，最终形成旋涡状，旋转时不断调整钳子夹紧圆圈的位置。

7.

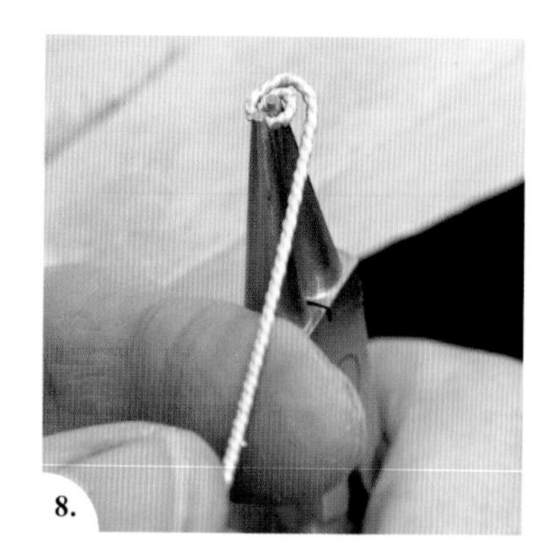
8.

10.

操作过程：装饰丝

10. 把一段圆形标准银丝从中间对折，对折处做一个圆环，用台钳固定银丝的末端，用钩子钩住对折处的环，并用手钻（手摇钻）的钻嘴夹紧钩子，紧绷银丝。缓缓转动手钻的摇把，直到把两股银丝拧成满意的形状。把银丝卸下来退火，放在平砧上用整平锤先把它的前端敲平，然后逐渐把整段银丝都敲平。

操作过程：用格栅板编丝

11. 我们可以使用格栅板以及芯棒来编织一段退过火的圆形标准银丝。先在纸上画出编织纹样，然后把芯棒插进格栅板的孔洞中模拟纹样。取一段比实际应用略长的银丝，用圆嘴钳把银丝的前端做一个环，把这个环套进芯棒中并固定好，调整好银丝的朝向，就可以开始编织了。

12. 从芯棒中取出编好的银丝之前，要用平行钳把银丝拉紧，取出后，用锯子锯掉多余的银丝，如有需要，可用钳子调整银丝的造型，最后把银丝放入滚筒抛光机中抛光。

提示与技巧

使用柔软或半硬的银丝来进行造型，造型前一定要对银丝退火，麻花银丝在使用前也需要退火。

可以把多股形状各异的银丝拧在一起，当得到满意的形状时应及时停止拧丝，得到拧丝束。拧结多股银丝时，不再使用手钻（手摇钻），而是使用两个束钳，同时从银丝两端进行拧结。

切断拧丝束时，剪切的角度应该倾斜而非垂直，如果垂直切断，拧丝束中的银丝有可能散开。

格栅板也可以结合木棒、无头钉子或别针一起使用。

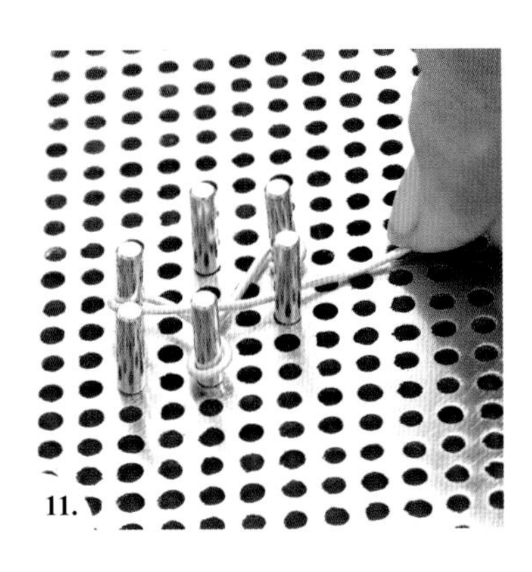

11.

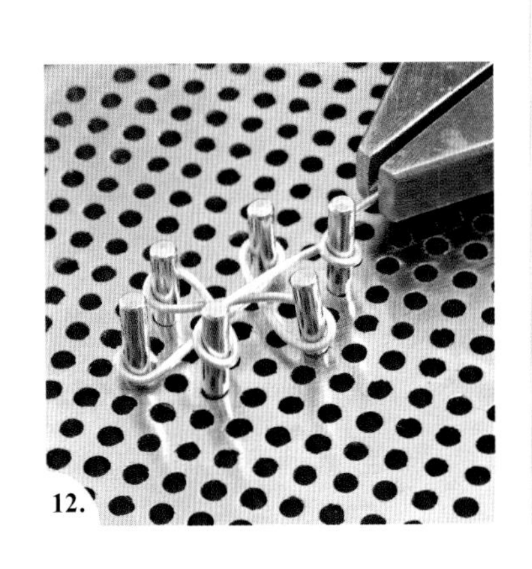

12.

链条工艺示范

基本圆链和扁链

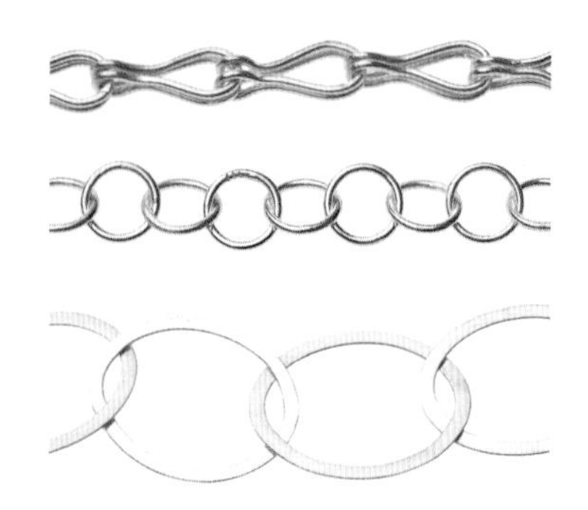

工具与材料

- 圆形标准银丝
- 粗细不同的芯棒
- 高温和中温银焊药
- 火枪
- 平嘴钳、平行钳、圆嘴钳和尖嘴钳
- 戒指夹
- 手锉
- 油锉
- 砂纸
- 滚筒抛光机
- 压片机
- 钢砧
- 反向镊子
- 焊剂
- 木炭块
- 酸液
- 划线笔
- 台钳
- 铜刷子、肥皂、浮石粉

操作过程：基本圆链

1. 制作基本圆链，我们可以先把圆形标准银丝在钢质芯棒上绕成银环，把银环锯断，制成跳环，把一半数量的跳环的接口用高温焊药焊接。

2. 把两个完成焊接的跳环套进一个未完成焊接的跳环内，用平嘴钳把未完成焊接的跳环的接口对齐。

3. 把未完成焊接的跳环的接口对齐后，焊接成环，焊接时注意将正在焊接的跳环与已完成焊接的跳环分离。

4. 依照步骤2和步骤3，将剩余的跳环进行串联，用戒指夹夹紧跳环，用锉子和砂纸对跳环进行打磨，最后把圆链放进滚筒抛光机中抛光，抛光大约需要一个小时，直到圆链足够光洁为止。

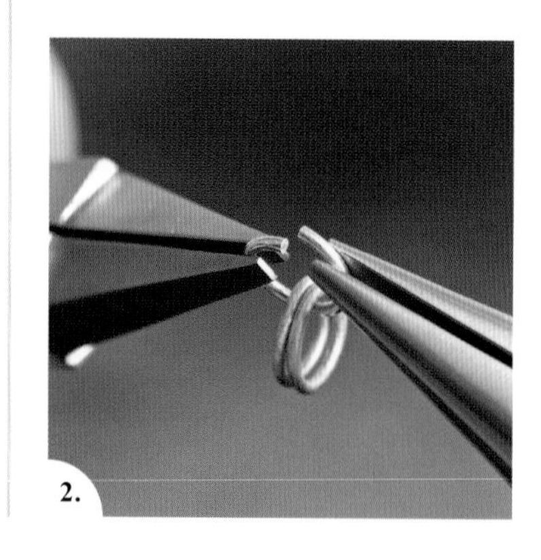
2.

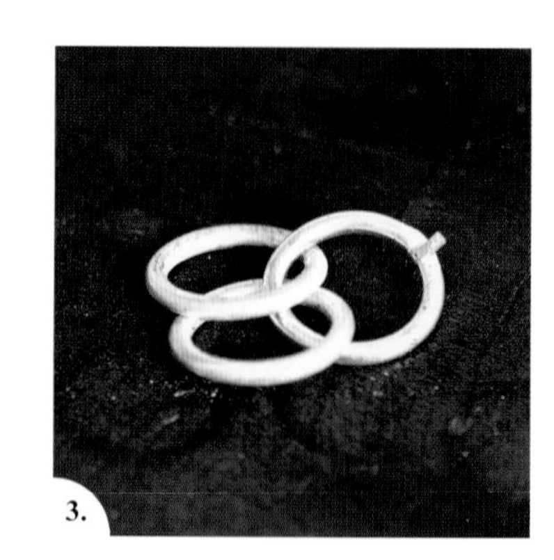
3.

操作过程：基本扁链

5. 用芯棒制作较大的跳环，把跳环焊接，锉子修整后用压片机碾轧几次，把跳环轧成扁平状的椭圆形，给一半数量的扁环加热，扁环上的焊缝就会发黑而变得醒目，待扁环冷却后，用锯子依据焊缝，把扁环小心锯开。

6. 把两个未锯开的扁环套进一个锯开了的扁环内，再把已锯开的扁环焊接好，重复这个步骤，直到获得足够长的扁链为止。

5.

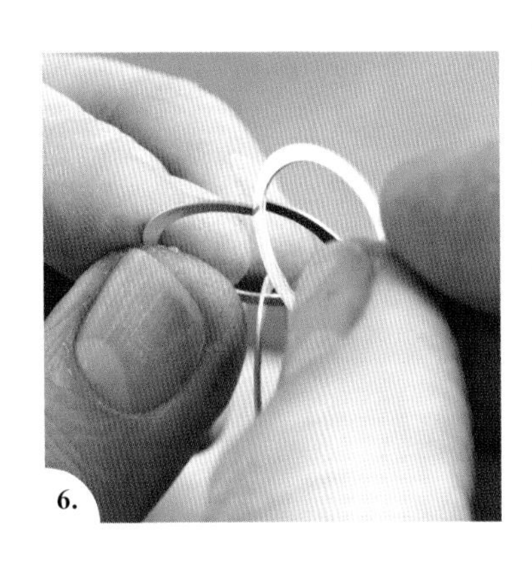

6.

提示与技巧

使用不同形状、尺寸的银丝以及不同造型的链环，可以制作更多有趣的链条。

链条应该做到佩戴舒适，有足够的强度，经得起拉拽，并且活动自如。

如果跳环太多，我们应该一次性尽可能多地焊接跳环，在木炭块上多放置一些跳环，跳环之间的距离可以很近，但不要触碰，在每一个跳环的接口放置一小片焊药，依次焊接，焊接过程应该简短而迅速。

把链条熔接成串的速度比焊接成串更快。

可以把链条垫在钢砧上，使用整平锤轻轻敲击链条中需要足够硬度的地方，从而使这一部分变硬。如果链条较细，不宜敲击，则可以把链条放进滚筒抛光机中抛光，这样，链条也会变硬。

链条工艺示范

球环套链和水手链

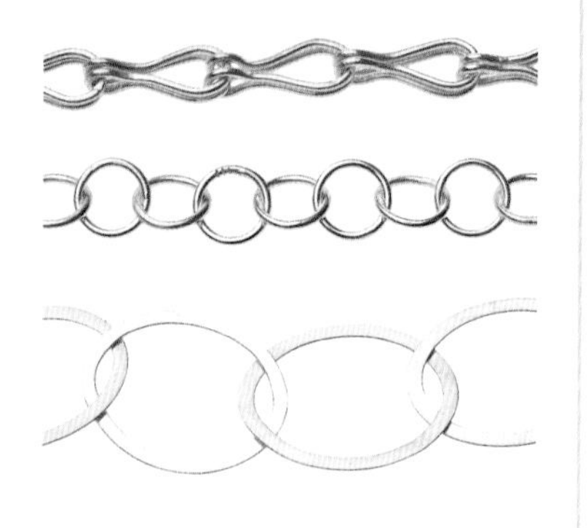

操作过程：球环套链

7. 使用球环套挂的结构（非跳环串联的结构）来制作链条。剪切一定数量的银丝（比实际需要稍长），用反向镊子夹紧这些银丝，在其下端涂抹焊剂，然后用火枪的外焰灼烧，直到银丝的末端熔化，移开焰炬，银丝末端凝结成小球，如果小球不够大，可继续灼烧，直到小球的直径达到需要的大小，撤去焰炬，酸洗银丝。

8. 用尖嘴钳把小球下边的银丝弯折，减去多余的银丝，然后在银丝的末端用钳子做一个与小球直径相同的圆环，焊接好。把另一段银丝的前端灼烧成小球，弯折后从小环中穿过，再把这段银丝的末端做成一个环，焊接完成后，继续穿过另一个小球，如此反复，直到获得足够长度的球环套链。

操作过程：水手链

9. 使用1mm（18 Ga.）的圆形银丝以及20mm（$^3/_4$″ ）的芯棒制作多个跳环，把它们焊接完毕。

7.

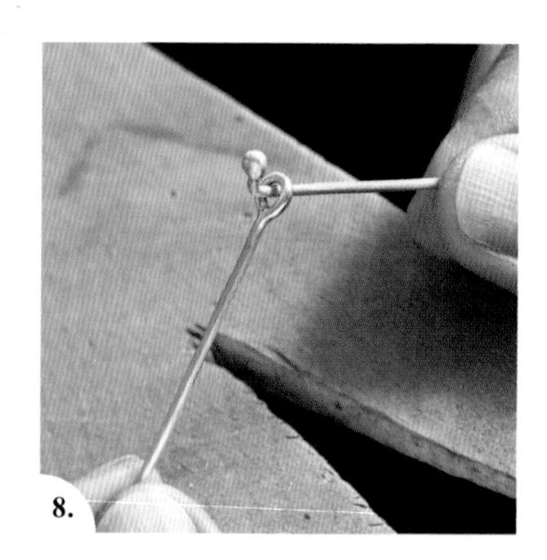

8.

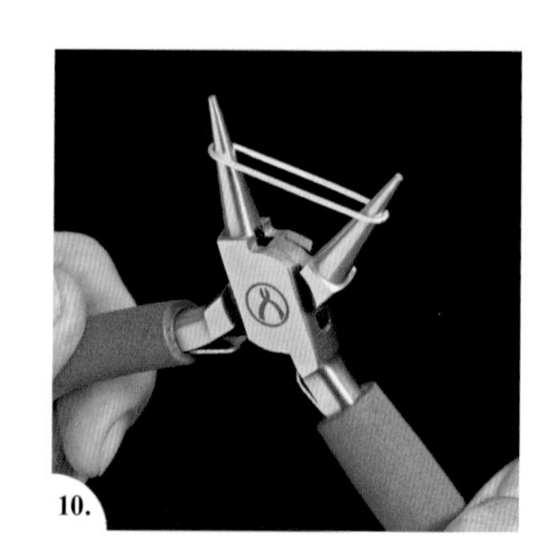

10.

10. 用圆嘴钳把所有的跳环撑开，撑成加长的椭圆形，为了使每个椭圆形保持一致，每次撑开时，一定要把跳环放在钳嘴同样的位置进行拉抻。

11. 用圆嘴钳把撑开后的银丝圈从中间对折。

12. 用钳子把银环夹紧，银环的两端分别用划线笔固定，保持垂直的角度。将夹在台钳中的划线笔穿过银环较大的一端，而握在手里的划线笔的笔尖则穿过银环较小的一端。用尖嘴钳从横向与纵向两个方向，分别夹紧两只划线笔之间的银丝部分。

13. 取下银环，用划线笔整型，再用平嘴钳或平行钳把银环较大的那个圈夹紧、夹牢。

14. 把这些银环一个一个套接起来。

15. 用钳子把套接好的环夹扁，使其密闭，如果需要，可用锉子和砂纸对其进行打磨，然后用蘸有浮石粉的铜刷子进行清理，最后放入滚筒抛光机中抛光。

12.

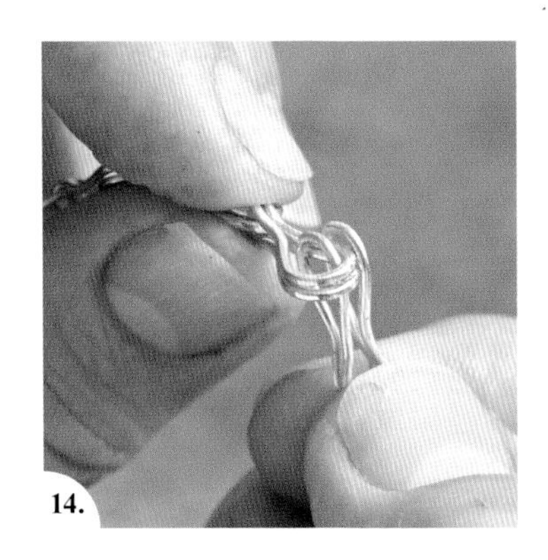
14.

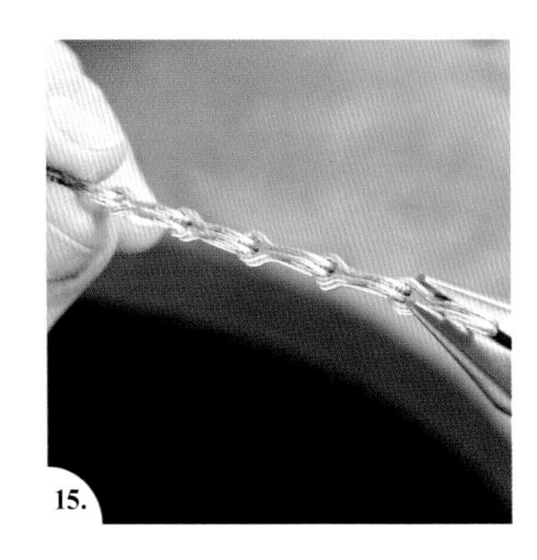
15.

双头袖扣的连接

耳饰的挂钩或挂环

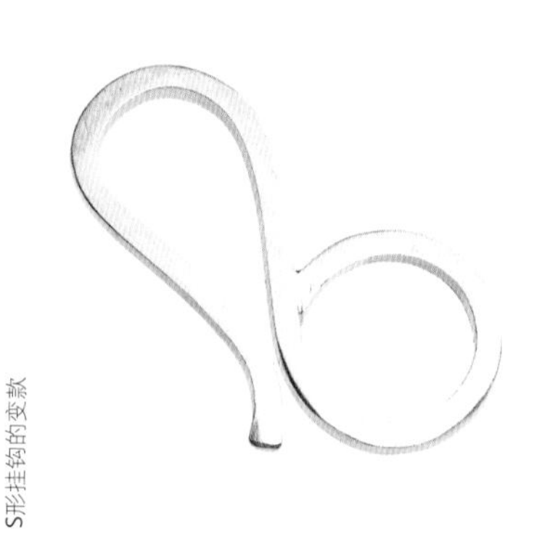
S形挂钩的变款

配件与装置

首饰配件与装置包括耳钉的钉纽、耳坠的挂钩、袖扣的钉纽、胸针的别针、链条的卡头和扣头、吊坠的配件或坠头以及铰链等。这些配件与装置在首饰部件的连接与装配方面占据了不可替代的位置，就像铰链，使首饰部件具有活动的可能性，再如胸针的别针，它必须依赖某种活动装置才能实现打开与闭合的操作。

如今，市场上可以买到各式各样、具有各种功能的首饰配件，然而，量身打造的首饰配件一定会使手工制作的首饰作品锦上添花，因为量身定制的首饰配件不但有利于解决千奇百怪的连接与装配问题，而且它们自身也是作品的重要组成部分，体现了某种特殊的价值。

通常，用于制作配件的材料是标准银，这些半硬的材料经过拧结、整平或者抛光之后会变得更硬。胸针的别针通常会用更硬的材料做成，如不锈钢丝。

耳饰配件

耳饰的配件有耳钉针、耳针挡、耳坠钩和耳坠环。耳针挡可以从市场上购买，耳钉针则可以购买也可以自制。自制耳钉针可用0.8mm或0.9mm（19 Ga.或20 Ga.）、长度为10mm（3/8″）的银丝。把耳钉针焊接到耳钉之前，应该在耳钉上钻一个小孔，把耳钉针插进小孔中再焊接，这样操作会十分方便。如果耳钉上不适合打孔，则可以在耳钉上焊接一个小银环作为耳钉针的基座，将耳钉针焊接到小银环基座中，十分稳定。耳钉针必须具备一定的硬度，可以用钳子把它拧弯之后，再用压光笔把它压直，这样耳钉针就会变硬了。

采用成型棒和钳子就可以制作耳坠钩和耳坠环，在钢砧上用整平锤轻敲弯曲的部分，耳坠钩和耳坠环就会变得结实。另外，耳坠钩和耳坠环的末端必须锉圆，便于穿过耳朵眼。

S形挂钩的变款

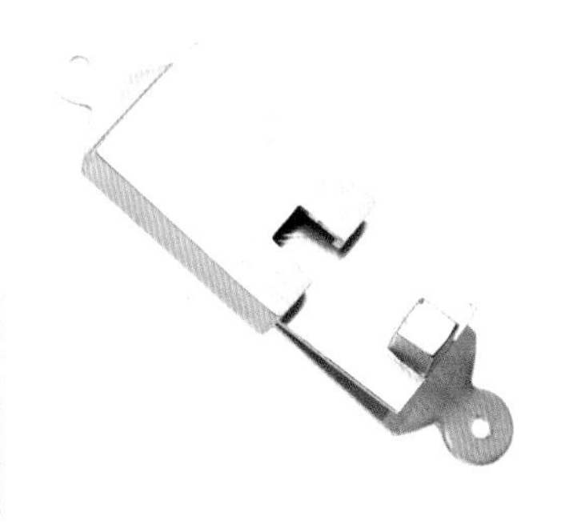
银盒锁的锁舌与锁盒

胸针背面的不锈钢双别针以及矩形银片制成的扣针头

胸针配件

胸针配件是由别针、卡针头和扣针头组成的套件。卡针头是使别针活动的装置，别针的尾端卷曲成弹簧，被卡针头紧紧夹住，当别针从扣针头脱出时就能迅速弹起。另一种卡针头实际上是一段固定在胸针背后的银管，作为胸针制作的最后一个步骤，别针的尾端从银管穿过，弯曲成弹簧状，产生弹力，使别针的针头能够稳稳地待在扣针头里，当针头从扣针头里脱出来时，来自别针尾端的弹力就会使别针头迅速弹起。胸针配件的位置通常是卡针头在右边，扣针头在左边，扣针头的扣口向下。卡针头和扣针头的摆放方向总是相对立的，但扣针头的扣口却永远朝下，只有这样，别针才不会由于胸针自重的拖拽而从扣针头里脱开。

袖扣配件

袖扣有连接棒、链条、旋钮等几种连接配件，袖扣饰品想要实现紧密地连接，一般需有一个大头和小头，小头从袖口穿过，两头之间用金属棒相连。也有用链条来连接大头和小头的方式，这种方式是用链条拴住大头和小头背面的两个半圆环。还有一种方式是利用旋钮，先把旋钮棒掰直，掰直后的旋钮棒很容易从袖口穿过，穿过之后把旋钮棒掰成直角，袖扣饰品就被稳稳地固定住了。

吊坠配件或坠头

坠头是吊坠的一个组成部分，通过坠头，吊坠能够被链条或绳线悬挂。坠头一般用银管或银环制成，它是整个吊坠制作过程中最后被焊接的部位。

卡头和扣头

卡头和扣头通常用于手链、项链和吊坠链条两端的连接部。简单的S形扣头用标准银丝制成，而与之相配的卡头则有多种。S形连接扣头的硬度一定要高，我们可以用整平锤敲击和滚筒抛光机抛光的方法使它变硬。T形扣头是另一种连接法，连接时T形扣头穿过银环，银饰的自重使T形扣头与银环卡头呈反方向运动，从而使银饰被牢牢挂住。盒锁是一种较为保险的连接装置，它由锁盒与锁舌（一块有弹性的金属片）组成，当锁舌插进锁盒中，就会被锁盒前壁的卡口卡住，按下锁舌，可以轻易地把锁舌从锁盒中退出。这种盒锁装置需要制作得十分精密，有弹性的锁舌插进锁盒一定要严实，不能有晃动，锁舌顺畅地插进锁盒，被锁盒前壁的卡槽锁住时会发出清脆的金属碰击声。

铰链

铰链由银管制成，这些用裁管器精确剪切下来的银管称为骨节，骨节的使用量一般为奇数，所有骨节的长度都相等。我们可以用标准银管来制作铰链，但考虑到铰链必须承受相当的磨损，所以，管材的壁一定要厚。将骨节交错焊接在两块银片的沟槽中，并用直径相同的银丝串在一起，银丝的两端用锤子铆紧。

配件与装置工艺示范

耳饰钩

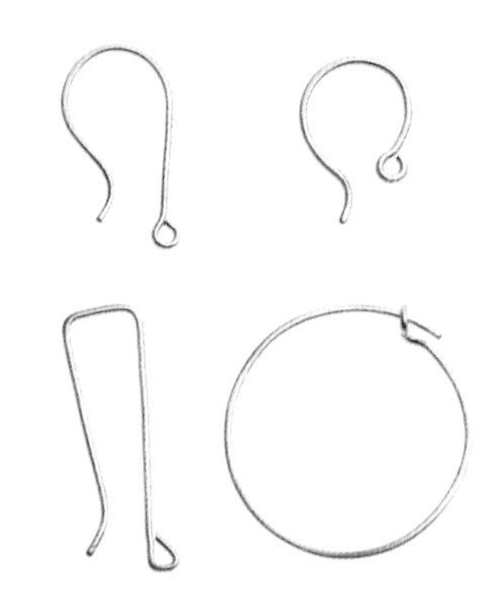

工具与材料

- 1mm和0.9mm（18 Ga.和19 Ga.）的圆形标准银丝
- 10mm和20mm（3/8″和3/4″）成型棒
- 圆嘴钳、平嘴钳、尖嘴钳以及半圆形钳
- 银丝剪
- 2号竹叶油锉
- 钢砧
- 整平锤

操作过程

1. 把一根1mm（18 Ga.）的圆形银丝放在直径为20mm（3/4″）的成型棒上缠绕两圈，做成圆环。

2. 从成型棒上取出圆环，用圆嘴钳在银环的尾端做一个小圆圈。

3. 用平嘴钳把这个小圆圈弯折90°，使之直立。

4. 用圆嘴钳在直立小圆圈的后方弯折一个弧度，使小圆圈的高度有所降低，便于银圆环的尾端从小圆圈穿过。把银圆环尾端多余的银丝剪掉，用锉子和砂纸把尾端修整光滑。

5. 把它放在钢砧上轻轻敲打，使之变硬。

6. 在一根60mm（2 6/16″）长、0.9mm（19 Ga.）粗的圆形银丝的一端，用圆嘴钳做一个封闭的小圆圈，用锉子和砂纸把另一端修整光滑、圆润。

7. 在直径为10mm（3/8″）的成型棒上把银丝弯折。

8. 用半圆形钳把银钩的钩头掰弯，并修整整个银钩的造型。

9. 把银钩放在钢砧上，用整平锤轻敲银钩弯曲的部分，使之变硬。

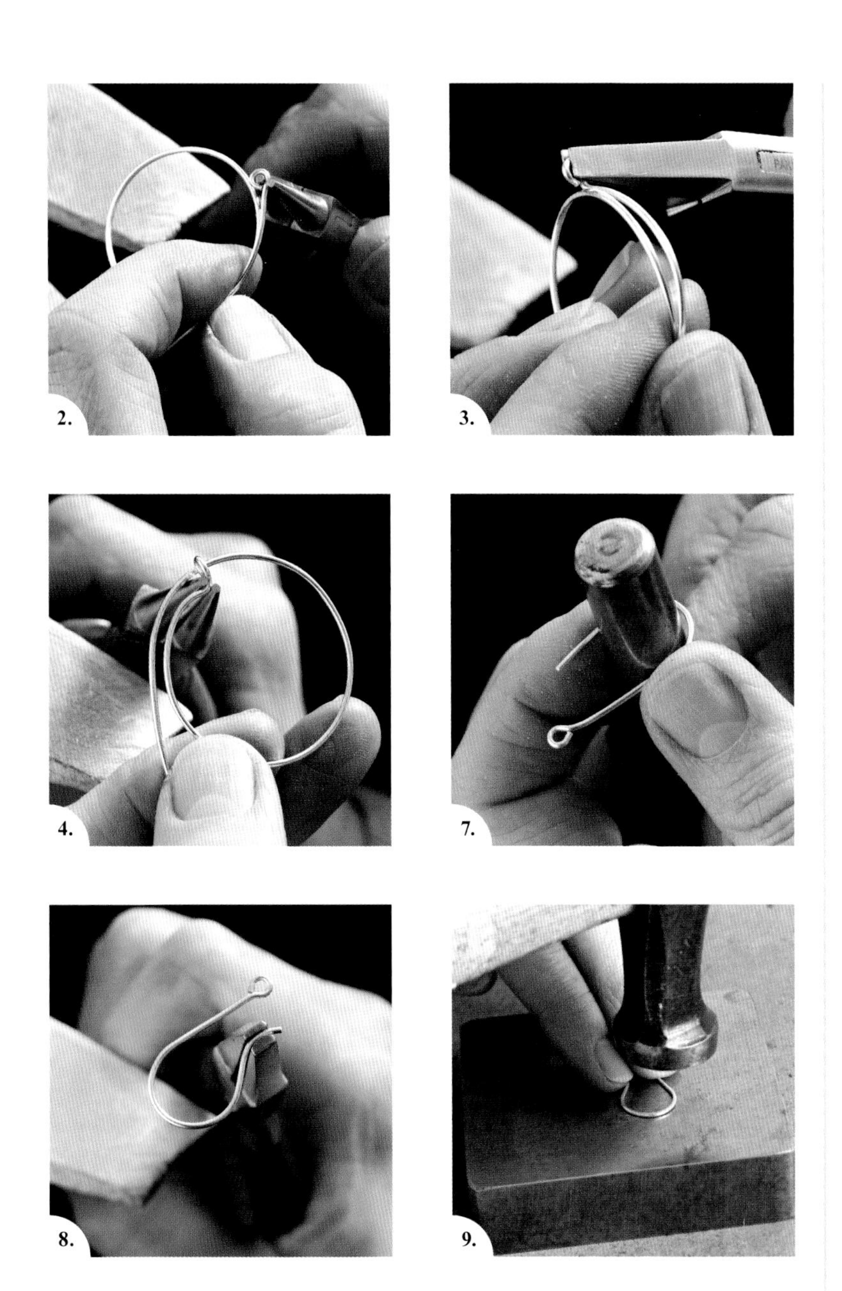

提示与技巧

每一次塑型之后都要把银钩放在钢砧上用整平锤轻轻敲击，使之变硬。

为了使一对耳饰钩的造型一致，需要在每一个制作环节都同时制作两个耳饰钩，而不是先完成一个，再完成下一个。

耳饰钩或耳饰环的长度应该足够，否则，耳饰会从耳朵上掉下来。另外，还需检查耳饰所有部件的重量。

耳饰钩的尾端一定要圆润光滑，能够很顺利地穿过耳朵眼。

窝錾的支柱是很好的成型棒。

配件与装置工艺示范

单别针、单或双别针的扣针头

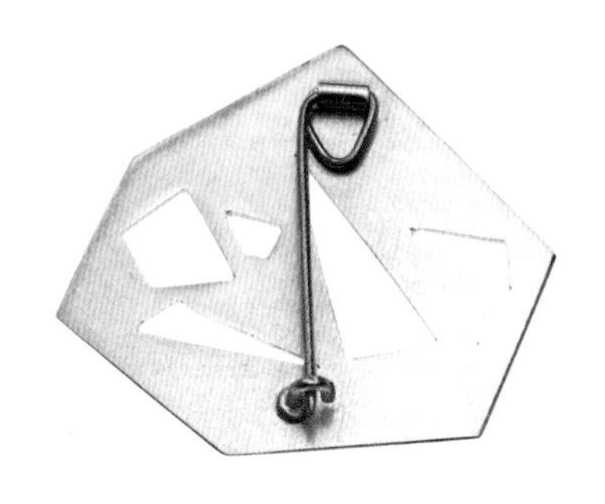

工具与材料

- 裁管器
- 外径2mm（12 Ga.）标准银管
- 平嘴钳、尖嘴钳和平行钳
- 焊剂
- 1mm（18 Ga.）圆形标准银丝
- 高温和中温银焊药
- 火枪
- 小银环
- 酸液
- 0.8mm（20 Ga.）圆形不锈钢丝
- 2号手锉
- 钻头
- 台钻和吊钻
- 长方形标准银丝
- 台塞
- 锯子
- 2号竹叶油锉
- 砂纸

操作过程：单别针

1. 用裁管器和锯子裁剪一小段直径为2mm（12 Ga.）的银管，用平行钳夹住银管的两端，在银管上用锉子锉出一小块平面。

2. 把胸针的背面洗净，除去油污，把银管放在焊接处，银管锉平的一面与胸针接触，焊缝处涂抹焊剂，用高温焊药焊接。

3. 制作扣针头。剪裁一段直径为1mm（18 Ga.）的圆形银丝，把末端锉平，为了扩大银丝与胸针的接触面，从而增加焊接强度，可以把银丝的末端放进一个小银环里，用高温焊药把小银环与银丝焊接在一起，然后把它放在胸针背面的焊接处，用中温焊药焊接。

4. 酸洗之后，用平行钳拧银丝，使之变硬。

5. 留下足够做一个扣针头的银丝，剪掉多余的银丝，把银丝末端锉平，用圆嘴钳把银丝卷曲成扣针头。

2.

4.

6. 用平嘴钳把一根直径为0.8mm（20 Ga.）的圆形不锈钢丝弯折90°，把较短的那一端穿过胸针背面的银管，用平嘴钳把这段短钢丝折两个弯，折出一个三角形，三角形的末端抵住胸针背面，从而可以使钢丝针头抬起来。把钢丝针头扣在扣针头里，剪掉多余的钢丝，用锉子把钢丝头锉尖，再用砂纸打磨光滑。

操作过程：单或双别针的扣针头

7. 单别针只有一个扣针头，双别针则有两个。双别针的扣针头一般相对而立。取一段长方形银片，在末端中心偏上的位置钻孔。

8. 把银片摁紧在台塞上，用锯子从末端锯两条线，第一条为斜线，起始点在末端偏下的位置，第二条从末端中部开始，直达小孔。

9. 用竹叶油锉细细修整切口。

10. 把这段带有切口的银片锯下来，锯下来的外形为正方形，用锉子和砂纸修整，然后放在胸针背面的焊接处，用中温焊药焊接。

提示与技巧

一定要特别注意别针的安放位置，一般来说，别针在胸针背面中部偏上的位置，这样可以防止佩戴时胸针前倾。

标准银的硬度达不到制作别针的要求，它只适合制作比较轻的胸针的别针，而且还要经过拧扭变硬才行。牙医使用的细钢丝比较硬，很适合做别针。

胸针扣针头的开口总是朝下，因为，由于自重胸针在佩戴时会往下坠，如果扣针头的开口朝上，别针就会松开。

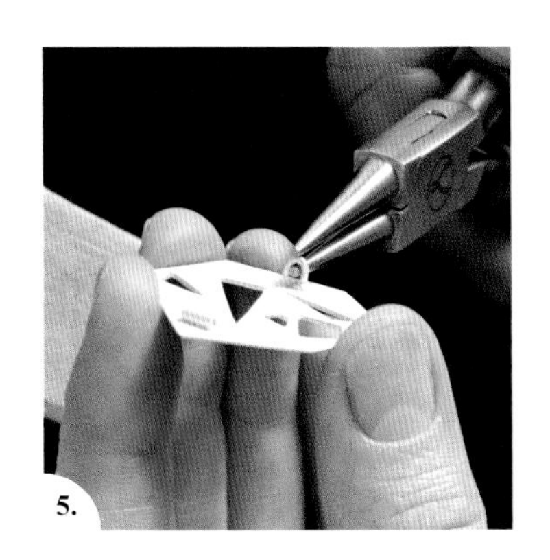
5.

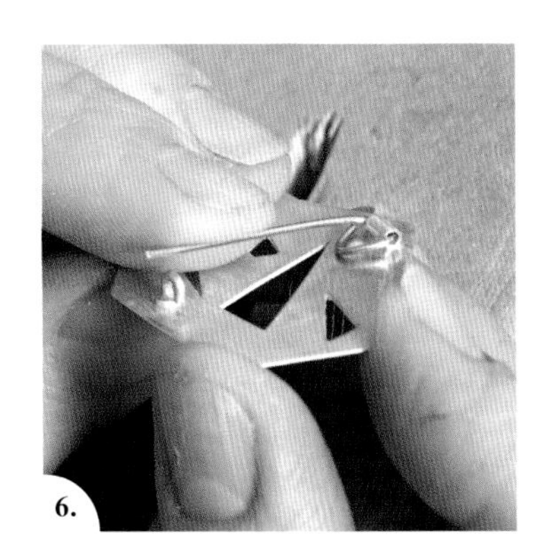
6.

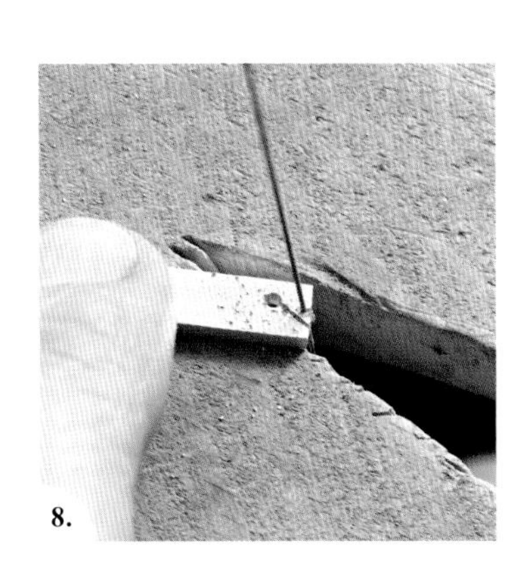
8.

配件与装置工艺示范

连接袖扣、球棒袖扣与坠头

工具与材料

- 锯弓与锯条
- 2号手锉
- 砂纸
- 平嘴钳
- 钢砧
- 火枪
- 耐火砖
- 镊子
- 焊接辅助针
- 焊剂
- 高温银焊药
- 酸液

制作袖扣配件的工具与材料

- 银袖扣
- 0.7mm（21 Ga.）标准银片
- 54和60号钻头（直径1.3mm和0.9mm）
- 直径为5mm（13/64″）的标准银跳环或圆形银丝
- 反向镊子
- 2.2mm（12 Ga.）标准银丝或银棒
- 中温银焊药

制作坠头的工具与材料

- 标准银管
- 裁管器
- 中温银焊药

操作过程：链接袖扣

1. 剪切两块0.7mm（21 Ga.）厚的标准银片，裁成4mm×15mm（4/16″ ×10/16″）的尺寸，把短边锉圆，长边锉齐、锉平。

2. 使用54号钻头（直径1.3mm），在银片的两个短边附近钻孔。

3. 把一个直径为5mm（13/64″）的银环剪成两半，成两个半圆环。用60号钻头（直径0.9mm）在每个袖扣背面钻两个孔，以便能够把这两个半圆银环的末端分别插进孔中。

4. 用反向镊子夹住经过步骤1和步骤2制作出来的一块银片，把半圆银环的末端穿过银片其中的一个孔洞，再插进袖扣背面的孔洞，用高温焊药焊接。

5. 酸洗之后，依照步骤4再制作另一块袖扣。

操作过程：球棒袖扣

6. 用直径2.2mm（12 Ga.）的圆形银丝（棒），制作一根长为11mm（7/16″）的银棒，末端锉平，然后用反向镊子夹紧，在两头涂抹中温焊药，把它与袖口圆片以及小球焊接在一起，制成固定的球棒袖口。

4.

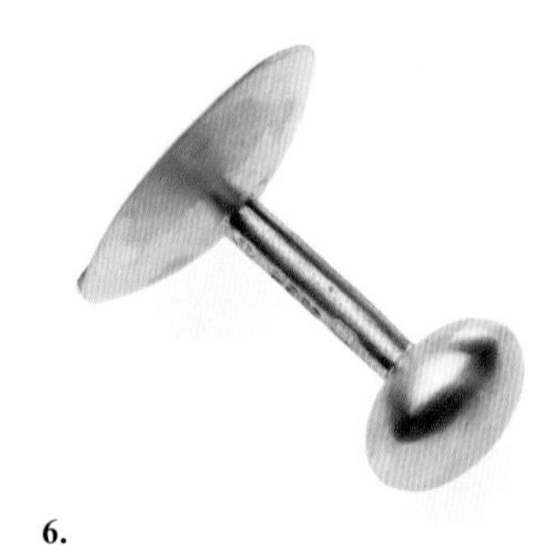

6.

操作过程：坠头

7. 用锯子或裁管器剪裁一小段银管。

8. 把这段银管的两端锉成斜面，将底端与吊坠接触的部分锉平，以便于焊接。

9. 在需要焊接坠头的地方做好标记，然后把吊坠用两块耐火砖夹住，防止焊接过程中吊坠移动。把坠头放置在焊接的位置，注意锉平的那一面接触吊坠，涂抹焊剂，用中温焊药焊接。

10. 酸洗之后，用锉子和砂纸修整吊坠。

提示与技巧

袖扣连接件的制作应参考袖扣的整体造型、重量以及尺寸等因素。

袖口的连接装置既要求结实，又要求佩戴舒适。

当要把一个很小的部件焊接到一个体积较大的部件上的时候，焊接需要加倍小心，一定要注意小部件不能灼烧得太热，千万不可直接用焰炬灼烧小部件，而应该把焰炬集中于大部件，加热过程中，大部件自然会把热量传递给小部件。

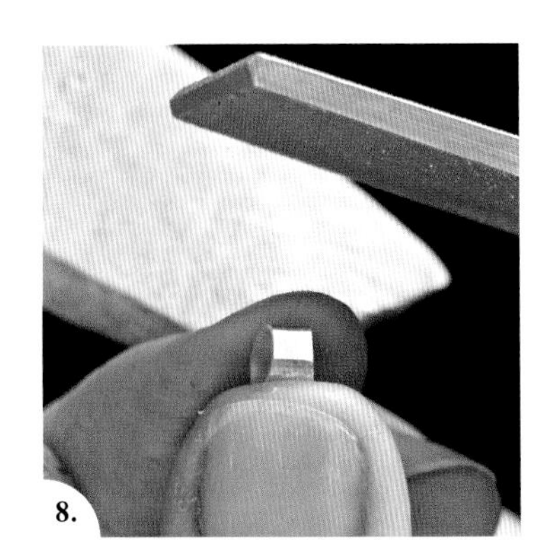
8.

9.

10.

配件与装置工艺示范

S形扣头、加长S形扣头、T形扣头

工具与材料

- 直径为2mm、1.5mm、1.2mm（12 Ga.、15 Ga.、17 Ga.）的圆形标准银丝，以及边长为1.5mm（15 Ga.）的方形标准银丝
- 直径为4mm、7mm、10mm（4/16″、5/16″、3/8″）的成型棒
- 平嘴钳、圆嘴钳、半圆形钳
- 银丝剪
- 油锉
- 砂纸
- 钢砧
- 整平锤
- 酸液
- 直径为1mm、1.65mm、2.5mm（18 Ga.、14 Ga.、10 Ga.）的圆形标准银丝
- 高温与中温银焊药
- 火枪
- 平锉

操作过程：S形扣头

1. 在直径为7mm（5/16″）的成型棒上把一段2mm（15 Ga.）的圆形银丝环绕四圈，取出银圈，剪掉多余的银丝。

2. 用平嘴钳把第一个圆圈翻转过来。

3. 剪断第二个圆圈，使之成为S形。

4. 用钳子把S形扣头夹扁，用锉子和砂纸把扣头的两端修理平整和光滑，最后，在钢砧上用整平锤把它敲硬。

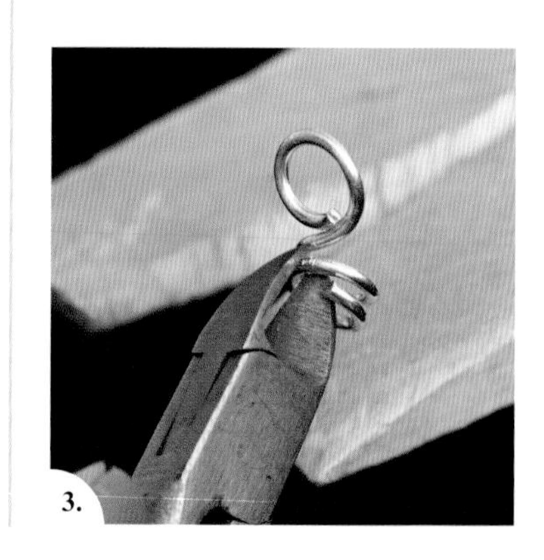

3.

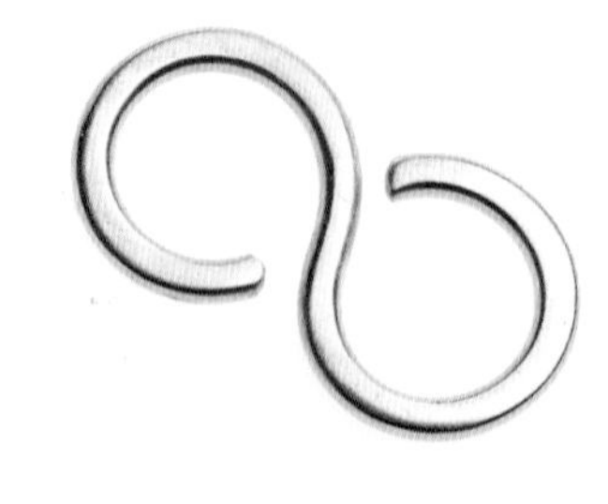

4.

操作过程：加长S形扣头

5. 用火枪把一段直径为1.2mm（17 Ga.）的圆形银丝的两端烧成小圆球，酸洗之后，用半圆形钳和圆嘴钳把银丝弯折成漂亮的S形扣头，在钢砧上用整平锤把扣头弯曲的部分敲平敲硬。

操作过程：T形扣头

6. 用直径为10mm（3/8″）的成型棒把一段直径为1.65mm（14 Ga.）的圆形银丝制成一个银环，再用直径为4mm（4/16″）的成型棒把一段直径为1mm（18 Ga.）的圆形银丝制成5个跳环，把其中的一个跳环剪成两半。

7. 剪切一段直径为2.5mm（10 Ga.）、长度为21mm（3/4″）的圆形银丝，用于制作T形扣头。

8. 用高温焊药把大银环与两个小银环焊接成串。

9. 用高温焊药把经过步骤6制作出来的半圆环，焊接在那段直径为2.5mm（10 Ga.）的银丝的中部，做成T形扣头。酸洗后，用平锉把银丝的两端锉成一个斜角，再用砂纸打磨平整光洁。

10. 把剩下的两个小银环与T形扣头焊接成串。

提示与技巧

使用钳子时需小心，不要在银丝上留下印痕。

将银丝制成的扣头垫在钢砧上，用锤子敲硬。

可以把S形扣头的一端焊死，另一端留作开关之用。

T形扣头的造型比较容易与多种设计作品相协调，但需记住，T形扣头容易松开，所以T形银丝的长度一定要大于与之相扣的扣环的直径。

连接T形扣头的银链的长度，一定要足够长，便于T形扣头穿过与之相扣的扣环。

5.

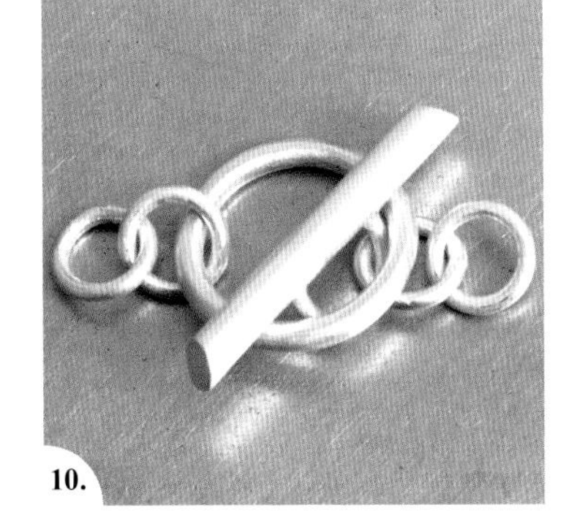

10.

配件与装置工艺示范

盒锁

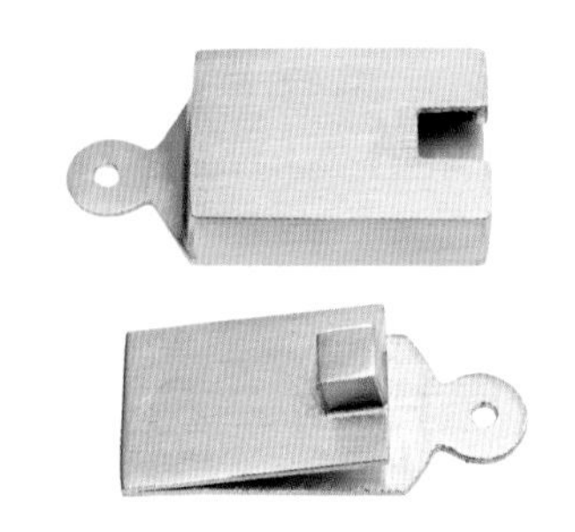

工具与材料

- 厚度为0.8mm（20 Ga.）、0.6mm（23 Ga.）以及0.5mm（24 Ga.）的标准银片
- 尺子、划线笔和直角尺
- 方形油锉
- 平行钳和平嘴钳
- 捆绑丝
- 高温和中温银焊药
- 火枪
- 酸液
- 锯弓和锯条
- 2号平锉
- 2号竹叶油锉
- 砂纸
- 方形银丝
- 游标卡尺
- 钢砧
- 整平锤
- 成型刀
- 小钻头
- 吊钻或台钻
- 铜刷子和清洁液

操作过程

1. 把一块厚度为0.8mm（20 Ga.）的银片裁成70mm×5mm（2³/₄″ ×¹³/₆₄″ ）尺寸的银条，把两个短边锉平，把两个长边锉直，用尺子、划线笔和直角尺在银条上画三条线，第一条在10mm（³/₈″ ）处，第二条在距离第一条直线的15mm（¹⁰/₁₆″ ）处，第三条在距离第二条直线的10mm（³/₈″ ）处。

2. 用方形油锉在画线处锉出沟槽，注意油锉始终与银条的长边保持垂直。用平行钳从每条沟槽处把银条弯折90°，做成一个开放的围边。

3. 用捆绑丝把围边捆好，再用高温焊药把折角缝焊接牢固。酸洗后，把多余的银条剪掉，用锉子和砂纸修整。

4. 用高温焊药把围边焊接到一块厚度为0.6mm（23 Ga.）的银片上，酸洗后，把多余的银片锯掉，并用锉子修整至与围边齐平。

5. 给锁舌做一个开口。用锯子把围边的一侧锯出一个U形缺口，再用锉子把这一侧的围边锉低、锉平，以便锁舌弹片能够插进锁盒。

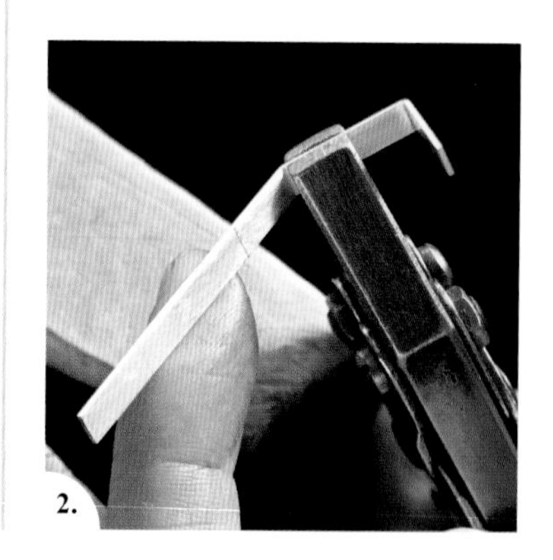

2.

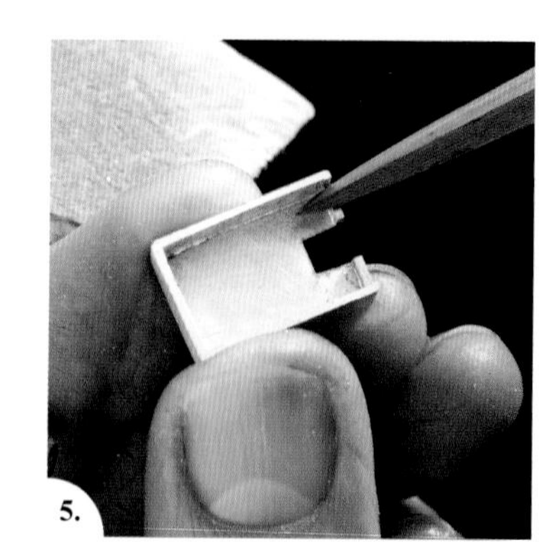

5.

6. 在封闭锁盒之前，把锁舌做好，因为这样便于不时地把锁舌放进锁盒，以检查锁舌的大小是否与锁盒相匹配。剪裁一块厚度为0.5mm（24 Ga.）的银条，其宽度比锁盒内腔宽度稍宽，而长度是锁盒内腔长度的两倍。用锉子把这块锁舌银条的边缘锉齐整，同样，把锁舌开口也修理齐整，直到锁舌银条能够顺畅地滑进滑出。

7. 制作锁舌的弹片。先在锁舌银条的末端焊接一小段厚度为3mm（1/8″）的方形银丝，这一小段银丝位于银条末端的中部且略微缩进的位置。

8. 用游标卡尺测出锁盒的内部长度，略微减去一点，以锁舌银条的末端为起点，把减去后的长度用记号笔在锁舌银条上做记号，再用直角规和划线笔在记号处画直线，保证这条直线与锁舌银条的长边成直角。

9. 在画线处用平行钳把银条折叠，用平嘴钳把折叠线夹扁。

6.

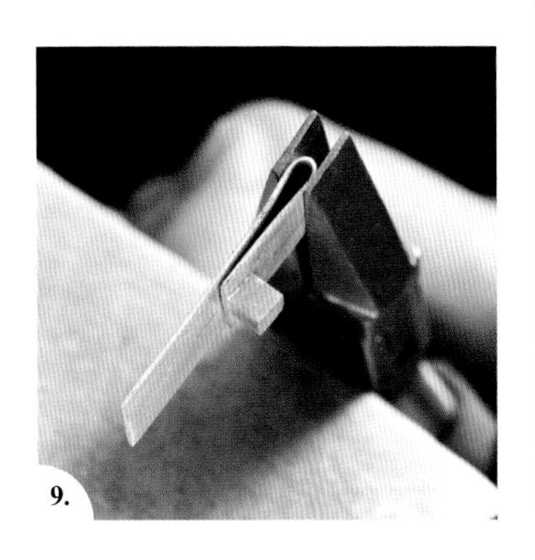

9.

提示与技巧

锁盒的拐角一定是直角，银条的两边一定要平行，这是成功制作盒锁的关键因素。

先做锁盒，然后做锁舌，因为锁盒的内部尺寸是制作锁舌的重要依据。先裁切一条略宽于锁盒内部宽度的银条，再逐渐把它锉窄，直到与锁盒内部宽度完全吻合。

想要获得比较结实的盒锁连接效果，那么，锁舌的长度不能少于10mm（3/8″）。

尺寸较小的银盒锁不能经久耐用，故而，最好用铂金或不锈钢来制作尺寸较小的盒锁。

不要使用过多的焊药来焊接锁盒，因为，锁盒的内部必须做到光滑整洁，这样锁舌的运行才不会受阻。

精确的尺寸测量对于成功地制作盒锁也是十分重要的。

配件与装置工艺示范

盒锁（接上页）

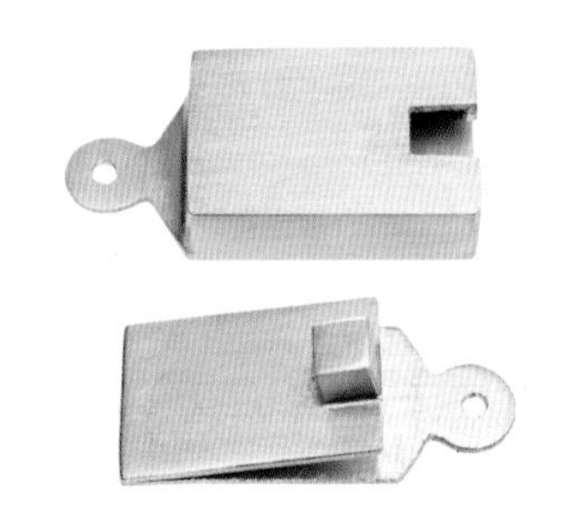

10. 在钢砧上用整平锤轻轻敲击锁舌的折叠处，把折叠线敲平。

11. 用成型刀把折叠处撬开。

12. 把锁舌放进锁盒中，检查大小是否合适，不合适的话可用锉子小心地锉修锁舌的边缘。

13. 把锁舌下部银片多余的部分剪掉，并在它的末端用锯子锯出一个圆形，再在圆形中央钻孔，用于连接链条。

14. 剪裁一块厚度为0.6mm（23 Ga.）、尺寸大于锁盒的银片，用于密封锁盒。使用中温焊药把这块银片与锁盒焊接在一起，银片的一端要留出足够长度，用于制作连接链条的接口。除了留作接口的这一端需要保留，其余三面的多余的银片都应该剪裁掉，用锉子锉至与锁盒齐平。

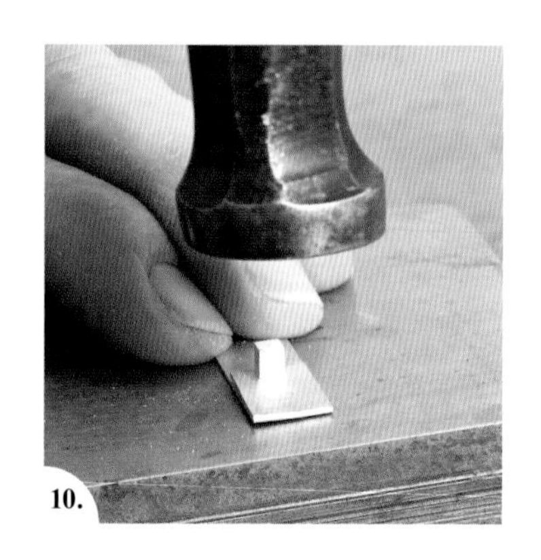

10.

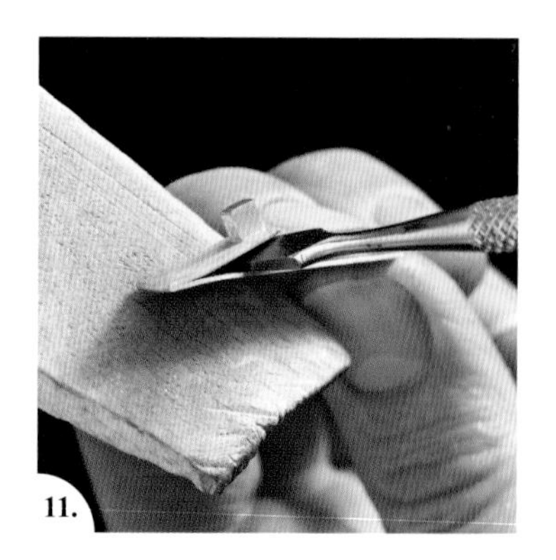

11.

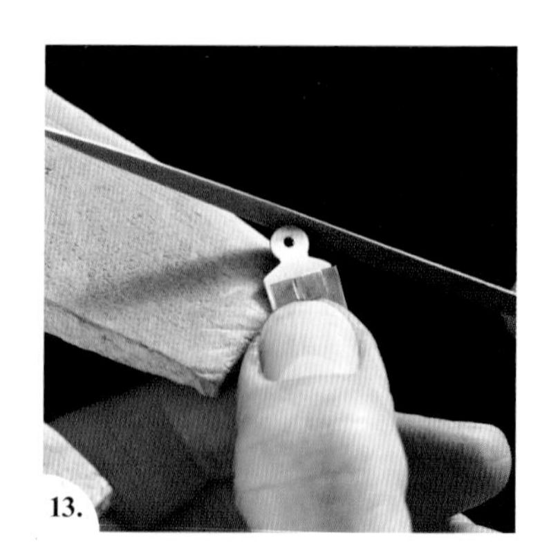

13.

15. 在锁盒的接口处用锯子锯掉多余的银片，做出与步骤13同样的、用于连接链条的造型，在该造型的中央钻孔，并用锉子修整圆孔。

16. 把锁舌插进锁盒中，仔细检查锁舌弹片的末端是否能被锁盒的围边紧紧卡住，以及按下锁舌的弹片之后，锁舌是否能够顺利地从锁盒中拔出。如果效果不理想，可用成型刀再撬一撬锁舌的弹片夹角，调整锁舌的扩张度。

17. 一旦开合的效果达到理想状态，就可以用砂纸细细打磨盒锁，并用铜刷子和清洁液清洗。

提示与技巧

盒锁的基本构件——锁盒，其造型多种多样，另外，盒锁的外部造型也可以随作品的整体造型而做相应的调整和呼应。

锁舌必须紧贴锁盒的两侧插进锁盒，不能在锁盒内左右晃荡。

盒锁的大小需与作品相协调。

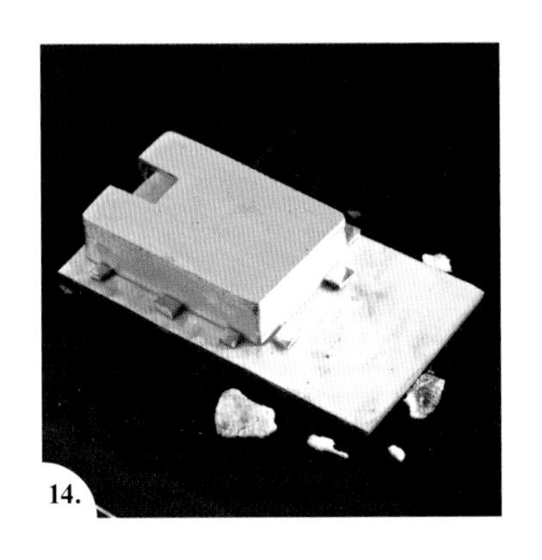
14.

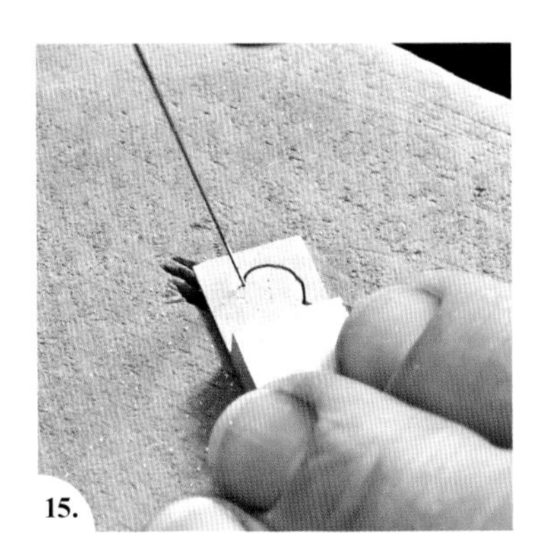
15.

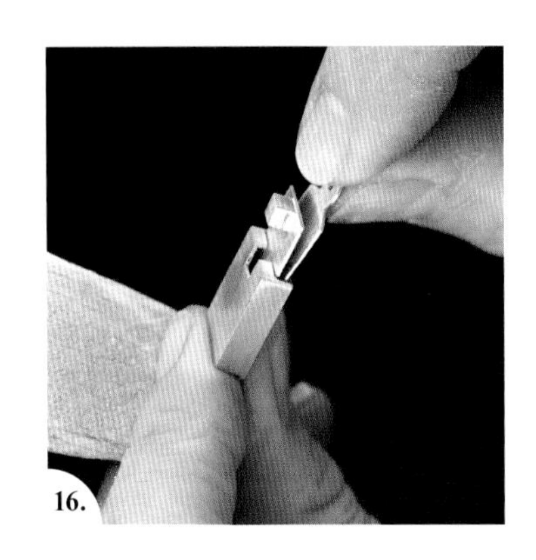
16.

配件与装置工艺示范

铰链

工具与材料

- 标准银管
- 与银管直径相同的标准银丝
- 与银管直径相同的钢丝
- 裁管器
- 锯弓和锯条
- 2号手锉
- 台塞
- 圆形油锉
- 耐火砖
- 金属片
- 焊剂
- 高温银焊药
- 火枪
- 酸液
- 2号竹叶油锉
- 砂纸
- 桃针或球针
- 吊钻
- 台钳
- 平凸锤
- 银丝剪
- 钢砧

操作过程

1. 用裁管器或锯子裁剪三节银管，每节银管的长度一致。

2. 银管紧靠台塞，用2号手锉把每节银管的剖面锉平。使用锉刀的时候，锉子压实银管的剖面并小心地向前推进，每锉一刀之后，都要略微旋转银管，这样才能把剖面完全锉平。

3. 用圆形锉在两块需要连接的银片的侧面锉一道沟槽，以便于固定圆形银管。

4. 用钢丝把银管串起来。

5. 把两块需要连接的银片放在耐火砖上，银片下面分别放置一块金属片，把银片垫高，使银片达到铰链需要的高度。将两块银片对齐，挤住串起来的银管。在银管与银片的焊接处涂抹焊剂，注意焊剂不可涂抹过多，并放置三小块焊药片。

6. 对焊缝进行加热，焊剂膨胀后凝结，于是每节银管都粘连在对应的银片上，小心地抽出钢丝，把铰链分开，此时，再焊接时就不必担心焊药会流到无须焊接的缝隙里而导致失误了。酸洗之后，重新用钢丝把它们串起来，检查铰链的焊接和开合是否正确。用竹叶油锉锉掉多余的焊药，再用砂纸把铰链修整光洁。

7. 用平行钳夹紧铰链，吊机上安装桃针或球针，把铰链银管两端的洞口拓宽。

8. 用装有护嘴的台钳夹紧银丝，把银丝顶端锉平，再用平凸锤轻敲，使之变宽，成为钉头。

9. 用这一截做好钉头的银丝把铰链的两个部件串起来。

10. 剪掉多余的银丝，只留一小截露在银管外，把它锉平。垫在钢砧上，用平凸锤轻敲露在银管外的这一小截银丝，使之变宽，并陷进到洞口已经拓宽的区域，成为钉头，从而完成铰链的制作。

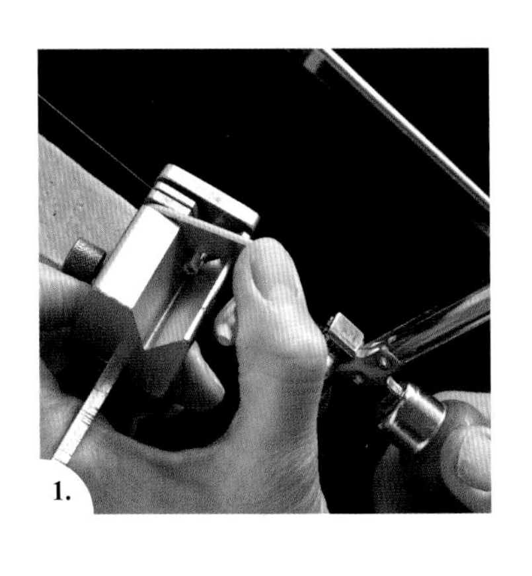
1.

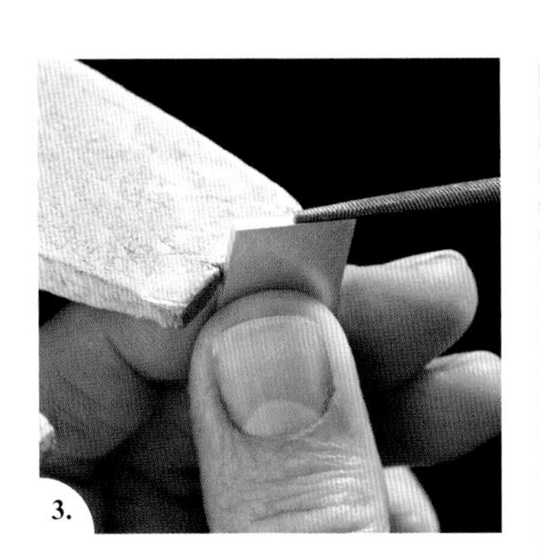
3.

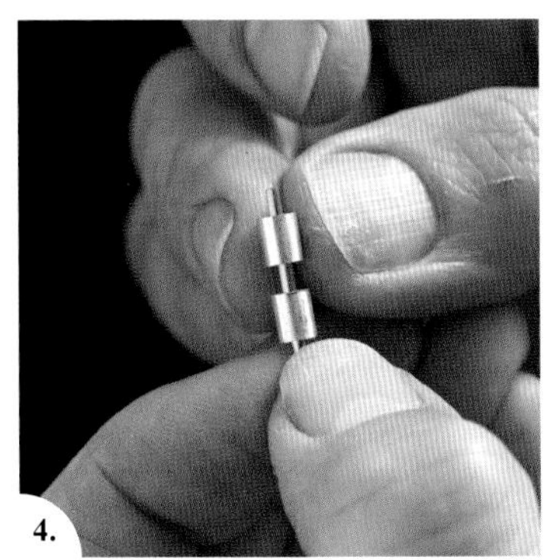
4.

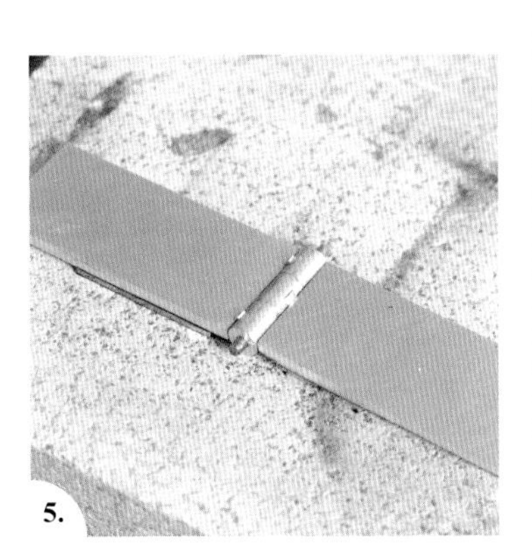
5.

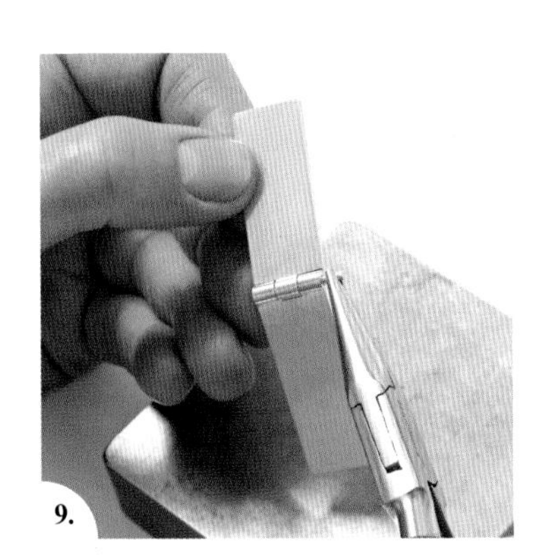
9.

10.

提示与技巧

标准银管可用于制作铰链，但对于开合次数较多的首饰作品来说，选择专用于连接的银管会更合适，因为，它们的壁厚比标准银管更厚一些。

铰链制作成功取决于精确的制作以及小心谨慎地焊接。

银管的使用量总是奇数，而且，每节银管的长度总是相等的。

银管的两头一定要相互平行，所以用锉子修平银管的两头时，一定要用银管夹紧紧夹住银管。

使用与银管相同直径的钢丝把银管串起来，这样，在加热过程中，焊剂即使膨胀后凝结，这些银管也始终呈一条直线。抽出钢丝，把铰链的两部分分开，此时再焊接，就不必担心焊药会流到无须焊接的缝隙里而导致焊接失误了。

《无序的花朵》，戒指，比吉特・霍丁豪森 (Birgit Holdinghausen)，摄影：林迪萨・科克斯 (lindsay Cox)

《辫子》，耳饰，维蕾・施瑞培尔 (Verena Schreppel)

戒指，诺拉・罗切尔 (Nora Rochel)，摄影：诺拉・罗切尔

铸造

铸造的方法多种多样，从简单的传统铸造到复杂精细的现代商业铸造，都能铸造出不同的金属造型。砂铸和墨鱼骨铸造均为一次性的铸造工艺，这两种铸造工艺的工作原理都是借助重力作用而使金属溶液充满型腔而成型。

砂铸和墨鱼骨铸造的型腔是通过挤压实物来获得的，这些实物可以是造型简单的立体物件，如贝壳、石头、纽扣、蜡模或者其他的用塑料、木头和金属制成的物件等，表面肌理比较明显的物件尤为合适。墨鱼骨的型腔除了可以依靠挤压实物来获得以外，还可以通过雕刻来获得。

使用清洁的银碎料来进行砂铸和墨鱼骨铸造，是比较划算的做法。通常，估算银材料用量的时候，都应该多估算一些，因为，水口也是需要银材料的，但使用过多的银材料也很危险，因为，多余的银液会从浇铸口溢出，而银材料用量不足又会导致铸造失败，所以，我们需要牢牢记住银的比重是蜡的10或11倍，这是银材料用量估算的重要依据。

铸造工艺应该在通风良好的专用区域操作，这个铸造专区应该是安全的、坚固的，由耐火砖组成，耐火砖铺设的区域应该足够大，以防铸造时从浇铸口溢出的银液不会洒落在台面或地面。

由于金属冷却后会收缩，所以铸造成型后的金属件的体积会略小于蜡模。完成的银铸件必须经过冷却和酸洗，以去除表面的氧化物。那些表面饰有肌理的银铸件，当水口被剪掉以后，应该用各种机针在水口切面重新制作肌理。

墨鱼骨铸造

墨鱼骨可以在首饰器材店、宠物店甚至海滩上找到。尽管墨鱼的骨头很轻、很柔软，也很脆弱，但却能经得起金属溶液的高温。一般来说，形状较圆的、中部较宽的墨鱼骨比细小的墨鱼骨更好用。

准备一块墨鱼骨，从中间剖成两半，用砂纸把剖面打磨光滑。如果要做较大的型腔，就得使用两块墨鱼骨而不是一块，分别把它们的尖头锯掉，侧面磨平。在磨平的那一面的中部，轻轻把模型摁进去一半，合并另一块墨鱼骨之前，在鱼骨上摁进两颗滚珠或者插两根火柴棍，这样，将另一块墨鱼骨合并之后，会留下印记，一旦做好了浇铸口，打开鱼骨，取出模型，再次合并墨鱼骨的时候，就可以依照这些印记把鱼骨正确拼合。另外，还需要在墨鱼骨拼合的那一面刻出槽线，制成排气道，方便浇铸时气体排出。所有这些工作完成之后，就可以把两片墨鱼骨拼合，并用金属丝捆绑，准备浇铸。

墨鱼骨极易雕刻，所以也可以用雕刀来雕刻型腔。在进行型腔的造型设计时，应该考虑银液从浇铸口进入后只会往下流而不会回流的特点，另外，可以用刷子来清理雕刻后的型腔，使鱼骨层层叠叠的自然纹理得到强调和突出，这样，浇铸出来的银饰的表面会有极好的表面纹理。这种用刷子刷出鱼骨纹理的方法可以结合实物模压与雕刻型腔的工艺。

砂铸

砂铸所使用的成袋的油性铸造砂可以在首饰器材店买到，这种砂子能够较为精细地再现表面纹理，铸造效果十分出色。

制作砂铸型腔，把砂子先填进两个模框中的一个，压紧压实，把模型摁进去一半，再套上另一个模框，往模框内填充砂子，用锤子敲紧夯实，注意以模框能够承受的力度进行敲击。分开模框，取出模型，做好浇铸口以及浇铸时方便气体逃逸的排气道，注意，如果是浇铸尺寸较小的作品，则无须制作排气道，因为砂子本身具有的透气性已经足够空气逃逸了。浇铸口或水口应该较为粗壮，这样，银液的流动就会畅通无阻。最后，紧紧拼合两个模框，金属溶液便会经由浇铸口流进型腔中，完成砂铸工艺操作。另外需要注意的是，如果模型的顶部是完全平整的，压模时就可以把它完全摁进沙子中，而不是只摁进去一半。

商业铸造

商业铸造银饰的方法有很多种，其中就包括失蜡铸造法。这种铸造法使用的模型是用首饰铸造专用蜡雕刻而成的，造型复杂而精细。雕蜡所使用的工具包括专用的蜡锉、蜡锯条以及雕蜡刀。蜡模在铸造过程中会被蒸发，所以蜡模是一次性的。如果需要重复浇铸，则需要用压模机依据浇铸出来的金属件做一个胶模，然后再用这个胶模制作多个蜡模，这样可以进行批量的失蜡铸造。用于借助压模机来制作胶模的一般都是金属件，只有金属才能经得起压模过程中压模机的压力而不致变形。

自由形戒指，凯文·贝克 (Kelvin J.Birk)，摄影：凯文·贝克

铸造工艺示范

墨鱼骨铸造，由迈克尔·米洛依 (Michael Milloy) 演示

工具与材料

- 墨鱼骨
- 锯弓与锯条
- 粗砂纸
- 雕刻工具：牙签、雕蜡刀、手术刀、錾子、划线笔
- 软笔刷
- 滚珠或火柴棍
- 捆绑丝
- 银丝剪
- 平嘴钳
- 耐火砖
- 银材料（银碎料或银粒）
- 坩埚或试金坩埚
- 坩埚钳
- 硼砂粉
- 大号枪头的火枪
- 酸液
- 滑石粉和铜刷子
- 吊机和机针
- 锉子和砂纸
- 隔热手套
- 面罩

操作过程

1. 用锯子把一块墨鱼骨从中间锯开，再用粗砂纸把鱼骨的切面打磨光滑平整，当把两片鱼骨合并时，应该能够紧密贴合，不见缝隙。

2. 用雕蜡刀、划线笔以及手术刀在其中的半片鱼骨上雕刻纹样，纹样的位置大约距离顶部25mm（1″），用笔刷清理和修整雕刻区，使鱼骨层层叠叠的自然纹理显露出来。

3. 用手术刀在鱼骨的顶部开一个V形浇铸口，直通雕刻区，另外，从雕刻区的外轮廓开始，在鱼骨的切面刻出三条线槽，作为排气道。

4. 在纹样的周围把三颗滚珠摁进去一半，用作鱼骨片拼合时的位置标记点。

5. 把两片鱼骨拼在一起，轻轻挤压，直到鱼骨完全贴合。握紧鱼骨，用手术刀雕刻另一半浇铸口。

6. 在墨鱼骨的边缘开四道凹槽，便于用捆绑丝捆绑两片墨鱼骨。分别拧紧捆绑丝，再在捆绑丝上折几道弯，进一步绑紧墨鱼骨。

7. 用耐火砖做一个安全的铸造工作区，墨鱼骨被两块耐火砖紧紧夹住。把碎银材料或铸造用银粒放进坩埚里，撒一点硼砂粉。估算银材料用量的时候，浇铸口的用银量也应该计算在内。

8. 用大号枪头的火枪来熔化银材料，当坩埚里的银材料熔化后，用坩埚钳小心地夹起坩埚，继续用焰炬加热，使银材料保持熔化状态，然后从浇铸口把银液浇铸到墨鱼骨的型腔中。

9. 等墨鱼骨凉了以后把它打开，取出银铸件，放到水里冷却，酸洗后用铜刷子和浮石粉清洗干净，用锯子锯掉浇铸口，最后，用锉子、吊机和机针把银铸件修整光洁。

1.
2.
3.
4.
5.
6.
8.
9.
9.

铸造工艺示范

砂铸，由迈克尔·米洛依演示

工具与材料

- 铝质砂铸模框
- 铸造用砂或黏土（代尔夫黏土）
- 橡胶锤或平头锤
- 钢片尺
- 用来制作型腔的实物
- 滑石粉
- 软笔刷
- 手术刀
- 钻头
- 耐火砖
- 银材料（银碎料或银粒）
- 坩埚或试金坩埚
- 坩埚钳
- 硼砂粉
- 大号枪头的火枪
- 钢砧
- 酸液
- 浮石粉、铜刷子和清洗液
- 锉子
- 吊机和机针
- 砂纸
- 隔热手套

操作过程

1. 把较浅的铝质模框口沿朝上放置，往里面填充铸造砂子，用平头锤把砂子夯实，不断添加砂子，直到砂子与口沿齐平，用钢片尺齐着模框的口沿把砂子刮平。

2. 把需要铸造的物体一半摁进砂子里，另一半露在外边，为了确保扣上另一个模框，砂子与砂子之间不会黏结，需在砂子面上涂撒一层滑石粉。

3. 扣上另一个铝质模框，对齐两个模框外边的记号线，然后往模框里填充砂子，夯实砂子，使砂子与模框顶部齐平。

4. 小心地揭开上面的模框，用手术刀把需要铸造的物体撬走，注意撬动时，不要触及物体周围的砂子。

5. 用手拧扭钻头，从铸造型腔的中部钻出一道水口，水口贯穿整个砂子层。小心地清理操作时产生的砂子碎屑。

6. 用手术刀在水口的开口处掏出一个漏斗形，做成灌注金属液的浇铸口。

7. 把两个模框对齐，将记号线重新拼合，用耐火砖铺设一个安全铸造工作区，注意模框与熔金的地方不要离得太远。

8. 估算银材料用量，不要忘了把水口的银材料用量也计算在内。把银材料放入坩埚，撒一些硼砂粉，用大号火枪加热熔金。

9. 当银材料熔化成球状，小心地用坩埚钳夹起坩埚，继续用火枪灼烧，使银材料保持熔化状态，把银液从浇铸口倒入模框。

10. 在把模框移至钢砧使其完全冷却之前，让模框待在原地先冷却一段时间。模框冷却后，打开并取下铸件，酸洗，之后用铜刷子和浮石粉清洗。

11. 用锯子锯断水口并用锉子锉掉多余的银材料，使用吊机和机针进一步修整水口断面，再用砂纸打磨，最后用清洗液和铜刷子清洗干净。

1.
2.
3.
4.
5.
6.
8.
9.
10.

袖口装饰，达伦·哈维 (Darren Harvey)，
摄影：达伦·哈维

《翠鸟》，胸针，汉娜·路易丝·兰姆，
摄影：汉娜·路易丝·兰姆

《地层》，项饰，苏姗·内格瑞 (Suzanne Otwell Negre)，
摄影：帕特里克·卡玛约 (Patrick Chamayou)

表面处理工艺

肌理

银材料十分柔软，延展性极好，使用压片机、锤子和錾子就能轻易地在银材料上制作出图案和肌理。在制作肌理之前，银材料必须经过退火而变软，变软之后的银材料更容易制作各种纹理（这一点对于制作精细的纹理尤为重要），也可以防止银材料受力后皲裂。

给银饰件制作肌理之前，应该有详细的制作流程规划，因为不同的肌理制作工艺决定了你应该在银饰制作的哪一个阶段来制作肌理。如压片机只能给平整的片材碾轧肌理，故而，所有的构造和成型工作都必须放在碾印肌理之后；用锤子敲印肌理会使戒面变长，导致戒指圈的号码变大，所以在制作戒圈之前就应该考虑到这个因素。此外，对肌理饰件进一步加工时，为避免加工工具对肌理造成破坏，我们最好使用木质的成型工具，或者在肌理表面贴上保护胶带。肌理制作会使银材料变硬，那么，在对银材料进行下阶段的加工之前，必须给银材料退火。

需要重视肌理饰件的精修。在同一个肌理之上使用两种不同的方法进行精修，会优化肌理的表现效果。例如，肌理饰件抛光之后，再用极细的砂纸摩擦肌理的凸起部分，而凹陷的部分则不触及，这种方法可以获得类似绸缎的肌理效果。给肌理饰件着色也可以优化和强调肌理的整体效果，而肌理凹陷的部分由于佩戴时接触不到皮肤，不会有磨损，所以颜色能得以很好的保留。

锤敲肌理

锤敲肌理适用于金属片或者金属形体平整的部分，我们可以把锤敲肌理控制在一定的区域，也可以使整件作品的表面都布满肌理。用小锤子可以敲出精细而随意的锤痕，如果集中在一个区域敲击的话，小锤子敲击的肌理效果会十分密集而明显。

所有的锤子都能在银材料表面留下锤痕，只不过锤痕会因锤头的形状以及敲击的力度而不同。肌理制作专用锤可以在首饰器材店里买到，当然，我们也可以使用手边现有的锤子或者经过锉子和机针修整过的锤子，来尝试制作各种肌理效果。

锤敲肌理需要垫在钢砧或者型铁上面来制作，而已经成型的金属件的锤敲肌理制作则需要使用成型棒、窝錾或窝墩来做支撑，金属与支撑之间应该紧密贴合而没有缝隙。锤敲时，应该用整个锤头敲击金属，如果仅仅使用锤头的边缘敲击金属，则不会获得理想的肌理效果。平头锤可用于敲击放在银片上的织物或线材，从而把这些织物或线材的肌理转印到银片上，或者敲击放在混凝土块上的银片，从而把混凝土表面粗糙的肌理转印到银片上。锤敲的肌理一般不如压片机碾印的肌理那么明显和精细，所以，我们在正式制作肌理之前，应该在废旧银片上不断地完善锤敲技法，熟练使用不同的锤头来制造不同的肌理效果。

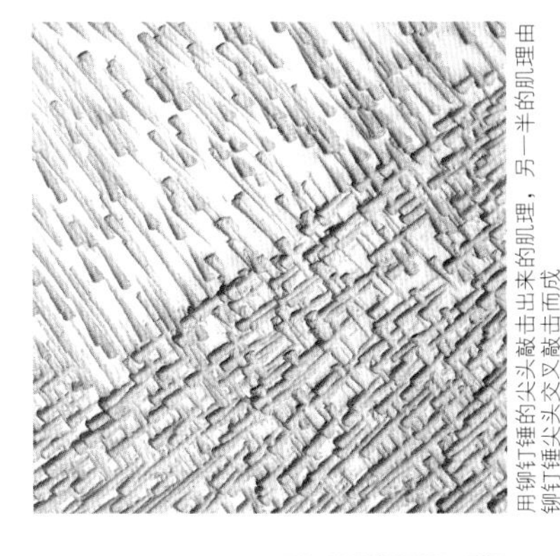

用铆钉锤的尖头敲击出来的肌理，另一半的肌理由铆钉锤尖头交叉敲击而成

用錾花锤的圆头敲击出来的肌理，上部的肌理较为密集，下部的肌理较为松散

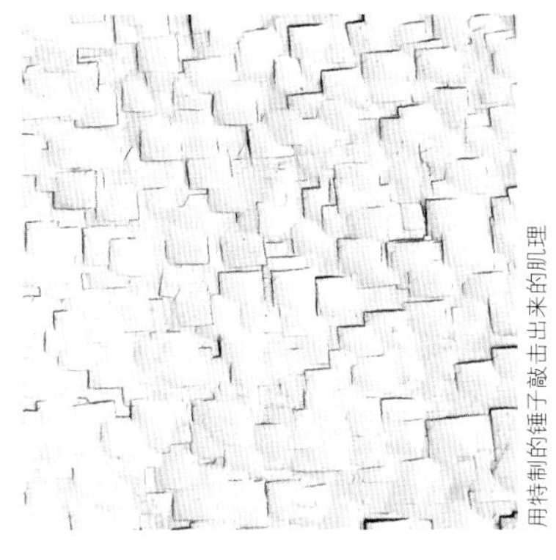

用特制的锤子敲击出来的肌理

《树叶》，项饰，苏姗·内格瑞，摄影：帕特里克·卡玛约

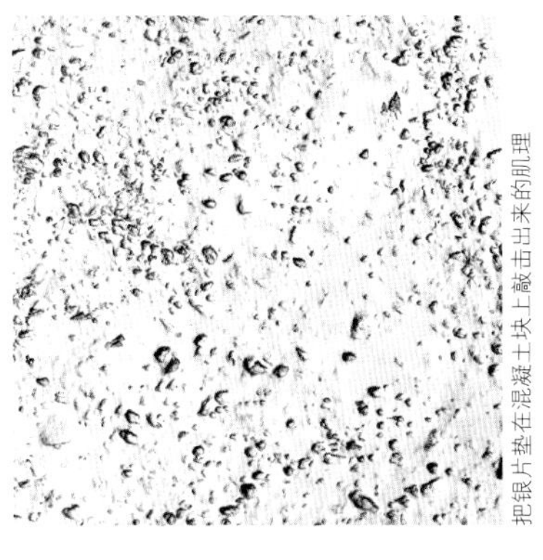

把银片垫在混凝土块上敲击出来的肌理

碾印肌理

压片机一般用于碾轧金属片，从而减少其厚度，然而，当把一块银片随同另一块有纹理的材料一起经过压片机的碾轧，材料的纹理就会被转印到银片上。这种碾轧法能够获得许多出色的肌理效果，无论是细腻的还是粗犷的肌理都能轻易获得。

许多材料都可用来碾印肌理，如水彩纸、干树叶、羽毛、布料、蕾丝织物、金属丝、有纹理的黄铜片、金属丝网、绳子、砂纸、胶带等，可尝试的材料范围相当大。也可以把两块带有不同肌理的材料碾印在一起，但如果其中的一块材料比另一块要厚的话，较厚材料的纹理有可能会覆盖较薄材料的纹理。

把银片退火、浸酸以及清洗，这个过程重复三次，使银片变得非常柔软，银片的表面异常细腻。银片在碾轧之前一定要完全干燥，否则，压片机的滚轮会沾上水，导致生锈，从而毁坏滚轮的表面。

用两块银片把碾印材料夹在中间，像三明治一样叠在一起再通过压片机的碾轧，这样会获得比较理想的纹理，而且两块银片上的纹理是镜像的纹理，特别适合做一副对称的耳饰，因为一对耳饰的纹理通常都是对称的。而在另外一些情况下，由于受条件或成本的限制，则无须同时用两块银片来碾印肌理，如在只需要一面有肌理的情况下。当然，如果碾印材料较硬，有可能损坏压片机的滚轮时，我们就必须使用两块银片来包裹它。较软的碾印材料如羽毛，只需用一块银片，直接碾压即可，碾印的纹理也会更清晰些。如果用纸把银片和羽毛包裹在一起，就会把纸的纹理也碾印到银片上，要知道，即便是非常光滑的纸，也会在银片上留下某种痕迹。

把材料放回已经碾印过的银片上再次进行碾印是不可能的。想要一次碾印成功，正确调节压片机两个滚轮之间的间隙是一个关键因素，间隙宽窄合适了，压片机施加在碾印上的压力就会合适。以下建议可作参考，当你转动压片机的把手，感觉到了阻力，但并不需要你使出浑身力气才能一点点转动时，说明滚轮间隙差不多合适了。调节滚轮间隙时首先依靠目测，然后把“三明治”喂进去，让滚轮咬住，然后轻轻转动把手，感觉一下阻力的大小，再调节滚轮间隙。

碾印之后通常还会有裁切、塑型等进一步的加工，所以，你应该碾印一块比所需面积更大的肌理银片，碾印好的肌理应该贴上胶带保护，防止后续加工的工具对纹理造成损害。对肌理银片进行焊接是不明智的，因为焊药熔化后会流进肌理凹陷的地方，破坏肌理效果。

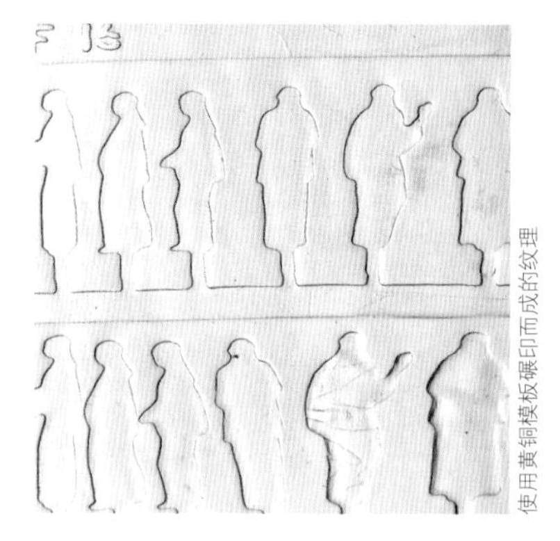
使用黄铜模板碾印而成的纹理

使用打孔水彩纸碾印而成的纹理

使用黄铜丝网碾印而成的纹理

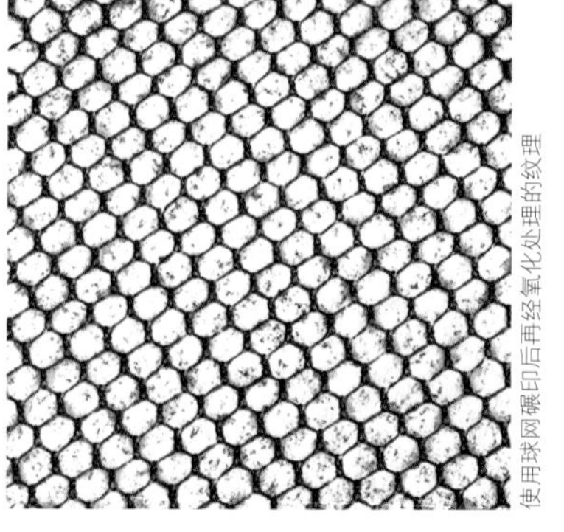
使用球网碾印后再经氧化处理的纹理

模具转印肌理

模具转印是指使用一种带有装饰纹理的、由坚硬的工具钢制作而成的模具或錾子，经由锤子敲打，从而把模具或錾子的纹理转印到银片上，形成与纹理相对应的凹陷图样的工艺。图案錾子、字母錾子以及数字錾子都可以在首饰器材店里买到，当然，你也可以根据自己的特殊要求，用工具钢度身定制一只錾子。用火枪给钢条退火，待钢条呈现桃红色，撤去焰炬，让钢条自然冷却，之后，用砂轮机或砂带机打磨钢条的头部，再用锉子修整头部，用锯子和机针在錾头制作纹样。纹样制作过程中，可以把未完成的钢錾纹样在较软的物体（如黏土）上印压，检查纹样的制作效果。当纹样制作完毕，再把钢錾烧红，然后迅速把通红的钢錾放进油液里蘸火，使钢錾变硬，接着用水性砂纸和干砂纸打磨钢錾，再用抛光轮抛光。钢錾还需经过回火工序，才可降低它的脆性，回火工序操作如下：用火枪给钢錾加热，加热从錾尾开始，慢慢移至錾头，当钢錾呈现淡黄色，撤去焰炬，迅速把钢錾放进油液，完成回火。

银片越厚，模具转印的纹样就可以越深。一般来说，用来制作模具转印肌理的银片，其厚度不能低于0.6mm（22 Ga.），其表面要平整，还需经过退火处理。使用模具转印纹样时，一定要把银片垫在钢砧或型铁上，银片下方最好再垫一张纸，这样可以加深模具印压的纹理。给已经成型的银饰件印压纹样，一定要在银饰件下面铺垫合适的钢模，比如成型棒或窝錾。钢錾与银片的角度应为垂直的90°，钢錾的錾头应该紧贴金属，否则，印压出来的纹样就会不完整，而想要把錾子重新放回不够理想的印痕中，试图再次印压，则是十分困难的。如果钢錾较小，我们通常选择錾花锤或敲花锤来进行敲打。完美的纹样转印往往来自锤子有力而清脆的一击。在金属片上完成纹样转印后，金属片的表面往往会失去平整，所以，需要把银片垫在钢砧上用木槌整平。

在废旧银片上不断练习，可以逐步掌握和完善模具转印工艺。无论是单种纹理的重复转印还是多种纹理相结合的转印，这两种方法都可以在实际设计制作中得以运用。

使用三种不同的錾子冲压而成的转印肌理

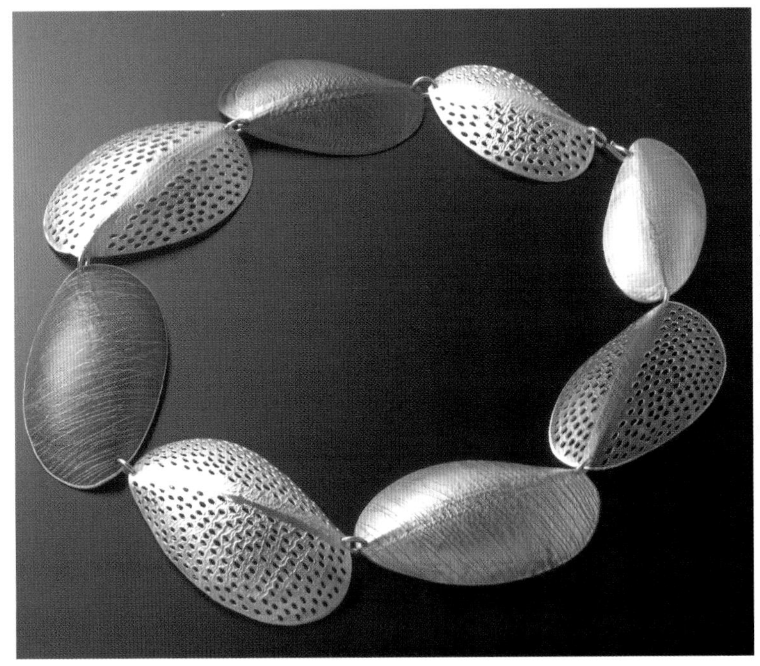

椭圆形项饰，简·亚当（Jane Adam），摄影：乔·德根（Joel Degen）

肌理工艺示范

锤敲肌理

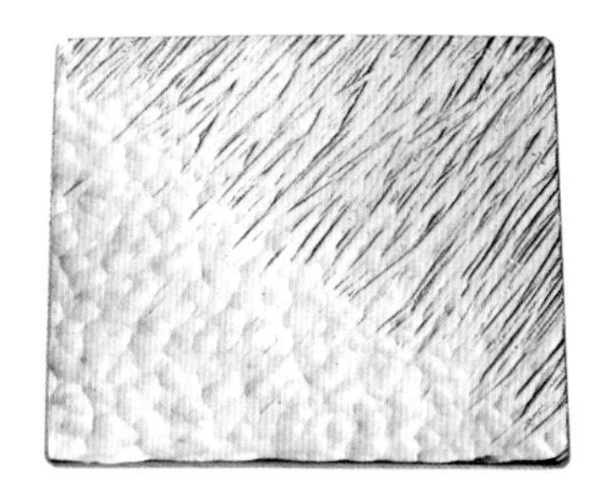

工具与材料

- 银材料（银片、银半球、银戒指）
- 酸液
- 钢砧
- 各式金属锤子
- 木槌
- 钢丝
- 平行钳
- 纸
- 窝錾
- 台钳
- 钢质成型棒

操作过程

1. 把银片退火、放凉及浸酸，然后清洗晾干，准备制作锤敲肌理。

2. 把银片放置在钢砧上，用敲花锤的圆头在银片的一半区域内敲打肌理，由疏到密。

3. 锤敲肌理后，银片变得不平整，把银片反过来垫一张纸扣在钢砧上，使用木槌把银片敲平。

4. 在银片的另一半区域内，使用特制的锤子以同样的敲打方法锤敲肌理。

5. 把钢丝缠绕在银片上，用钳子把钢丝拧出拐角，然后用纸包裹起来，放在钢砧上。

6. 用錾花锤敲打包在纸里的钢丝和银片。

7. 用台钳固定窝錾，把银半球放置在窝錾上，使用铆钉锤狭长的锤头敲打银材料，制作锤敲肌理。

8. 用钢质成型棒套住一枚戒面为平面的戒指，使用铆钉锤狭长的锤头敲打戒指的平面，制作锤敲肌理。锤敲完成一圈后，取出戒圈，调转一面，再套进成型棒，继续敲打，双面敲打可以防止戒圈经过锤敲之后变得一边长、一边短。重复这个步骤，直到获得满意的锤敲肌理。

9. 把这枚戒指放在钢砧上，使用铆钉锤狭长的锤头敲打戒圈的边缘，边敲打边旋转，制作锤敲肌理。

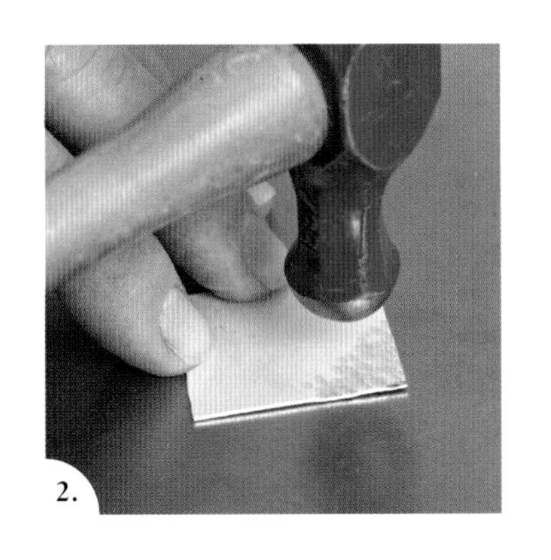

2.

4.

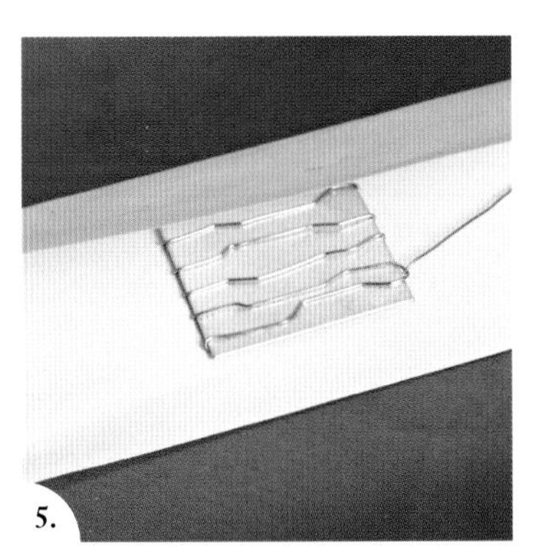

5.

7.

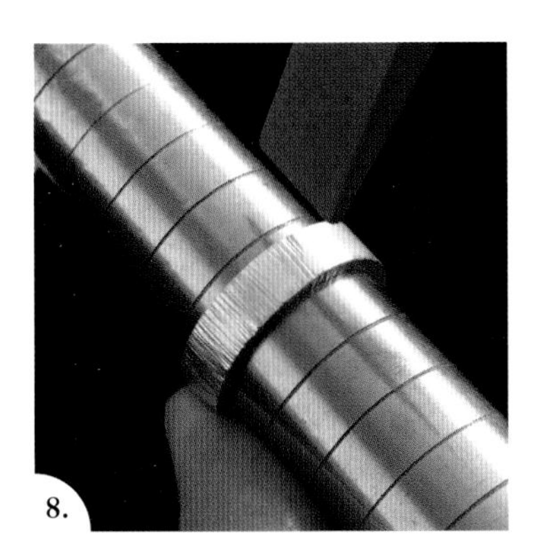

8.

9.

提示与技巧

敲打肌理时一定要把银材料垫在钢砧或型铁上，银材料与钢砧或型铁之间应该紧密贴合，没有缝隙，否则，锤敲之后，银材料会扭曲变形。

锤敲会导致银材料变硬，所以，在锤敲肌理的过程中，要不断退火，另外，锤敲结束后，在进一步深加工之前，也应该给银材料退火。

给戒指锤敲肌理之后，通常会使戒圈的尺寸扩大一个或两个号，所以，在选择所需的戒指号码之前应该把这个因素考虑进去。

用银片制作的戒指或手镯，其肌理可以在成型之前做好。把做好肌理的银片弯曲成戒圈或手镯，用锉子锉齐焊缝，完成焊接，再套进成型棒中，使用相同的锤子敲打焊接处，制作相同的锤敲肌理，使焊接处的肌理与整体协调。

肌理工艺示范

碾印肌理

工具与材料

- 银片
- 碾印材料
- 酸液
- 压片机
- 纸
- 钢砧
- 木槌
- 铜刷子和浮石粉
- 硫化钾
- 胶带
- 紫铜丝

操作过程

1. 把两块银片退火、放凉以及酸洗，反复三次，确保银片足够柔软，表面整洁。剪裁一块比银片稍大的蕾丝，用两块银片把蕾丝夹在中间。

2. 目测压片机的滚轮间隙，不断调整间隙的大小，直到银片与蕾丝组合而成的“三明治”可以在一定的压力下通过间隙。

3. 蕾丝纹理一次碾印成功。

4. 经过碾轧的银片已经失去平整，在银片下面垫一张纸以保护碾印好的纹理，银片放置于钢砧上，用木槌轻轻地把银片敲平，再用铜刷子和浮石粉擦拭银片的表面，最后用硫化钾给银片着色。

1.

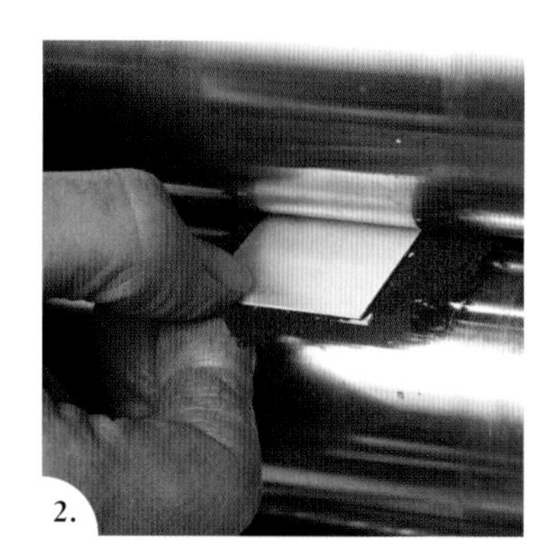
2.

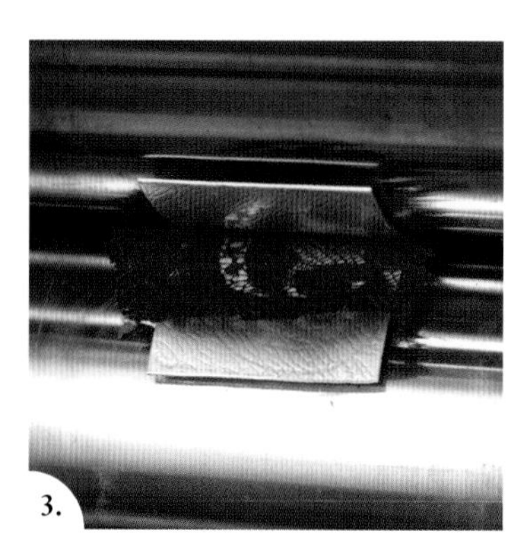
3.

4.

步骤5~10：遵循与步骤1~步骤4相同的前期准备工作和碾印工序。

5. 把扯断的胶带纸贴在银片上，再通过压片机碾轧而获得的肌理。

6. 把随意弯曲的紫铜丝放在银片上，用纸包好，再通过压片机碾轧而获得的肌理。

7. 把干树叶放在银片上，用纸包好，再通过压片机碾轧而获得的肌理。

8. 把有背胶的标签贴在银片上，通过压片机碾轧，标签被挤压变长，故而在银片上形成椭圆形纹理。

9. 把一根羽毛放在银片上，用有纹理的纸包好，再通过压片机碾轧而获得的精细的肌理。

10. 把一块布料放在银片的上方，通过压片机碾轧，再把获得的肌理用硫化钾着色，最后用砂纸打磨掉肌理凸起部分的颜色，只留下凹陷部分的颜色。

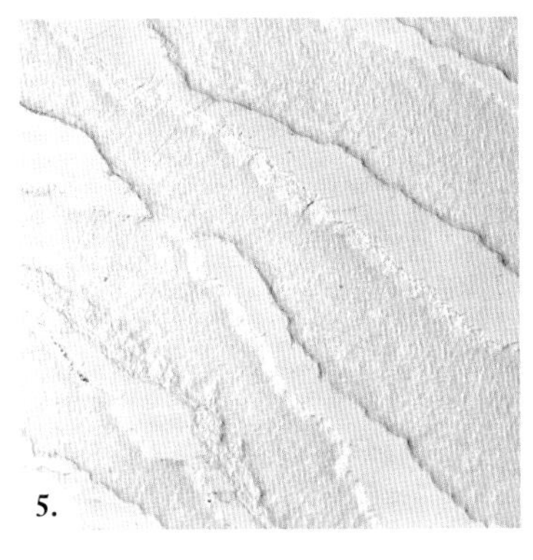
5.

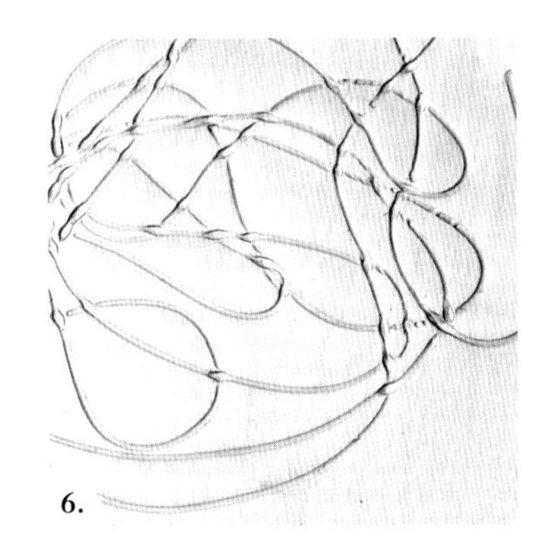
6.

7.

8.

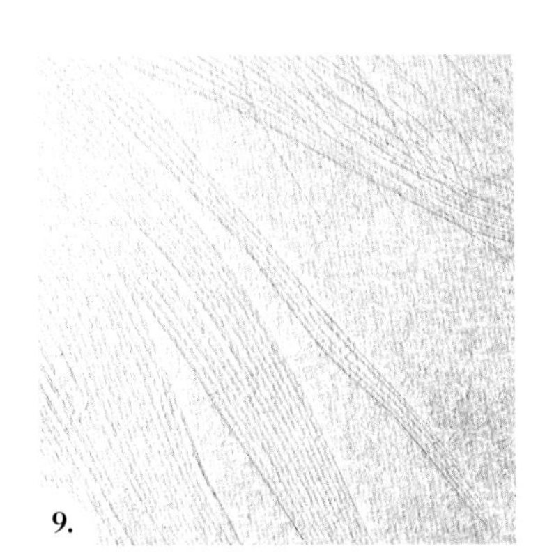
9.

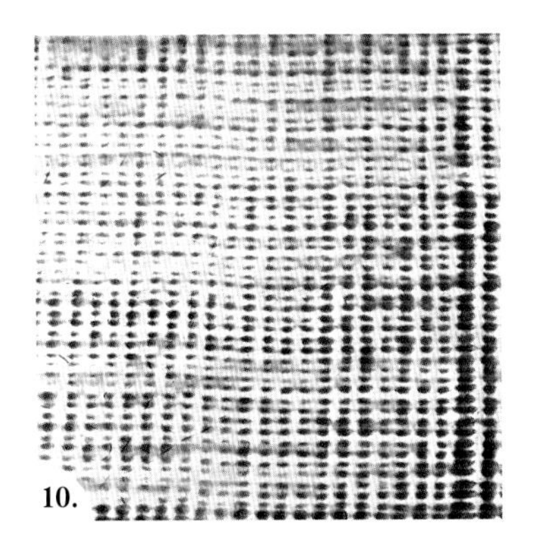
10.

肌理工艺示范

模具转印肌理，由迈克尔·米洛依演示

工具与材料

- 铜刷子和浮石粉
- 银片
- 钢砧
- 图案錾子、字母錾子以及数字錾子
- 錾花锤和敲花锤
- 划线笔
- 窝錾
- 定位錾
- 砂纸
- 氯化氨
- 永固墨水

操作过程

1. 把银片退火，并用铜刷子和浮石粉洗净。银片下垫纸，放置于钢砧上，手持錾子，錾子与银片呈90°放置，錾头整体接触银片，然后用錾花锤在錾子的末端给予清脆有力的一击。

步骤2~9：遵循与步骤1相同的前期准备工作和模具转印工序。

2. 用四支不同纹样的錾子在银片上制成花叶纹饰，然后把银片抛光。

3. 用划线笔在银片上画出图样，再用敲花锤敲打圆点錾，敲出肌理，留出一部分空白，把空白处整平抛光。

4. 用三种不同的錾子制作这种花卉纹样。

5. 用窝錾和定位錾制作这种凹坑纹理。

6. 用随意选取的图案錾子和字母錾子制作这种独特的纹样。

7. 用字母“O”錾子随意制作的纹样，为了加强纹样的对比度，对银片进行氧化处理后，再用砂纸打磨掉纹样凸起部分的颜色，只留下凹陷部分的颜色。

8. 用划线笔和两种錾子制作出来这种纹样，用铜刷子把银片刷洗干净后，再用细砂纸磨光。

9. 选择字母錾子和数字錾子制作出来的纹样，用氯化氨给银片着色，再用牙签蘸墨水，把墨水填进凹陷处，最后用砂纸打磨银片的表面。

1.
2.
3.
4.
5.
6.
7.
8.
9.

《向太阳致敬》，凯瑟琳·克拉克 (Catherine Clark)，摄影：山田浩子 (Hiroko Yamada)

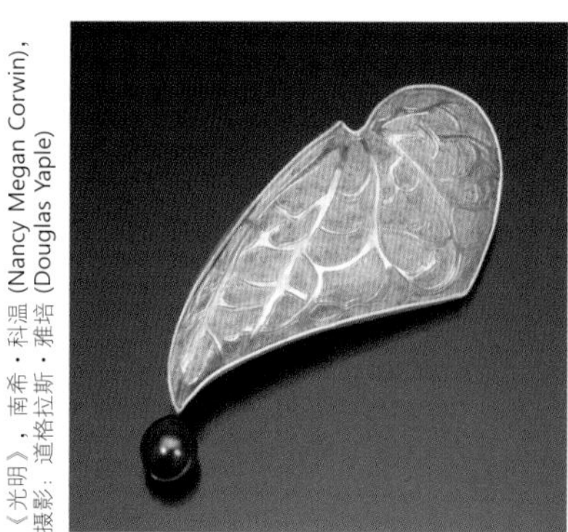

《光明》，南希·科温 (Nancy Megan Corwin)，摄影：道格拉斯·雅培 (Douglas Yaple)

《两个螺旋》，凯瑟琳·克拉克，摄影：鲁佩特·托德 (Rupert Todd)

錾刻与錾花

錾刻，源于名词“槽”，意为犁沟、沟槽、渠道，是一种雕刻凹纹的装饰技艺；而錾花，则源于法语，意为“顶起”，是一种制作凸纹的造型技艺。这两种技艺都是借助金属的延展性，用錾子和锤子来锻造金属，从而制作浮雕设计作品。錾刻从金属的正面进行塑造，而錾花则是从金属的背面展开塑造，这两种技法往往同时使用，统称为錾刻。

银具有良好的延展性，故而是制作錾刻的理想材料，而纯银和布里特尼亚银比标准银更容易錾刻。錾刻与錾花工艺由于加工步骤多、程序反复，所以相当耗时。不过，当你目睹一块银片从一无所有到逐渐浮现立体纹样，这个过程也一定会让你得到极大的满足。

沥青胶作为錾刻与錾花的垫胶，它的弹性允许金属被錾子敲打后凸起，同时，又使没有被敲打的地方保持原形。太硬的沥青胶会使金属变薄，但太软的沥青胶又不利于金属形体的塑造。现成的沥青胶可在首饰器材店里买到。沥青胶一般由沥青、石膏粉、亚麻油或动物油调制而成。使用时，沥青胶一般装在半球状的铁碗里，铁碗底部垫一个木圈或者沙袋，这样，胶碗就可以很方便地倾斜和旋转。把金属片放到沥青胶上之前，先要把沥青胶的表层用火枪烧软、烧化，然后粘上金属片，放凉，沥青胶变硬后就可以开始錾刻金属了。沥青胶可反复使用，烧软沥青胶时，不可过度加热，否则，沥青胶会起泡冒烟，胶里的油会被蒸发，从而变得又脆又硬。

用于錾刻和錾花的银片，其理想的厚度应在0.6~0.8mm（20~22 Ga.），银片在开始錾刻之前以及錾刻变硬之后，都要退火。錾刻过程中，要不断地把银片从胶上揭下来，退火，然后翻过面来，继续錾刻。残留在金属片上的沥青胶可以用松节油洗掉，也可以用火枪烧掉，注意，用火烧时，要在通风良好的地方进行。

錾刻

錾刻工艺可以在平坦的金属片上或者已经成型的金属表面上进行。运用肌理錾子或线錾子制作线条和纹样细节，这些錾子的錾头比较狭长，但边缘比较圆滑，不会在金属上造成硬伤。錾刻可以作为一种细节塑造的工艺手段而独立存在，也可以作为錾花之前刻画轮廓线的辅助手段。它与模具转印工艺颇有相似之处，不同的是，模具转印是一次敲击而成，而錾刻却要经过錾花锤或敲花锤无数次的敲打，錾刻时，錾子与金属片的角度不是垂直的，而是略微倾斜，这样，錾子就能在敲打时不断前移，从而形成连续不断的槽线。

錾花

开始錾花之前，应该在金属片的正面刻画轮廓线，而这些轮廓线的印痕从金属的背面应该也能看到。使用光滑的模具或錾子，从背面顶起金属，从而使金属片的正面形成凸纹。一般来说，錾花工艺不会使金属变薄，但如果金属变硬后不退火的话，金属就会被敲裂。

錾花结束以后，要把金属片从沥青胶上揭下来、洗净以及退火，然后把金属片放回到沥青胶上，继续进行下一步加工，用平錾子把金属敲平、敲光滑，用小錾子修整形体、塑造细节装饰，另外，用图形錾子也可敲出许多细节装饰。当敲完背面后，把正面翻回来，再放回沥青胶上，注意凸起且中空的纹样里应该用沥青胶塞满，这样，从正面再敲打这些纹样时，纹样不会走形。

錾刻与錾花工具

为了便于敲打錾子的尾部，錾花锤与敲花锤的锤头都做得极为平整，又圆又宽。锤子柄在靠近锤头的地方较为细长，之后变粗变宽，这样便于手掌心的抓握。锤敲的节奏应该是均匀的，而非杂乱无章的。錾子的长度大约为100mm（4″），我们可以在商店里买到錾子，也可以利用基本成型的工具钢条来自制錾子。

錾子尾部由于长期经受锤子的敲打会变形，所以錾子尾部不应该是完全平的，而应该有斜边。錾子头要尽量做得光滑，不要有死角，以防给金属留下硬伤。一套錾子大约由20支不同造型的錾子组成，包括：直线、曲线錾子，用于刻划线条和修整细节；塑型錾子，用于塑造大形；圆錾子，用于塑造圆形以及起大形；较粗的平錾子，用于整平形体、精修以及敲光金属表面；图形錾子，用于敲打肌理和纹样，还可用于覆盖其他工具在金属面上不小心留下的痕迹。你可能需要配备很多錾子，因为，在制作过程中，你经常需要用到形状相同、但粗细不同的錾子。

即便你已经具有一套基本形齐全的錾子，也可以用工具钢来制作特殊的錾子，记住，在正式使用前别忘了给錾子蘸火和回火。平面的硬木錾子可用于修平已经走形的金属面，修整时要把金属垫在钢砧上操作。

錾刻与錾花工艺示范

工具与材料

- 纯银和布里特尼亚银
- 砂纸板
- 铅笔
- 平行钳
- 沥青胶和沥青碗
- 火枪
- 钢镊子
- 窝錾
- 沙袋或木圈
- 錾花锤/敲花锤
- 曲线錾
- 成型錾
- 钢砧
- 小木槌
- 木錾子或平头硬木块
- 锯子
- 砂纸
- 铜刷子和浮石粉

操作过程

1. 把一块纯银片或布里特尼亚银片退火并洗净，用砂纸把银片表面打磨成磨砂效果，再用铅笔把要錾刻的纹样描绘出来。把银片的四边用平行钳向下弯折，便于银片扣在沥青胶上。

2. 用软火把沥青胶烧软，用镊子夹住银片，把银片放在胶面上，使用窝錾轻轻按压银片，使之紧贴沥青胶面，双手沾水，手指轻推银片四周仍旧柔软的沥青胶，使沥青胶覆盖银片的四边。

3. 开始錾刻前让沥青胶冷却变硬，沥青碗用木圈支撑，使用錾花锤敲打较为锋利的直线錾，錾刻轮廓线。錾刻时拇指和食指紧握錾子，中指和无名指作为辅助，小指靠在银片或胶面上，錾子与银片呈略微大于90° 的倾斜角度，锤敲的力量应适中、节奏均匀，使錾子随着敲打不断沿着轮廓线前移，从而刻出一条流畅的线条。如果遇到弯度较小的轮廓线，可以使用曲线錾来錾刻。

4. 用软火把胶面烧软，镊子夹住银片，把它从胶面上取下来，在通风良好的地方用火枪把残留在银片上的沥青胶烧掉，用清水洗净，晾干。

5. 依照步骤3用平行钳把银片的四个边反折，用软火烧软胶面，使银片的背面朝上，扣在胶面上，待沥青胶冷却后，用錾花锤敲打不同粗细的窝錾顶起凸纹，操作方法与步骤3相同，稍微不同的是，这次需要不断地敲打窝錾，窝錾来回移动，印痕反复被覆盖，直到顶起足够高度的凸纹。

6. 当银片变硬时，依照步骤4从沥青胶面卸下银片，在进行下一步加工前给银片退火并清洗，再用较细的錾子修整纹样细部。

7. 当获得较为满意的凸纹效果之后，从沥青胶面卸下银片，把它清洗干净，然后把银片放在钢砧上，用小木槌把银片四周敲平，再用平头硬木錾子修整靠近凸纹的地方。

8. 将银片正面朝上，再次放回到胶面上，用錾花锤敲打木錾子以及不同粗细的平头錾子，把凸纹的四周整平，再用线錾子沿凸纹的外轮廓线修整一遍。

9. 从胶面卸下银片，清理干净，用锯子沿外轮廓线把凸纹锯下来，凸纹的背面用砂纸打磨，正面则用砂纸板、铜刷子和浮石粉打磨清理，然后，就可以对凸纹做进一步的加工制作了，比如在凸纹的背面焊接一块银片，从而把凸纹封闭起来。

提示与技巧

用火枪燃烧残留在银片上的沥青胶时，一定要在通风良好的地方操作，也可以到户外在耐火砖上操作。

使用比所需尺寸更大的银片来錾刻和錾花，可以给纹样四周的操作失误留下余地。

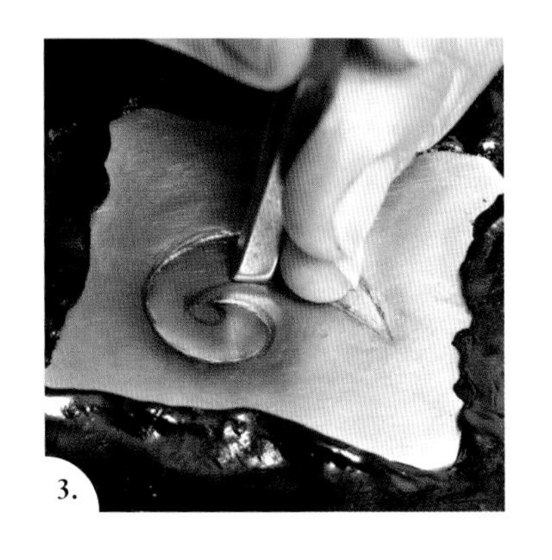

3.

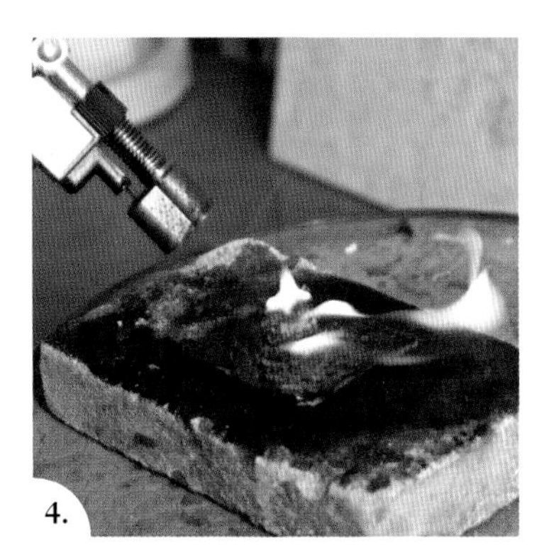

4.

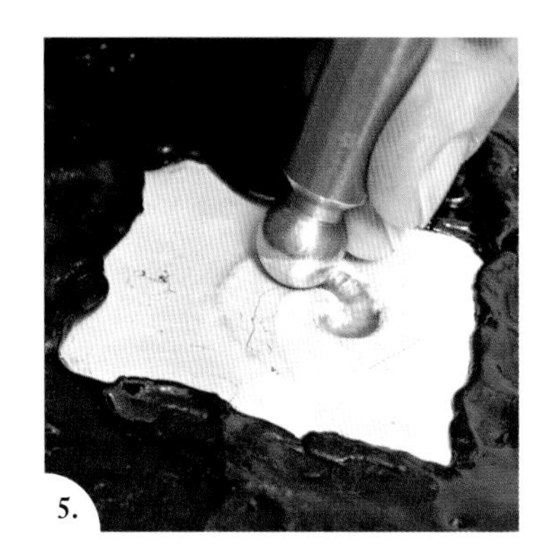

5.

6.

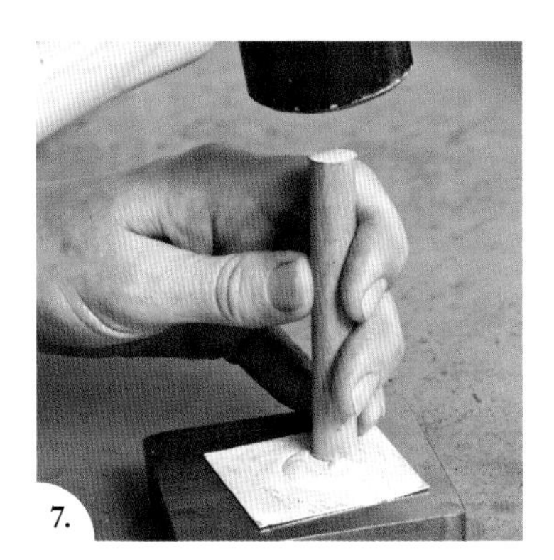

7.

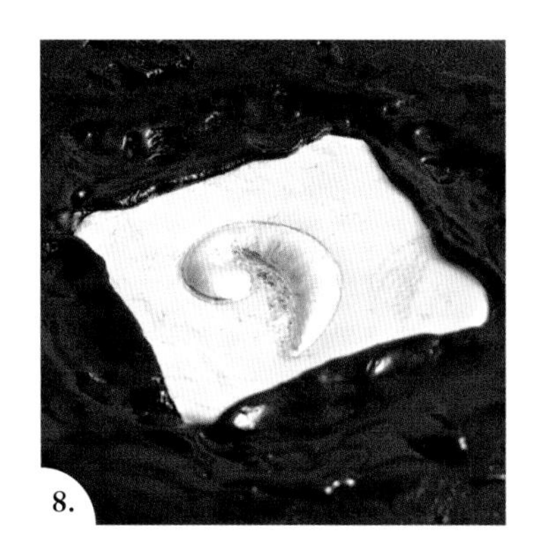

8.

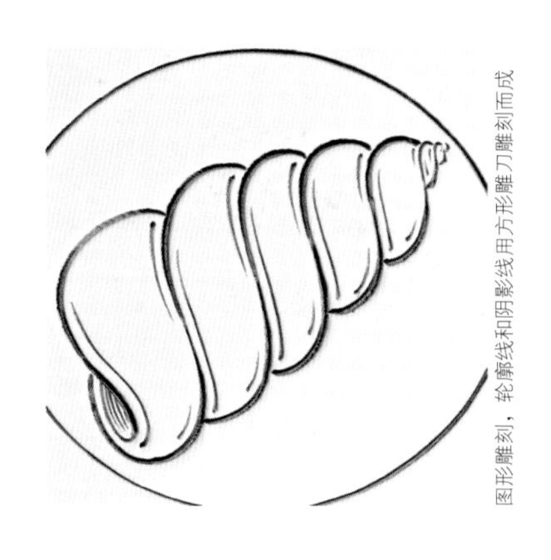

图形雕刻，轮廓线和阴影线用方形雕刀雕刻而成

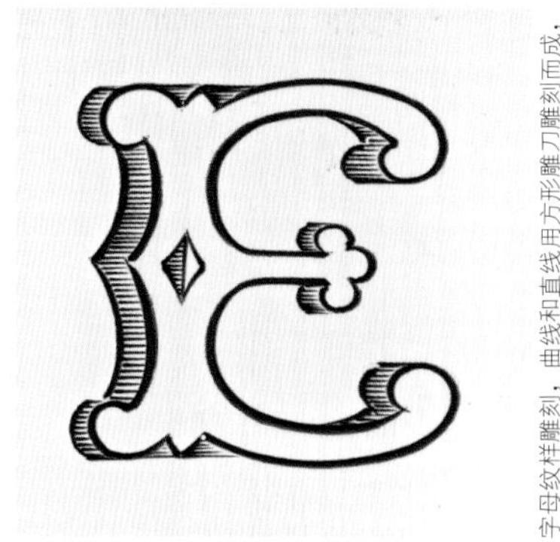

字母纹样雕刻，曲线和直线用方形雕刀雕刻而成，雕刻线经过氧化着色处理

雕刻

雕刻是指一种使用质地坚硬的、名为雕刀（亦称抢刀）的钢质工具，在金属表面制造槽线的工艺。雕刻的槽线中可以填充珐琅彩，也可以经过氧化处理，从而加大色彩的对比效果。手工雕刻是一门高级技艺，需要耐心以及长久的锤炼才能熟练掌握。精细复杂的纹样往往需要一位工作多年、技艺精湛的雕刻师来制作。

比较而言，白银比其他的贵金属更软，所以白银的表面更适宜于雕刻，但这并不意味着雕刻银材料比雕刻其他的金属更容易。对于一位新手来说，应该更多地练习基本的直线、曲线以及结构线的雕刻技法，当掌握了这些基本技法之后，再尝试雕刻简单的图形和纹样。雕刻工艺的确值得学习和掌握，因为，除了用于刻线外，它还可用于调整细部以及作品的精修工作。

雕刻刀

雕刻刀的种类较多，粗细不同，刀头各异（参看对页图示）。虽然商店出售的雕刻刀都有标准长度，但都需搭配不同的刀柄才能使用，所以雕刻刀的实际长度有所不同。

雕刻刀的实际长度，可以通过手掌心包紧刀柄、大拇指搭在刀身的方法来测定。刀头应该距离大拇指端大约13~34mm（$\frac{1}{2}$~$1\frac{1}{4}$″）；刀身与刀柄的总长应该在90~100mm（$3\frac{1}{2}$~4″）左右。在刀身的尾端划一条记号线，把刀身揳进刀柄时可以稍稍超过这个记号线。用台钳夹紧刀身，把刀身尾端记号线以下的部分用锉子锉圆，便于这个部分揳入刀柄中。把刀身尾端插进刀柄中，用木槌敲打刀柄，使刀柄与刀身吃紧。当安装好刀柄之后，要把刀头打磨锋利（一般来讲，刀头都应该打磨成45°角），刀头需用油石和一种三合一的专用油打磨，打磨时刀头的上下面都应该磨到，刀面一定要平贴油石，贯穿打磨的始终。刀头打磨锋利后，先在硬木上雕刻几刀，刀头就比较顺滑了。方形雕刀和菱形雕刀的刀头下部，都应该削去部分金属，所以方形雕刀和菱形雕刀的底侧并非呈一条直线，而是在刀头部分有一条呈5°倾斜的短线。所有的刀头抛光之后，再用阿肯色油石打磨一遍。

雕刻工艺

雕刻通常是作品制作的最后一道工序，所以，雕刻前银饰的表面应该已经完成了精修和抛光。用橡皮泥把银表面的脏东西粘掉，再用滑石粉擦光，就可以描画图形或纹样了。先用塑料或木质的工具描一遍图形或纹样的轮廓线，画错的线条可以不用管，接着用划线笔把最终的轮廓线描画清晰。

雕刻需要在稳定的情况下操作，所以，银材料的固定十分重要，可以用雕刻夹来固定银片，假如是异形的银片，则可垫在沙袋上或者捆绑于木块上来进行雕刻操作。雕刻应该在一个与胸齐高的台面上进行，千万不要在较低的首饰工作台上进行，也不能为了增加高度而把雕刻件用沙袋垫高。此外，还需要良好的照明以及一个眼窝放大镜或者手持放大镜。

将雕刻刀的刀柄握在手心里，拇指和其余的手指沿刀身握紧，手腕用力，推动雕刻刀缓缓前行，前行过程中银材料被刻掉。注意雕刻刀与金属表面接触的角度，角度偏大，雕刻刀会插进金属中，导致雕刻刀行进受阻；角度偏小，雕刻刀则会在金属表面打滑。

曲线通常是逆时针方向雕刻，雕刻时一边刻线，一边旋转雕刻件，使雕刻件能够顺应雕刻刀的行进方向。而结构线的雕刻是通过一左一右的推进动作来完成的。

错误的线条可以用压光笔顺着线条慢慢抹平，这是因为线条旁边的金属被慢慢挤进槽线中的缘故，抹平后再用砂纸板磨平即可。雕刻之后的加工（如焊接或者精修），都有可能使原先清晰的雕刻线变得模糊不清，不过，经过仔细抛光之后，这些线条又会重新清晰起来。

熟练掌握和使用不同的雕刻力度、角度以及雕刻刀的推进方向，是雕刻成功的关键。正式雕刻之前，应该在废旧的银片上勤加练习，先学习雕刻直线，然后学习曲线、结构线。

用方形雕刻刀雕刻密集排列的细线

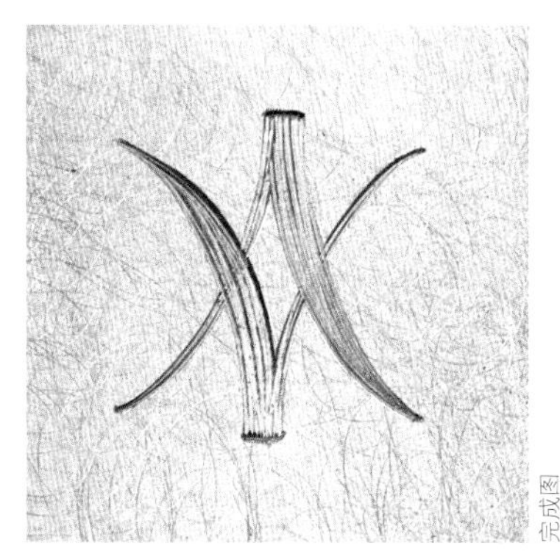

完成图

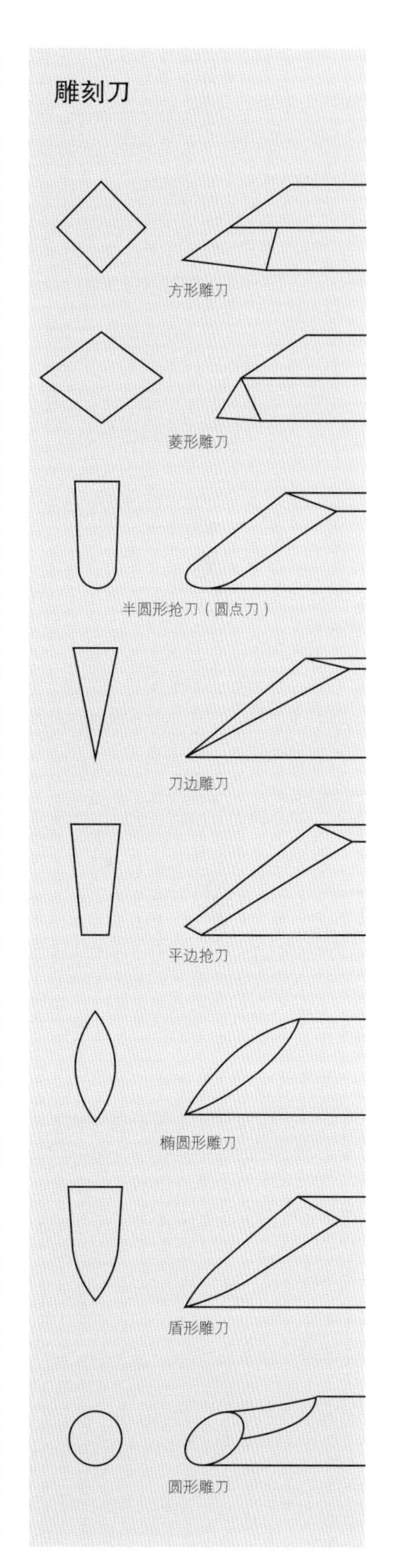

雕刻工艺示范

由斯蒂文·诺斯 (Steven North) 演示

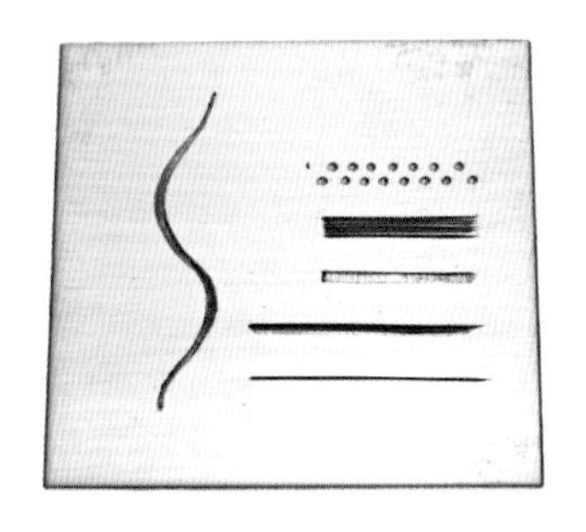

工具与材料

- 标准银片
- 雕刻夹
- 沙袋
- 橡皮泥和滑石粉
- 木质或塑料头画线工具
- 划线笔和分规
- 方形雕刀、平边抢刀、圆点刀（半圆形抢刀）
- 油石和阿肯色油石
- 三合一磨刀油
- 目镜或手持放大镜
- 压光笔
- 砂纸

操作过程

1. 把一块经过细心打磨的标准银片用雕刻夹固定，雕刻夹下面垫好沙袋。用橡皮泥把银片表面的脏东西粘掉，用滑石粉擦光，然后用木质画线工具描上图案，再用划线笔和分规重复描一遍。

2. 用方形雕刀刻直线。雕刻刀的刀柄握在手心里，拇指和其余的手指沿刀身握紧，手腕用力，把刀头插进线条的起点，然后降低雕刀的高度，向前推进，中途不要停顿。拂去银材料碎屑，继续用雕刀雕刻这条细线，使线条变宽，雕刻时一边推进雕刀一边轻轻摇晃雕刀，使雕刀推进顺畅，这一次雕刻出来的线条的深度已经十分明显。

3. 使用平边抢刀可以雕刻较宽的线条。依照步骤2的握刀姿势以及雕刻方法进行雕刻，这种雕刻适用于方块字和罗马数字的雕刻。

4. 用方形雕刀雕刻并排的细线条。依照步骤2的握刀姿势以及雕刻方法进行雕刻，这种雕刻称为排线雕。

5. 用方形雕刀雕刻曲条。握刀姿势同前，但这一次握刀的手不再是往前推刀，而是顺着曲线推刀，如果雕刀拐弯拐得过急，就会使曲线的弧度过小，所以应该是在到达弧线转折点时再调整雕刀的雕刻角度，拐弯之后，雕刀又回到原来的雕刻角度。这样可以使线条的拐弯处比其余的地方略宽，起始点较为锋利，这种雕刻称为游雕。

6. 用圆点刀（半圆形抢刀）雕刻标点。雕刻刀的刀柄紧紧握在手心里，把刀头插进银片，戳起银屑，雕刻出标点。这种雕刻法可以用于肌理制作。

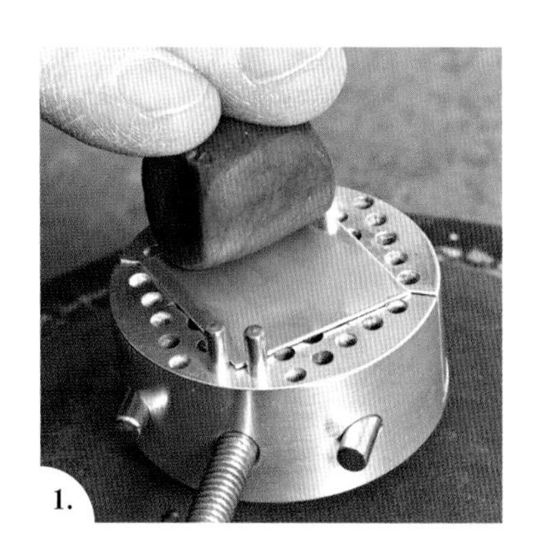
1.

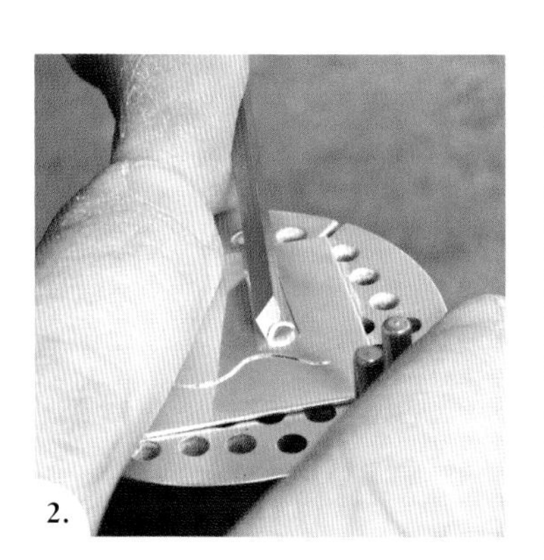
2.

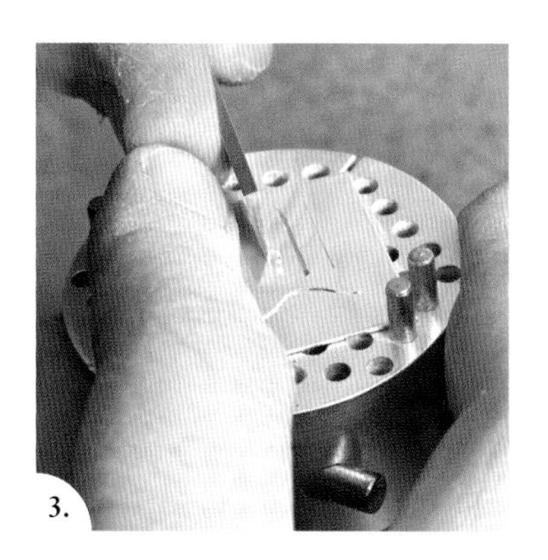
3.

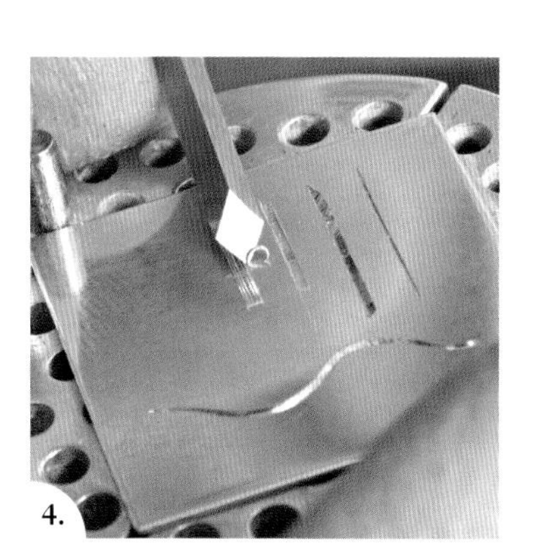
4.

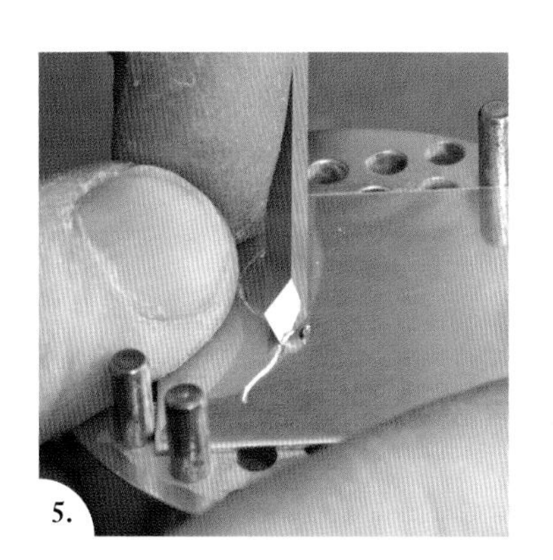
5.

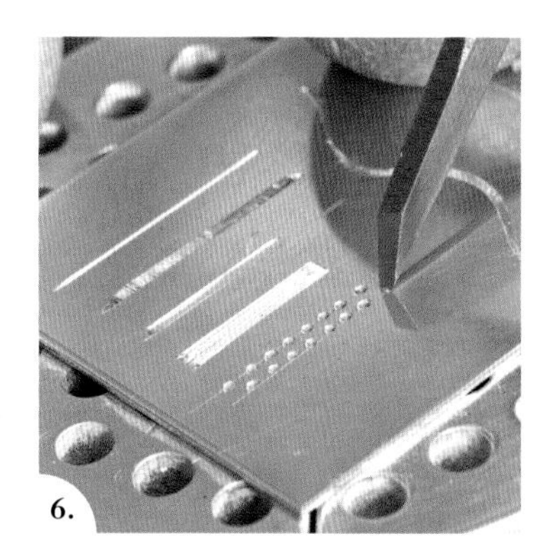
6.

提示与技巧

初学者在刻长线条时往往会有停顿而使线条间断，应尽量做到各段线条深浅一致、衔接自然。只有经过反复练习之后，长线条的雕刻才可以一气呵成。

线条一定要雕刻足够的深度，否则，经过砂纸修整或者抛光工序，线条可能会被打磨掉。

在推进雕刀的时候，左右晃动雕刀容易形成锯齿状或扭曲的线条，这是雕刻刀的雕刻角度、雕刀晃动的频率以及雕刻时所使用的力量共同作用的结果，一旦出现这种情况，可用平边雕刀或圆刀重新修饰线条。

锋利的雕刀在雕刻时容易产生毛刺，雕刻时，不断用浸透水杨酸甲酯或矿物油的棉球润滑刀头，可使刀头保持锋利而顺滑。

把肌理碾印到银片上，腐蚀银片前把需要保留的肌理涂抹保护剂

腐蚀之后再用贴金工艺在银片上贴金箔

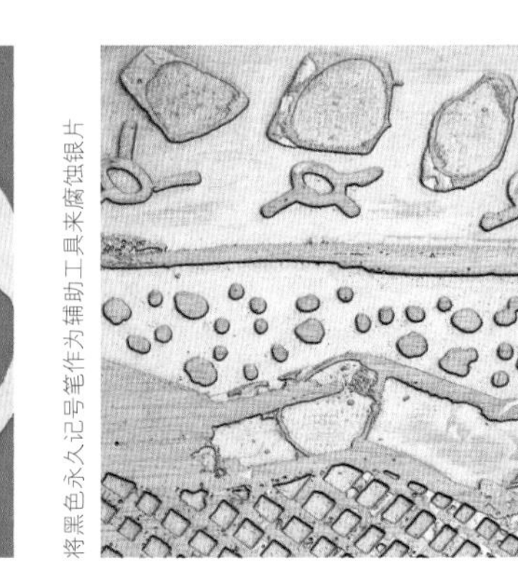

将黑色永久记号笔作为辅助工具来腐蚀银片

腐蚀

腐蚀是一种通过使用酸液腐蚀掉金属，从而在金属表面形成深浅不同的凹陷区域的工艺。腐蚀工艺中的酸液通常为腐蚀剂。腐蚀过程中，需要保留的纹理可用保护剂覆盖，而金属暴露的部分则会被酸液“吃掉”。腐蚀工艺可以获得多种不同的艺术效果，这些不同的艺术效果的获得，取决于防腐剂的类型与运用方法、酸液的腐蚀强度以及腐蚀的时间。经腐蚀工艺而获得的凹陷区域可用于嵌接金属和着色。我们也可以在银片上直接腐蚀图形或纹理，银片再经进一步塑造成型，当然，也可以在已经成型的银片上腐蚀图形或纹理。腐蚀区域的深度需根据银片的厚度来决定。

腐蚀工艺

无论是硝酸和水以1∶3的比例调配而成的酸液，还是硝酸铁和热的蒸馏水以1∶3的比例调配而成的酸液，都能对银片进行腐蚀。硝酸也称王水，腐蚀性极强，必须在安全健康的操作规范指导下使用。硝酸铁（本书腐蚀工艺示范所使用的酸液）多为晶体，虽然不是纯酸，但同样具有腐蚀性和毒性。用硝酸铁来腐蚀银片耗时更长，但是，它散发的毒性气体比硝酸要少，所以使用起来更安全。不过，硝酸铁与热的蒸馏水调配出来的溶液还是会有蒸汽散发，这些蒸汽同样是不能吸入的，所以也必须在安全健康的操作规范指导下使用。为防止硝酸铁对皮肤和衣物造成污染，操作时必须穿工作服。

无论是硝酸还是硝酸铁溶液，都应该使用耐热玻璃容器在通风柜里调制，操作人员必须戴护目镜、乳胶或橡胶手套，如果没有通风柜，操作人员则必须戴防毒面具以过滤毒气，并在通风良好的地方进行操作。千万记住，调制酸液时，其顺序是：把酸液

倒入水中，而不是把水倒入酸液中。酸液会随着使用时间的变长而变色，直到完全饱和为止。调配好的酸液应该用密闭的、贴有标签的玻璃器皿来储存，使用后的废液也应该依照正确的程序来处理。

有多种防腐剂可用于防止酸液对银片的腐蚀，如果是使用硝酸或硝酸铁来腐蚀银片，则下列的防腐剂都可选用：人造清漆、用于印制版画的油基清漆（有时称为黑漆）、棕色塑料防水包装带、塑料贴纸以及PnP贴纸，此外，永久记号笔和指甲油可作为硝酸铁溶液的防腐剂。

在涂抹防腐剂之前，金属表面必须彻底去油，清洗干净，否则，防腐涂层不能紧贴金属表面，在腐蚀的过程中，涂层甚至会被掀开，另外，涂抹防腐剂前还需把银片的表面打磨抛光。人造清漆和指甲油可以用笔或海绵涂抹金属的表面，在金属的表面涂满防腐剂，防腐剂干了以后，就可以用刮刀工具把需要腐蚀的地方的防腐涂层刮掉，使这部分的金属暴露在外。我们还可以进行多层次的银片腐蚀，例如，在腐蚀进行到一半的时候，从酸液中取出银片，在已经形成的凹陷中再次涂抹防腐剂，然后放入酸液中继续腐蚀；还可以先把图形中最深的凹槽腐蚀出来，然后取出银片，把另外一些地方的防腐涂层刮掉，再放入酸液中继续腐蚀。每一次重新把银片放入酸液中，先前形成的凹槽都会继续被腐蚀而变得更深。

PnP贴纸是一种涂有蓝色胶层的醋酸纸，这种蓝色胶层在酸液中起到防腐作用，常被用于紫铜电路板的生产制作中。使用复印机、PnP贴纸并且在高温下操作，通过运用一种低技术含量的照片腐蚀工艺，我们可以把反差较大的黑白照片印制在银片上，获得较为清晰的图样效果。如果想要反转的图样，则先把照片复印到有醋酸的那一面，再转印到PnP贴纸粗糙的那一面，然后，再用家用熨斗把影像转印到银片上。通常，反差大的影像会在银片上留下非常好的细节效果。

腐蚀过程中，金属表面有时会产生气泡，从而影响腐蚀并留下小砂眼，使用硝酸溶液腐蚀时这种现象更容易发生。这些气泡可以用羽毛小心地拂去。慢速腐蚀比快速腐蚀好，因为，腐蚀过快的话，纹样会出现锯齿状不规则的边线以及凹凸不平的表面，甚至还会导致防腐涂层被掀开。

银片完成腐蚀后，去掉防腐涂层，用钢丝绒擦拭、砂纸打磨腐蚀面，再用浮石粉清洗。为了提高腐蚀片的艺术效果，还可以结合其他的方法来修整腐蚀银片，如做肌理、着色以及贴金箔等工艺手段。

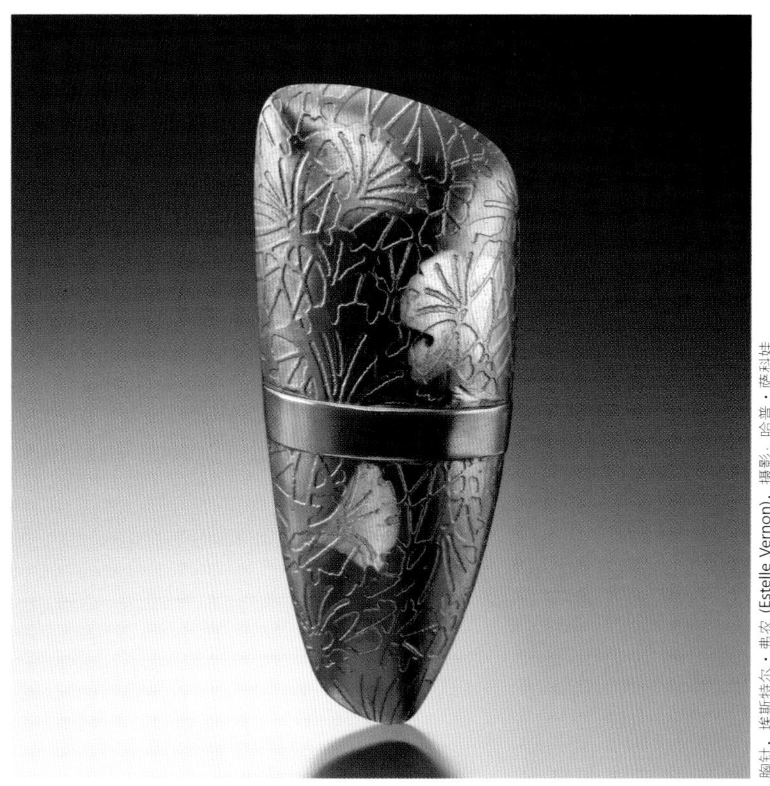

胸针，埃斯特尔·弗农 (Estelle Vernon)，摄影：哈普·萨科娃

腐蚀工艺示范

腐蚀与照片腐蚀，由梅丽莎·亨特 (Melissa Hunt) 演示

工具与材料

- 护目镜和口罩
- 围裙
- 乳胶或橡胶手套
- 硝酸铁
- 蒸馏水
- 耐热玻璃容器
- 塑料勺
- 银片
- 甲醇或变性酒精（工业酒精）
- 塑料贴纸
- 美工刀
- 棕色塑料防水包装带
- 人造清漆/指甲油
- 划线笔
- 捆绑丝
- 塑料棍或铜棍
- 如果没有通风柜则需要一个大号的瓶盖子
- 电炉
- 纸巾
- 丙酮
- 永久记号笔
- 海绵

操作过程：腐蚀

1. 佩戴护目镜和口罩，穿好围裙，戴上手套，于通风处准备配制腐蚀溶液。把硝酸铁晶体和蒸馏水按照1∶3的比例，在玻璃瓶中用塑料勺搅拌均匀，把玻璃瓶放入一个装有温水的耐热玻璃容器中，再用电炉的中温档加热。把玻璃瓶放入耐热玻璃容器时要尽量小心。

2. 用酒精擦去银片表面的油污，把塑料贴纸贴在银片上，用美工刀裁去多余的贴纸，轻按贴纸，确保贴纸牢牢贴在银片的表面。用棕色塑料防水包装带覆盖银片的背面，再折叠过来，包住银片正面的四个边，并在两端贴两条折叠边。最后用指甲油仔细涂抹银片与包装带的界线，防止溶液对这四个边进行腐蚀。

3. 在其中一条折叠边的中部用划线笔小心地扎一个孔，在捆绑丝的一头做一个环，另一头穿过折叠边的小孔，捆绑固定。用铜棍悬挂银片，小心地把银片放入硝酸铁溶液中，盖上大号的瓶盖子，防止蒸汽泄露。

4. 采用电炉对溶液进行加热，注意电炉应保持中低温档，使腐蚀缓慢进行，必要时用塑料勺轻轻搅拌溶液，防止溶液出现沉淀。不时把银片从溶液中取出，用冷水清洗，仔细用划线笔或针笔检查凹槽的深度，掌握腐蚀进度。

5. 当腐蚀达到所需深度，取出银片彻底清洗，然后揭掉贴纸，并用纸巾蘸丙酮液，擦净指甲油。

6. 把银片洗净之后，用永久记号笔在银片上画出防腐纹样，用塑料包装胶带贴满银片背面，再折叠过来，包住银片正面的四个边，并在四个边界处用记号笔画线，防止溶液腐蚀这些边界。

7. 对银片的腐蚀持续一个或两个小时，当腐蚀达到所需深度，取出银片彻底清洗，然后揭掉包装胶带，并用纸巾蘸丙酮液，擦净记号笔的痕迹。

（106页待续）

1.

2.

3.

4.

6.

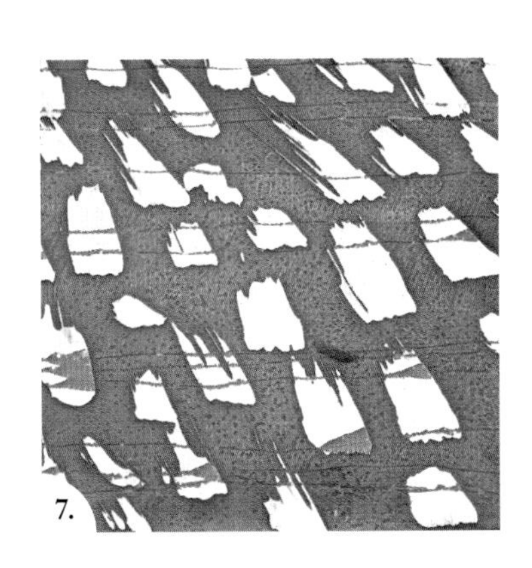
7.

提示与技巧

尽管已经涂抹了防腐剂，银片的四周也有可能被腐蚀掉，所以，尽量使用一块比所需尺寸稍大的银片来做腐蚀，以弥补意外腐蚀的损耗。

无须腐蚀的部分比如金属片的背面、戒指的内圈，在给这些地方涂抹防腐剂的时候，一定不要忘了还有边缘部分也需涂抹防腐剂。

防腐层不能涂得太薄，否则，腐蚀过程中防腐层就会脱落。如果发现防腐层已经脱落，应该立刻取出金属片，彻底洗净和晾干，然后重新涂抹防腐剂。

调制腐蚀溶液时，一定是把酸液（或者硝酸铁晶体）倒入水中，而不是把水倒入酸液中。

腐蚀工艺示范

腐蚀与照片腐蚀，由梅丽莎·亨特演示

照片腐蚀的工具与材料

- 高反差黑白图片
- 复印机
- 纸
- 醋酸纸
- PnP贴纸
- 电熨斗

8. 准备一块银片，把油污洗净，然后用塑料包装胶带封住银片背面，正面用海绵涂抹油漆，腐蚀前油漆应彻底干透。

9. 把银片放入腐蚀液中大约两个小时，当获得足够的腐蚀程度，取出银片彻底清洗，用纸巾蘸丙酮液擦去油漆。

10. 准备一块银片，洗净油污，用塑料包装胶带封住银片背面，正面用油漆覆盖，当油漆彻底干燥后，用划线笔画出图形，就可以开始腐蚀。

操作过程：照片腐蚀

11. 在白纸上复印照片，复印时把复印程序调到最深的黑色档，使复印出来的影像有足够的黑白对比效果。先把复印出来的黑白影像复印到醋酸纸上，再把影像转印到PnP贴纸颜色重的那一面。

12. 从PnP贴纸上剪下图像，准备一块银片，用砂纸打磨平整，再用酒精擦去油污。把PnP贴纸有影像的那一面盖在银片上，再把银片置于木质台面，隔一张纸，用家用电熨斗热压PnP贴纸，电熨斗调到中温档，不用蒸汽。操作电熨斗时动作要轻，以免移动了PnP贴纸。

13. 银片放凉以后，小心地从边角揭开PnP贴纸，检查PnP贴纸的油墨是不是完全转印到了银片上，如果有些局部没被成功转印，则可用永久记号笔补描。

14. 用塑料包装胶带封住银片的背面，包住银片的四边，在其中一个包边扎孔，把塑料捆绑线穿过去，打结固定，用塑料棍悬挂，放入溶液中腐蚀5个小时，腐蚀过程中，不时搅拌硝酸铁溶液，查看腐蚀的深度。

15. 从溶液中取出银片，彻底清洗，用纸巾蘸丙酮液，擦去保护剂，再把银片裁成合适的尺寸。

8.

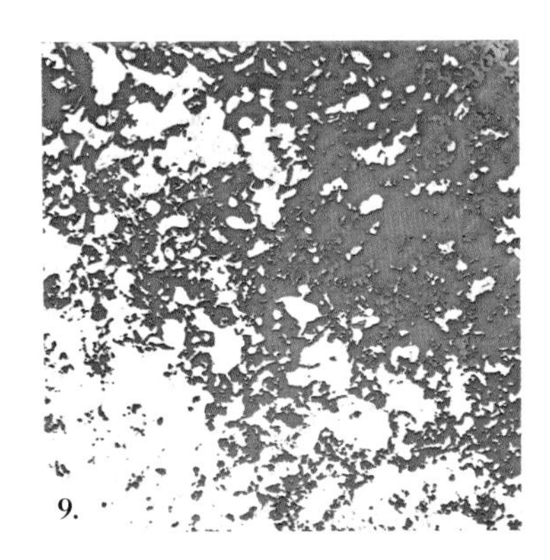
9.

10.

11.

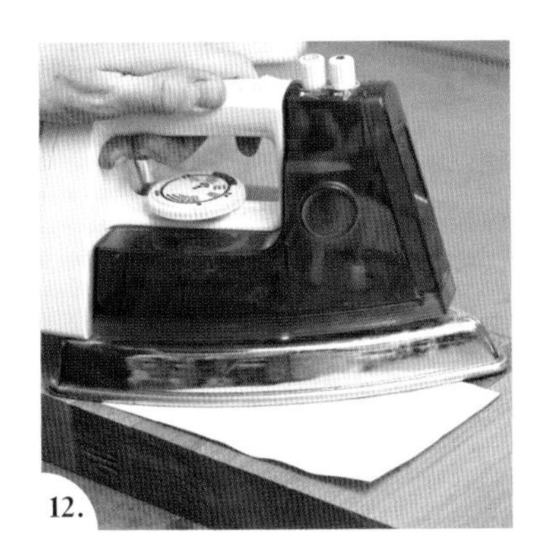
12.

13.

提示与技巧

银片应该完全浸没于腐蚀溶液中。如果同时在溶液中腐蚀多块银片，则应确保每一块银片都相对分离，相互之间没有任何碰触。

慢腐蚀的效果比快腐蚀好。

腐蚀过程中，不时搅拌硝酸铁溶液，以防溶液的底部沉淀渣滓，并不时用针或划线笔试探腐蚀的深度。

酸液可以被苏打水中和，用水把苏打粉调成糊状，然后再涂到金属上去，即可中和金属片上残留的酸液。

戒指，施玛拉・卡洛 (Shimara Carlow)，
摄影：凯斯・雷格顿 (Keith Leighton)

戒指，施玛拉・卡洛，
摄影：凯斯・雷格顿

耳饰，埃斯特尔・维农 (Estelle Vernon)，
摄影：杰西卡・马科特 (Jessica Marcotte)

烧皱工艺

烧皱工艺是指利用高温烧熔金属的表面，以制作褶皱效果的肌理制作工艺。烧皱工艺的皱纹效果往往是不可控的，虽然在某种程度上可通过练习来操控，但偶然的因素仍是关键。所以，想重复制作一模一样的皱纹是不太可能的。

烧皱工艺的材料

烧皱工艺的形成依赖于金属不同的熔点和冷却速率。虽然皱纹效果看上去只存在于表面，但实际上所有的活动都发生在金属表层之下，也就是金属的内层，内层的金属比表层的金属更先熔化。为了实现内层金属先于表层金属而熔化，标准银片就必须经过表面纯化工艺，在表面纯化工艺过程中，标准银表层的铜元素不断被氧化而丧失，取而代之的是纯银。也就是说，这个过程在金属内层与表层制造了两个熔点和冷却速率，从而使金属具备了烧皱的基本条件。

标准银由92.5%的纯银和7.5%的紫铜调配而成，能制作出很好的褶皱效果，而银片的含铜量越高，制作出来的褶皱效果就会越好。有些首饰器材经销商销售的烧皱工艺专用银，是由80%~83%的纯银和20%~17%的紫铜调配制成的（注意，比这更低的纯银含量的银铜合金是没有纯度标记的。更多关于纯度标记的文字信息请参见第188页）。

金属片的厚度对皱纹的形成效果也有影响，如果金属片太薄，有可能会烧漏。通常，厚度为1mm（18 Ga.）的金属片比较合适。建议选择一块比所需尺寸更大的金属片来操作烧皱工艺，因为，金属片在烧皱过程中，其边缘会熔化，整体会收缩。我们只需把最精彩的皱纹部分裁剪下来备用即可。

烧皱工艺过程

要想使银铜合金的表面被提纯，那么，退火、浸酸和清洗的过程必须重复七次。烧皱之前，可以把木炭块预热，这样可以使合金在烧皱过程中始终保持一定的温度。给合金加热时，应该用大而密集的焰炬，温度超过退火温度点，这样就可以使合金内层的银熔化。小而集中的焰炬在熔化某处之后，应迅速移至另一处，以便刚才熔化的那一处的金属的表面能够凝结，因凝结而收缩，从而产生褶皱。所以烧皱工艺最好使用两支火枪，一支火枪用大而密集的焰炬使金属保持一定的温度，另一支火枪建议用小而集中的焰炬，使金属能被烧化，也就是说，第二支火枪是用于制作褶皱的，第一支是用来保温的。

由于第二支火枪长时间烧灼某处会导致烧漏的情况，所以，我们要集中注意力观察金属的表面变化。此时，在银片的表面添加纯银碎片（银丝或银环）可以增强皱纹效果，另外，倾斜焰炬，使火枪对银片的烧灼成一定倾斜角度，就会获得局部褶皱而非整体褶皱的效果。

烧皱之后的银片比较脆，退火之后才能进行下一步的加工。最好是成型之后再对金属进行烧皱，不过，这样就要冒烧漏或变形的风险，因为，成型后的金属不像平整的金属片，前者操作烧皱工艺时背后应有物体的支撑。

勤于练习，会不断增强你对烧皱工艺的信心。

项饰，施玛拉·卡洛，
摄影：凯斯·雷格顿

烧皱工艺示范

标准银片烧皱，由迈克尔·米洛依演示

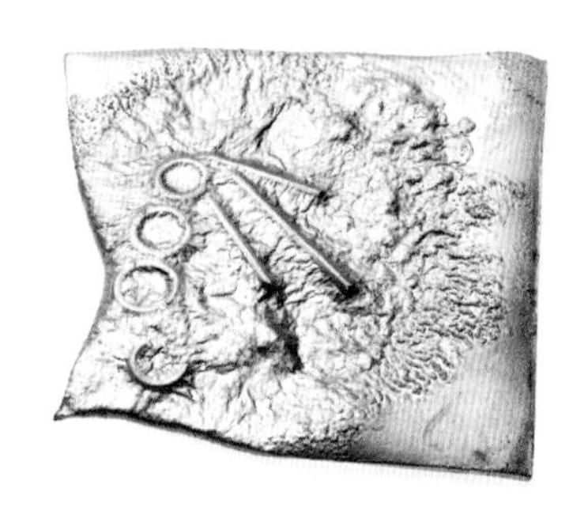

工具与材料

- 标准银片：厚度为1mm（18 Ga.）
- 木炭块
- 火枪
- 纯银环和银丝
- 酸液
- 铜刷子和浮石粉
- 清洁液

操作过程

1. 把一块厚度为1mm（18 Ga.）的标准银片的表面提纯（表面纯化的相关内容请参看第117页）。
2. 把木炭块预热，使银片在烧皱过程中始终保持一定的温度。
3. 把银片置于木炭块上，用大火加热，直到温度超过退火温度点。
4. 用小而集中的焰炬对银片进行局部加热，一旦这个地方开始熔化，马上移开焰炬。重复这个步骤，直到整块银片都有了令人满意的褶皱。
5. 加热过程中，在银片上添加纯银环和银丝，可以加强皱纹的艺术效果。
6. 把做好皱纹的银片放在木炭块上晾一会儿，再放入冷水中冷却，然后酸洗，再用铜刷子和清洗液清洗银片。
7. 给一块较大的银片制作褶皱，这样就可以选择其中最精彩的一部分来使用了。

2.

3.

4.

5.

6.

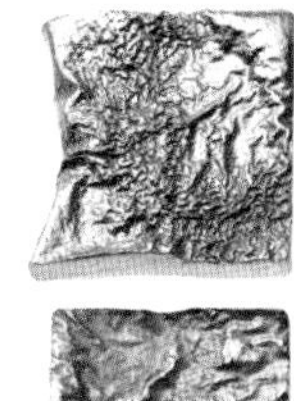
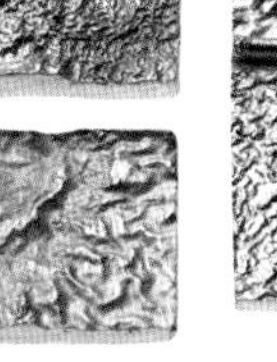
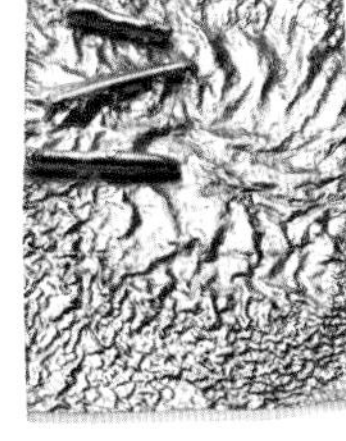
7.

提示与技巧

建议选择一块比所需尺寸更大的银片来操作烧皱工艺，因为，银片在烧皱过程中，其边缘会熔化，整体会收缩。我们只需把最精彩的皱纹部分裁剪下来备用即可。另外，做完褶皱的银片的厚度也会改变。

木炭块必须十分平整，这样才能很好地支撑银片。

用火枪给银片加热时，注意改变焰炬的烧灼角度。

烧皱后的银片需经过退火才能进行后续的加工。

可以用木槌敲平或者压片机轧平烧皱后的银片。

烧皱后的银片应贴上标签，并与标准银分开放置。

使用烧皱工艺专用银和标准银时，请看清纯度标记，因为，烧皱工艺专用银的银含量少而铜含量多。

烧皱后的银片特别适合做氧化着色处理，因为氧化处理后，褶皱效果会更醒目。

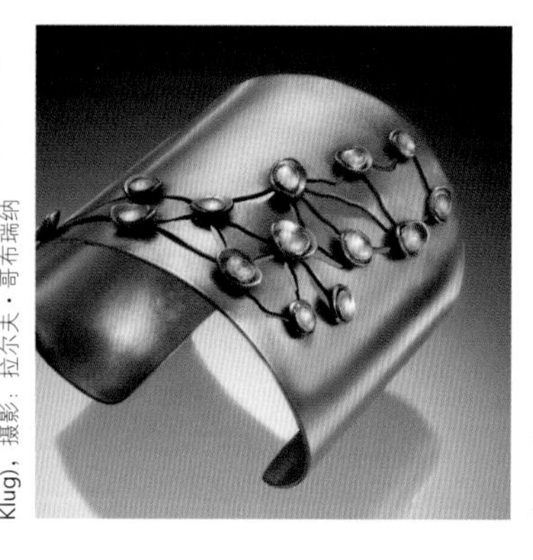

《奥卡诺》，手镯，克里斯蒂·克卢格（Christy Klug），摄影：拉尔夫·哥布瑞纳

戒指，达芙妮·克瑞诺斯，摄影：乔·德根

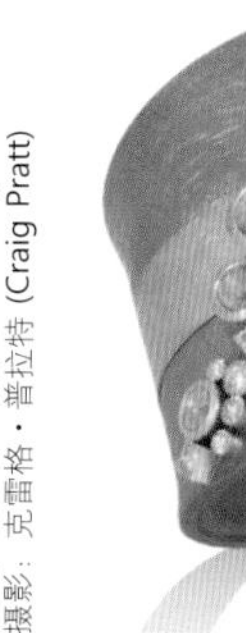

手镯，托德·里德（Todd Reed），摄影：克雷格·普拉特（Craig Pratt）

氧化与着色

运用化学以及加热的方法可以控制银的表面着色。当银材料表面有凹陷或纹理时，这种着色工艺尤为适用，因为，着色工艺能够加强高低起伏的反差、增加细节的对比效果，例如，着色后故意擦掉凸起处的颜色，或者留一些地方不上色。此外，把着色控制在一定范围，或者把着色后的银材料与其他金属如黄金一并使用，也会产生十分精彩的色彩对比效果。

着色工艺只对银材料的表面起作用，所以，对于那些较易磨损的首饰如戒指来说，其表面的色彩不会维持很长时间，因为色彩会在长时间佩戴的情况下不断被摩擦而褪色。为了有效地避免这种情况发生，可以给银材料的表面纹理着色，然后擦去凸起处的颜色，只留下凹陷处的颜色，而凹陷处的颜色是轻易摩擦不到的。

着色工艺应该在所有装配和精修工作都结束之后再进行。银材料的表面精修程度对着色效果有着直接的影响，例如，毛糙的金属表面着色后色彩会比较暗。着色之前，银材料的表面必须去掉油污，清洗干净。

化学着色法必须在通风良好的地方、通风柜里或者在户外操作，工作人员必须佩戴口罩、橡胶手套，穿好工作服，并尽量靠近水源。

银的氧化处理

用化学方法来给银做氧化处理，通常使用的溶液是硫化钾溶液，这种溶液能使白银的表面变黑，就像白银暴露在空气中会自然变黑一样。溶液的配制可通过如下方法获得：把极少量的钾硫（呈块状）溶解到0.1L（3液盎司）的温水中，或者把0.025L（1液盎司）的商用着色剂（肝硫或液硫铵）加入到1L（1夸脱）的水中，并加热至60~70℃（145~160℉）。溶液的气味很强、很难闻，如果不太方便加热溶液，可以把银饰放入热水中从而使银饰变热。把银饰放入硫化钾溶液中，大约20秒就可以氧化变黑，银饰变黑后用清水彻底洗净就可以了。

把银饰表面某些局部的颜色擦掉，只留下凹陷处的氧化色，这样可以获得仿古的首饰效果。除了深灰色和黑色，银材料还能做出许多其他的颜色，如黄色、红色（或粉红色）、蓝色（或紫色）以及棕色。如果想要获得这些颜色，我们必须使用凉的硫化钾溶液来着色，当银饰放入溶液中后，我们要仔细观察银饰的颜色变化，一旦银饰的表面出现想要的颜色，立刻从溶液中取出银饰。不过，这种方法不具备重复性，很难再一次获得与先前相同的颜色。

给着色之后的银饰打上微晶蜡，可以很好地保护色彩以及使色彩更深。当银饰与溶液发生反应的时间较短，颜色不是深灰或黑色时，就可以给银饰打微晶蜡，打蜡时应先在局部试一试效果。打完蜡的银饰的颜色会相对稳定，不会出现意料之外的色彩变化。

顺珀（Platinol）是一种商用的浓缩氧化着色剂，无须加热就可以把银饰做成灰色和黑色。用人造纤维笔刷把顺珀着色剂涂在想要着色的区域即可，如果反复涂抹该着色剂，颜色就会越来越深。之后，把银饰洗净、晾干，再打上蜡，使银饰的色彩更深，且不再变色。

如果使用非化学的方法给银饰氧化着色，可以把银饰和一枚温热的、煮得过熟的鸡蛋放入自封袋中封闭起来，一天或两天后，鸡蛋就把银饰熏黑了。

镀铜着色

给表面饰有纹理的银饰镀铜着色，效果会很好，尤其是在着色之后，把凸起处的颜色擦掉，只留下凹陷处的颜色，其着色效果尤为显著。给银饰镀铜着色时，要使用金属捆绑丝来捆绑银饰，再把银饰放入温的酸液中。捆绑丝缠绕在银饰上，可以加快镀铜的速度，还可以使镀层更厚。把一小块紫铜放入酸液中，尤其是新配制的酸液中，也可以获得同样加快镀铜速度的效果。镀铜所获得的颜色比氧化所获得的颜色更易变暗，所以，一段时间之后，银饰的颜色就变了。

加热着色

用软火烧灼银饰也可以给银饰着色，烧灼时一定注意观察银饰的色彩变化，一旦银饰表面出现想要的颜色，立刻撤去焰炬。由于酸液会毁掉银饰的颜色，所以加热着色后不要把银饰放入酸液中酸洗。加热着色法所获得的颜色具有偶然性，而且，着色后的表面很容易弄脏。

表面纯化着色

可以使用表面纯化着色法来使银饰的表面呈现亚光白。把银饰逐渐加热，热透后放入新调制的温的酸液中，反复七次，直到银饰的表面不断堆积纯银而不再发生氧化，呈现纯净的亚白色。这种亚白色的表面比较脆弱，很容易被摩擦，所以，经常与皮肤接触的部位会变得光滑明亮，而不经常与皮肤接触的部位则保持亚光白色，从而形成鲜明的对比效果。把银饰放入温的酸液中之前，应该把银饰留在耐火砖上先晾一会儿，另外，放入酸液中时，千万小心不要把热的酸液溅到衣服或皮肤上。

花形胸针，凯特·霍奇森（Kate Hodgson），摄影：福尔·福克斯（Full Focus）

氧化与着色工艺示范

镀铜着色、硫化钾氧化着色和顺珀氧化着色

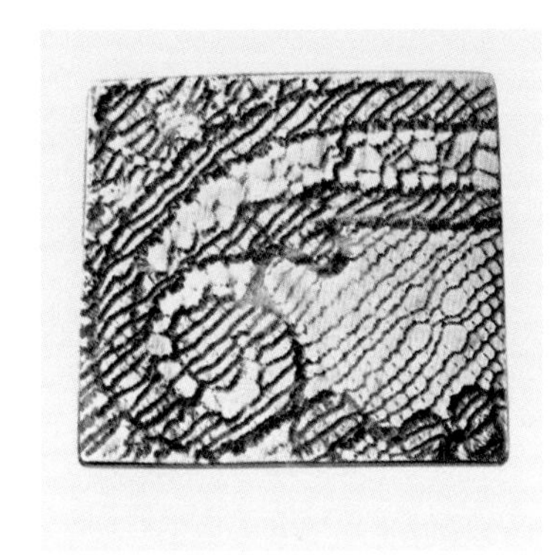

工具与材料

镀铜着色的工具与材料

- 有纹理的银片
- 酸液
- 玻璃瓶
- 小块紫铜片
- 铁丝
- 砂纸

氧化着色的工具与材料

- 银片和有纹理的银片
- 铜刷子和浮石粉
- 清洗液
- 水
- 耐热玻璃容器
- 电炉
- 硫化钾
- 干净的软布
- 微晶蜡
- 砂纸
- 顺珀着色剂
- 笔刷
- 橡胶手套和口罩
- 围裙

操作过程：镀铜着色

1. 去污并洗净一块饰有纹理的银片，把温的酸液倒进玻璃瓶中，裁剪几块紫铜片，再用铁丝把清洗后的银片捆绑好。

2. 把紫铜片放入温酸液中，同时，把银片也放进去。

3. 定时检查镀铜着色的进程，一旦银片的表面沉积了足够厚的紫铜镀层，取出银片洗净并晾干。

4. 用砂纸打磨银片的表面，使凸起处露出银的本色，凹陷处保留紫铜的颜色。

1.

2.

3.

4.

操作过程：硫化钾氧化着色

5. 先用铜刷子和浮石粉、再用清洗液给银片去污并洗净，晾干待用。

6. 把0.015L（1液盎司）的硫化钾与1L（1夸脱）的水调配在一起，加热至60~70℃（145~160℉）。把银片放入溶液20秒钟，或者当银片呈现想要的颜色时，停止着色。

7. 取出银片，清洗并晾干，用铜刷子和浮石粉擦拭银片表面，使银片表面呈现有划痕的浅灰色。用软布把微晶蜡擦到银片的表面。

8. 去污并清洗一块碾印有纹理的银片，把银片放入微热的硫化钾溶液中，直到获得想要的颜色，取出并洗净晾干。

9. 用砂纸小心地打磨银片，使凸起处露出银的本色，凹陷处保留氧化的颜色。

操作过程：顺珀氧化着色

10. 用铜笔刷把一块有凹形或凹陷的银片清洗干净，再用纤维毛笔在凹陷处涂抹顺珀着色剂。

11. 仅仅在凹陷处涂抹顺珀着色剂，不要涂到外边。着色完成后用清水洗净并晾干，打上微晶蜡，使颜色更深并不再氧化变色。

提示与技巧

氧化着色前一定要把银饰上的焊药清理干净，否则，氧化着色后的色彩不会均匀。

如果溶液中硫化钾的浓度太高，或者顺珀着色剂使用过量，都会造成氧化层脱落的后果。

可以用指甲油覆盖和保护不想氧化着色的区域。

着色时要定时检查色彩的变化，有些颜色需要更长的时间才能获得。

着色结果往往具有差异，所以，在正式着色前最好用废银片做实验。如果着色后色彩并不理想，可以把银片退火并酸洗，或者用打磨材料把颜色打磨掉。

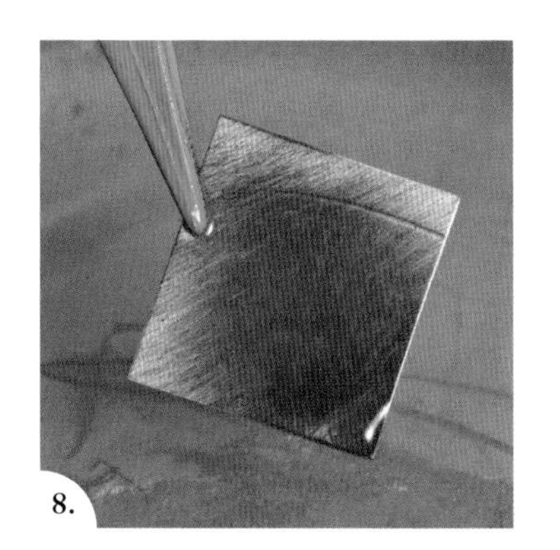
8.

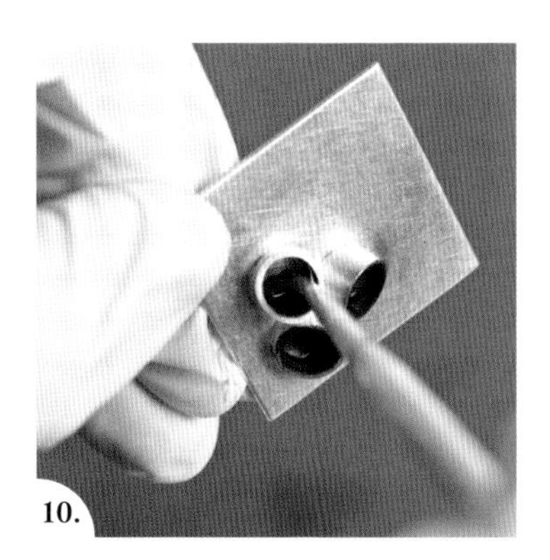
10.

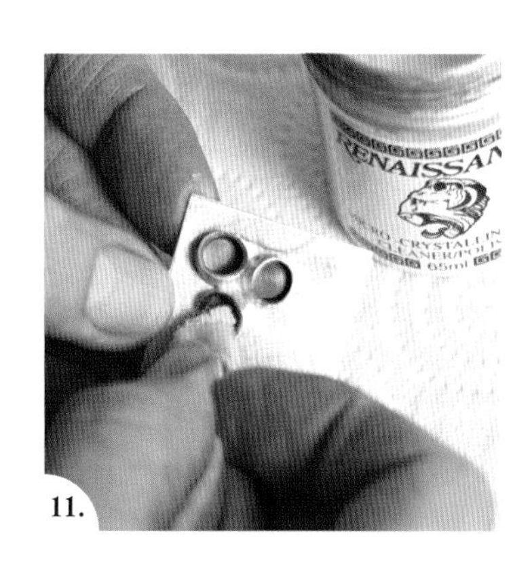

11.

手镯，约尔格·艾基曼 (Jorg Eggiman)，
摄影：约尔格·艾基曼

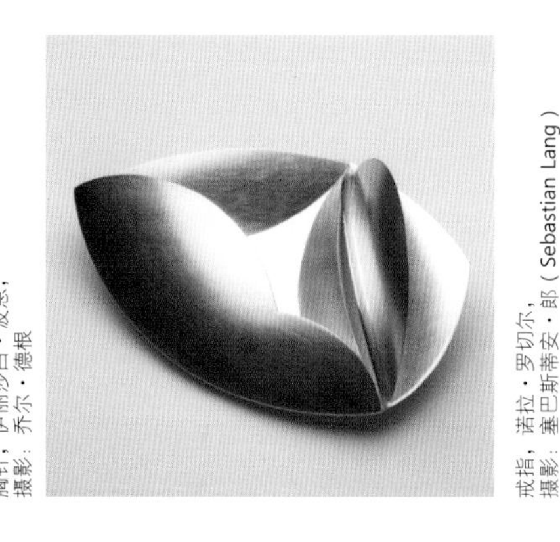
胸针，伊丽莎白·波恩，
摄影：乔尔·德根

戒指，诺拉·罗切尔，
摄影：塞巴斯蒂安·郎（Sebastian Lang）

表面精修

表面精修一般指去除金属表面的划痕或印痕，并制造最终的金属表面效果，使金属表面呈现缎面的、绒面的以及抛光的效果等。不同的精修工艺可以完全改变作品的外观，所以，在组装作品之前或者组装过程中，就应该决定选择何种精修工艺来完成作品的制作。在大多数情况下，精修是最后一道加工工序，但也有一些例外，这些例外表明，有些作品在连接各个部件之前，其中的一些部件就需要完成精修工序或者至少部分完成精修工序，要知道，当作品组装完毕之后，作品的某些部位的确是加工工具无法触及从而无法完成精修工作的。

作品佩戴产生的摩擦会磨损作品的精修效果，其磨损的程度与作品的款式以及佩戴的方式有关，例如，佩戴戒指和手镯所产生的磨损，就比佩戴项链和耳坠要多。另外，经表面精修的缎面和绒面效果要比抛光的表面效果更易受损，也更容易留下指纹印。

精修工序

银是相对比较柔软的材料，表面极易留下印痕。精修工序一般是先用锉子锉掉多余的焊药以及其他工具留下的印痕，接着是用砂纸板以及各类干、湿砂纸磨掉金属表面的氧化物和划痕。不同的打磨阶段需要处理不同的划痕，先是把较深的划痕打磨得越来越浅，然后把划痕打磨成缎面效果，再到光滑的镜面效果。使用不同粗细的砂纸从不同的方向进行打磨，这样可以在金属的表面留下打磨的痕迹，造成缎面或绒面的纹理效果，这也是为下一步的抛光所做的准备工作。如果想把作品完全抛光，那么在此之前就必须去除所有较深的划痕，然后打磨成缎面或绒面的纹理效果，这样才能进行最后的抛光。

打磨材料

市场上可买到不同粗细的砂纸板以及干、湿砂纸，这些打磨材料可以用双面胶和胶水粘在形状各异的木块上，然后用手握住木块，徒手进行打磨，或者把砂纸缠在机针上制作成砂纸卷，借助吊机，可以打磨戒指的内圈。银饰表面的缎面和绒面效果有时会显得黯淡，可以在作品制作的最后阶段用铜刷子和清洗剂刷洗银饰，银饰的表面就会亮得多。其他的研磨材料还有钢丝球、擦拭布、研磨石、浮石粉（不同粗细的品种都可买到）、铜刷子以及玻璃刷。借助吊机可以加快打磨的速度，而作为吊机的辅助工具的机针，其形状和粗细各有不同。使用机针可以进行打磨，也可以制作肌理效果，这些机针包括钢针、金刚砂针、胶轮、钢毛扫、铜毛扫、笔扫以及各式绒轮。

抛光

抛光可以手工操作，也可以借助机器（如吊机、滚筒抛光机）来操作。首饰中细小的局部或者比较纤细的首饰适合于手工操作抛光，抛光时需要使用抛光膏作为抛光剂，可以用软布涂抹抛光剂，也可以把皮革粘贴在木块上，再把深棕色抛光皂涂到皮革上，然后给首饰抛光。抛光绳一般用于首饰拐弯抹角部位的抛光，而压光笔则用于细节或者边缘的抛光，使用时手工操作即可，不过，使用压光笔之前一定先要用砂纸对该区域进行打磨。

机械抛光的速度要快得多，一般都是在抛光机的旋转轴上安装不同的抛光轮来操作。用于银饰的抛光皂通常为棕皂（深棕色抛光皂），先用较硬的抛光轮涂抹棕皂，去除银饰的划痕，接着用较软的抛光轮涂抹其他的抛光皂（红色抛光皂）继续抛光。每一种抛光轮都固定与一种颜色的抛光皂配合使用，不能混淆。用机器进行抛光时，需佩戴护目镜以及口罩，长头发应该系到身后，松散的衣服也应该扎好，以防不测。抛光时，仅仅使用抛光轮下部的1/4的区域来进行抛光，双手应该紧握银饰，如果银饰不慎被抛光轮挂住，应该迅速放手，并且立刻关掉抛光机的电源。使用不同的抛光方法抛光后的银饰，应该放入有清洗液的热水中或者超声波清洗机中清洗。有一些银饰不适合使用机器抛光，如项链，因为项链很容易被抛光轮卷走。用吊机安装不同形状的抛光头，涂抹棕皂或红皂，可以给银饰那些犄角旮旯的地方抛光。

滚筒抛光机不断翻滚的滚筒里装着不计其数的小钢球，这些小钢球形状各异，从极小的尺寸到较大的尺寸都能买到。滚筒抛光机使用的抛光剂为润滑剂、肥皂水或者滚筒专用抛光剂。滚筒抛光可以达到抛光或压光的效果，当然也会使银饰变硬，但他不会像其他的打磨方法那样导致银材料的损耗。链条的抛光是使用滚筒抛光机而非轮盘抛光机，如果是特别纤细的或者镶有宝石的首饰，则不能使用滚筒抛光机抛光。

表面纯化与氧化皮去除

表面纯化与氧化皮去除有点类似提纯工艺，多用于去除标准银饰中的氧化物。当标准银饰的表面效果完成之后，把银饰加热，标准银饰表面的铜元素旋即发生氧化，把银饰放入新配制的、热酸液中酸洗（消耗杂质），就能去除银饰表层的氧化物。同时，这个过程又能使银饰的表面堆积越来越多的经过还原的纯银（提纯），使银饰的表面呈现洁净的亚白色。这个加热和酸洗的过程需要重复五至七次，每完成一次，就能看到银饰表面的氧化物比先前少得多，直到最后银饰的表面完全洁净。经过表面纯化与氧化去皮而形成的亚白色表面，在佩戴过程中比较容易留下印痕或划痕，如果是饰有凹凸纹理的银饰，那么，凹陷的地方则不会被磨损，就会长时间保留亚白色，并与磨亮了的凸起形成很好的对比效果。当然，银饰的表面也可以用铜刷子和清洗剂来刷亮。

操作前应该做好防护措施，把银饰放入热的酸液中之前，应该把银饰留在耐火砖上先晾一会儿，另外，把银饰放入酸液中的时候，千万小心不要把热的酸液溅到衣服或皮肤上。

表面去污

在操作着色工艺和腐蚀工艺之前，都需要把银片彻底洗净以及去污，实际上，去污也是一种表面精修的工艺。操作去污工序时需戴好橡胶手套，以防止手指直接接触银饰。用铜刷子或玻璃纤维刷蘸浮石粉清洗银饰时，最好在水龙头下操作，这样，水就可以冲走从刷子上脱落下来的纤维，从而避免纤维扎伤手指。如果水可以像一层薄膜一样滞留在金属的表面，则表明金属表面的油污已经被完全清洗干净了。使用工业酒精（甲基化酒精）同样可以给银饰去污，但如果银饰的表面凹凸不平，则第一种去污方法更为有效。

表面精修工艺示范

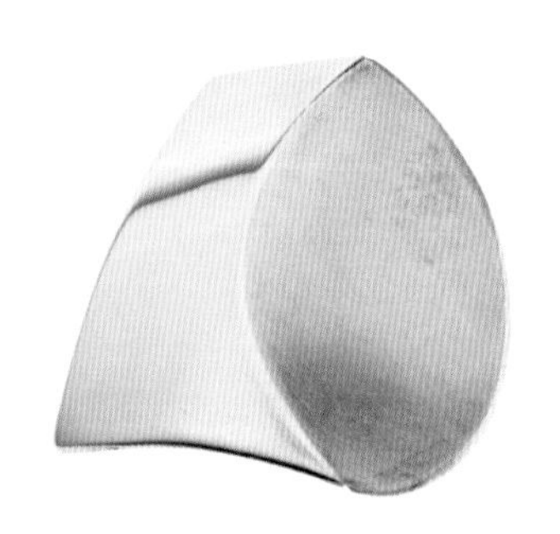

工具与材料

- 待完成的银饰
- 从粗到细的砂纸板或干、湿砂纸
- 擦拭布
- 吊机
- 吊机机针：钢针、夹针、磨头等
- 台塞
- 橡胶指套
- 硬、软抛光头
- 深棕色和红色抛光皂
- 抛光机
- 水
- 超声波清洗机
- 胶带
- 机针润滑油和三合一油

操作过程

1. 使用中号和细号砂纸板磨掉戒指上的锉痕，打磨时从不同的方向用力。然后把戒指平放在钢砧上，用不同粗细的砂纸板把戒指的边缘磨平，最后，使用最细的砂纸板做“8”字形摩擦运动，结束砂纸板的打磨，再用擦拭布在戒指表面制作刮擦的肌理效果。

2. 可以使用吊机夹针来夹住砂纸，先剪裁一长条砂纸，把砂纸塞进夹针的夹头，然后紧紧缠绕。戴好橡胶指套，捏紧戒指，手指紧靠台塞。打磨戒指或手镯都需要使用夹针砂纸卷从两面进行打磨，确保彻底完成精修。当砂纸卷外层的砂纸不再具有摩擦力，可以把这段砂纸撕掉，从而使里边新的砂纸层露出来，砂纸卷就可以继续使用了。

3. 可以用抛光机和抛光轮给银饰抛光。先用不同粗细的砂纸打磨银饰，然后用较硬的抛光头涂抹深棕色抛光皂给银饰抛光，接着用较软的抛光头涂抹红色抛光皂完成抛光。抛光轮下部1/4的部位是实际接触和抛光银饰的区域，在抛光轮上涂抹抛光皂，双手紧握银饰，把银饰送到飞速旋转的抛光轮下实行抛光。抛光时，一只手可作为另一只手的支撑。

4. 可以在同一件首饰上使用两种不同的精修手段，先用从粗到细的砂纸磨掉银饰表面的印痕，使银饰的表面保留未经彻底精修的效果，然后用皮革棒涂抹深棕色抛光皂或红色抛光皂，或者使用抛光机，来给银饰的局部抛光。之后，用热肥皂水或者超声波清洗机来清洗银饰，取出银饰，用胶带贴住完成抛光的部位，以保护这个部位不受到破坏。然后手指捏着砂纸，以小幅度的、画圆形的动作来打磨银饰的其余部分，使这个部分呈现绒面的肌理效果。

5. 使用吊机和机针打磨铸造而成的银饰的水口，并在水口处复制与其他地方相似的纹理。操作时捏住银饰的手指需要佩戴指套，以保护手指不受伤害，并且，捏住银饰的手指要紧靠台塞。

6. 可以用吊机和机针制作不同的表面肌理效果，操作时，注意多涂抹一些润滑油，以保证机针的肌理制作畅行无阻。

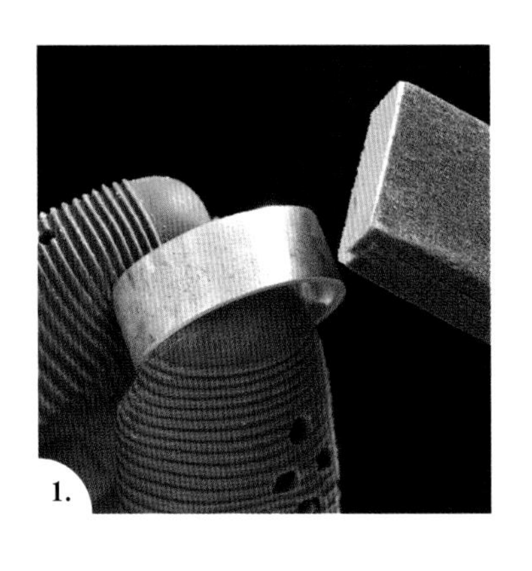
1.

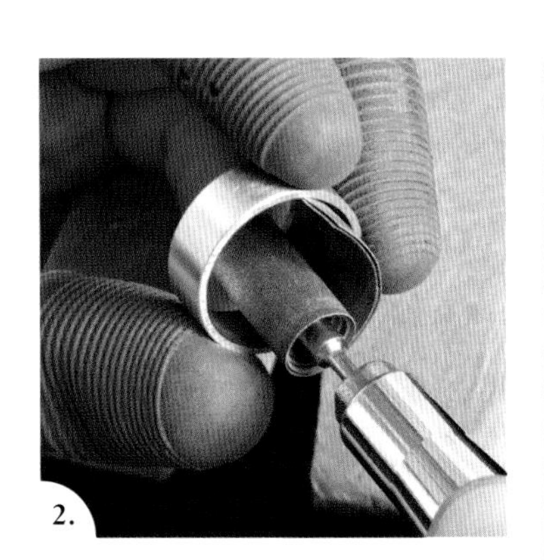
2.

3.

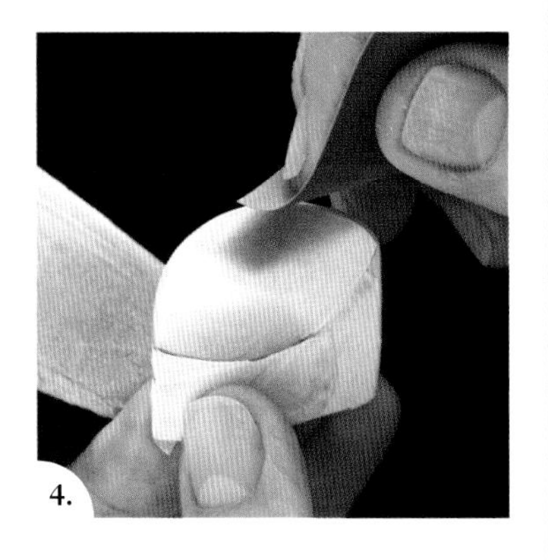
4.

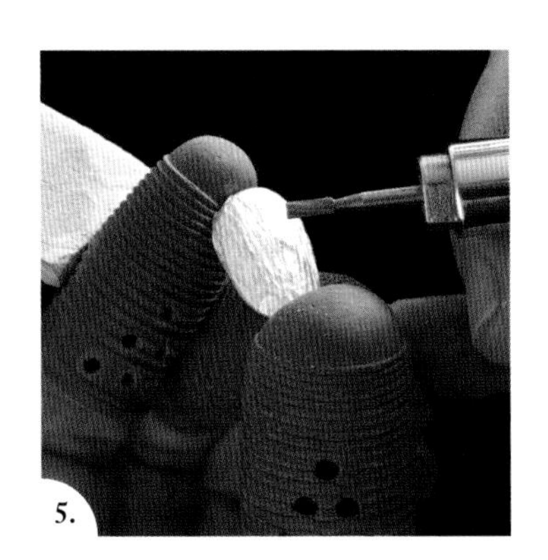
5.

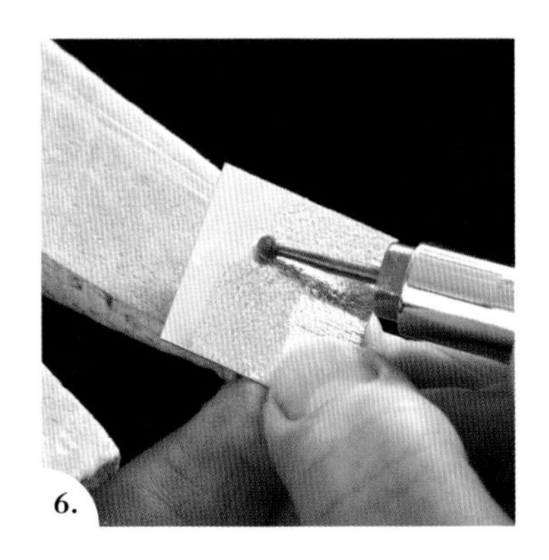
6.

提示与技巧

使用吊机以及机针抛光时，注意涂抹三合一油或润滑油，这样可以延长机针的使用寿命，也可以保证机针的肌理制作顺畅无阻。

可以使用恨水石去除银饰的氧化皮。把恨水石蘸水，打磨银饰氧化的区域，一边用水清洗，一边检查氧化皮是否被彻底擦净。

可以用细砂纸、钢丝绒、铜刷子等工具修整经过表面纯化精修的银饰，因为，银饰不一定非要保留亚白色的表面效果。

使用机器进行抛光时，一定要集中注意力。确保你的手指没有被银饰挂住，以便在必要的时刻手指能够迅速放开银饰。长头发要系到身后，衣服松散的地方（如袖子）要卷起来。

过度地抛光会磨掉一些细节，也会失去外形，拐角处和边缘尤其容易受损。

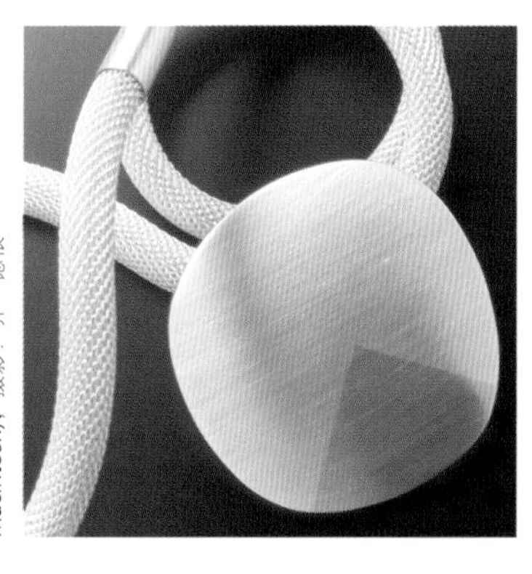
《非方非圆》，吊坠，简・麦辛托什 (Jane Macintosh)，摄影：乔・德根

婚戒，约尔格・艾基曼，
摄影：约尔格・艾基曼

金银簇吊坠，凯瑟琳・希尔 (Catherine Hill)，
摄影：诺曼・霍兰德斯 (Norman Hollands)

特殊工艺

金属联结

银可以与其他的贵金属和廉价金属结合使用，以增强作品的色彩、图案以及纹理感，这给设计者提供了无限的创作可能性。贵金属是银材料联结的首选，但成本会很高，而廉价金属如紫铜、黄铜却是良好的替代品，况且，还能大大降低成本。当你连接不同的金属时，请注意查看各金属的纯度标记。

金属联结工艺

嵌入式联结

嵌入式联结指在金属表面运用叠加碾轧或镂空嵌入的方式，使多种金属融合在一起而形成对比效果的工艺。嵌入式联结可以在平整的金属面上获得不同的色彩以及纹理的对比，而这些金属看起来是一个整体。传统的嵌入式联结是在金属的表面用雕刻刀挖出凹线或凹面，然后再用锤子或其他工具把金属丝和金属片填进去。这里介绍五种不同的嵌入式联结工艺。

实用嵌入式联结：这种嵌入联结是先把待嵌入的子金属焊接到母金属上，然后用压片机碾轧，直到子金属和母金属完全贴平。

凹点嵌入式联结：这是一种在17~18世纪的法国特别流行的联结工艺，当时的做法是把黄金针嵌入玳瑁中。如今，我们可以在银饰中钻出凹点，然后把不同色彩的金属丝焊接在凹点中，经过处理后，就可以获得点状的纹样了。

焊药嵌入式联结：这是一种把焊药熔化到银片凹槽中的工艺，凹槽可以通过锤敲、錾刻、碾印、雕刻或者腐蚀而获得。

拼图嵌入式联结：顾名思义，这种工艺与金属片的裁剪以及无缝焊接、拼合有关。这种工艺的优点在于从金属的正面和背面都能看到金属的联结。

叠加嵌入式联结：在一块金属片上镂空图样，然后把这块金属片与另一块金属片焊接或者叠加在一起，再碾轧，直到两片金属被轧平。

组合式联结

组合式联结是指把多种具有对比效果的金属联结在一起，而形成某种纹样的工艺。组合式联结可以是把多种具有纹理和色彩对比的金属组合成整体，也可以是把局部从金属整体中剪裁出去。

熔化式联结

这种工艺是通过把金属加热到熔点，从而使两种金属实现自然熔接的工艺，这是一种不需要使用焊药而实现联结的工艺。熔化式联结为我们提供了极大的创作空间，它是一种非常实用的工艺，使我们能够充分运用金银碎料来进行设计创作。不过，这种工艺具有偶然性，可控性较低，所以，如果是需要制作高精确度的作品，最好不要使用这种工艺。

贴金工艺（KEUM-BOO/KUM-BU）

这是一种古代韩国的金属加工工艺，是通过加热和加压的手段，把24K金页联结到银片上的工艺。贴金工艺所使用的金页比金箔要厚，所以两者不能混为一谈。高纯度的金页是用手术刀或剪刀从一块极薄的大金页中裁剪下来的，然后用湿毛笔把裁剪下来的金页粘贴到银的表面。之后，把银加热到退火温度点，与此同时，轻推金页，金页就与银片融为一体了。此后，酸洗银片，并小心地对它进行精修，可以把没有被金页覆盖的地方氧化着色，从而增强氧化银与金页的色彩对比。

镀金

镀金是指在装有毒性极高的化学溶液的电渡槽中，给金属的表面镀上一层极薄的黄金的工艺。这种工艺一般由专业公司操作。镀金之前，作品应该完成了所有的精修工作，包括宝石镶嵌。记住，镀金之后的表面效果与隐藏在其下的银饰的表面效果完全一致。镀金之前，银饰应该经过去污和彻底的清洗。

其他

我们可以在市场上买到多种现成的金属联结材料，包括双金属（一层黄金与一层标准银贴在一起的金属材料，又名双色金属、复合金属）、木纹金、银钯合金。

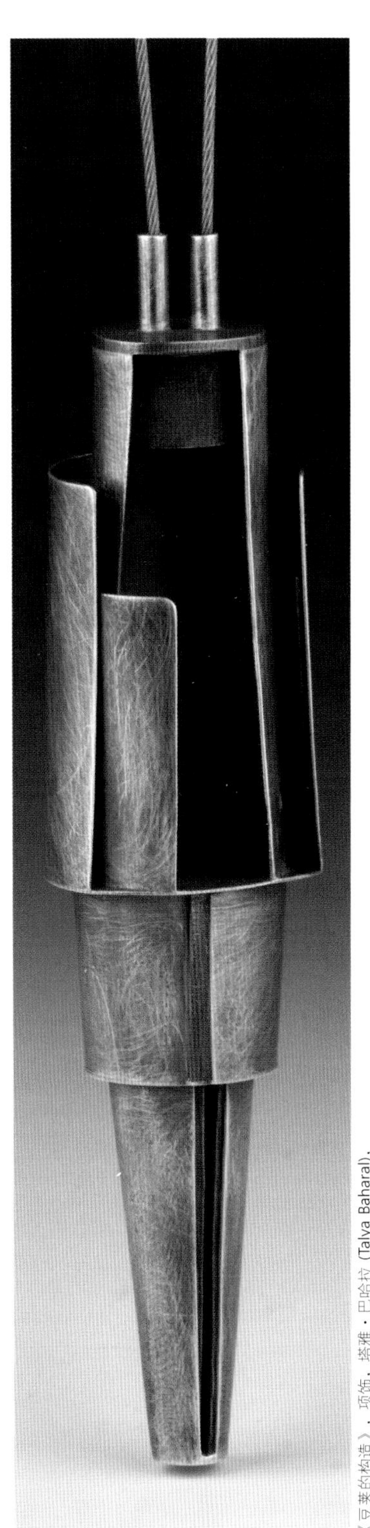

《豆荚的构造》，项饰，塔雅·巴哈拉 (Talya Baharal)，摄影：基恩·格里达 (Gene Gnida)

金属联结工艺示范

实用嵌入式联结

工具与材料

- 银片
- 砂纸
- 18K金管
- 裁管器
- 锯子
- 平锉
- 焊剂
- 高温银焊药
- 火枪
- 焊接辅助针
- 酸液
- 铜刷子和浮石粉
- 压片机
- 皮锤
- 钢砧
- 微晶蜡
- 氧化溶液

操作过程

1. 用砂纸把准备接受金属联结的银片打磨干净，用裁管器和锯子裁切三段长约2mm（5/64″）的18K金管，把金管的一端锉平。

2. 在银片上涂抹焊剂，把金管放上去，准备焊接。在金管的两边各放置一片高温银焊药，焊药平放在银片上，必须同时接触到金管。

3. 先用软火加热，以免焊剂急速膨胀而造成金管和焊药的严重移位，待焊剂膨胀后凝结，用焊接辅助针轻推金管和焊药，使它们回到原位。不要用焰炬直接烧灼金管，焰炬应保持移动，这样，在给银片加热时，银片就会把热量传递给金管。当焊药受热熔化，开始流动，用焰炬引导焊药流进金管与银片之间的缝隙。

4. 冷却并酸洗饰件，再用铜刷子和浮石粉刷洗。

5. 用锉子小心地把三截金管锉齐、锉平。

6. 用压片机碾轧饰件，每碾轧一次都要调转一次方向，直到金管被碾轧至与银片齐平。这个阶段，金属会受到不可避免的损伤。

7. 用皮锤在钢砧上把因碾轧而变形的饰片敲平。

8. 用砂纸把饰片的表面打磨干净。

9. 为了增强金银的对比效果，可以给银片做氧化处理，打上蜡，从而使黄金显得更明亮。

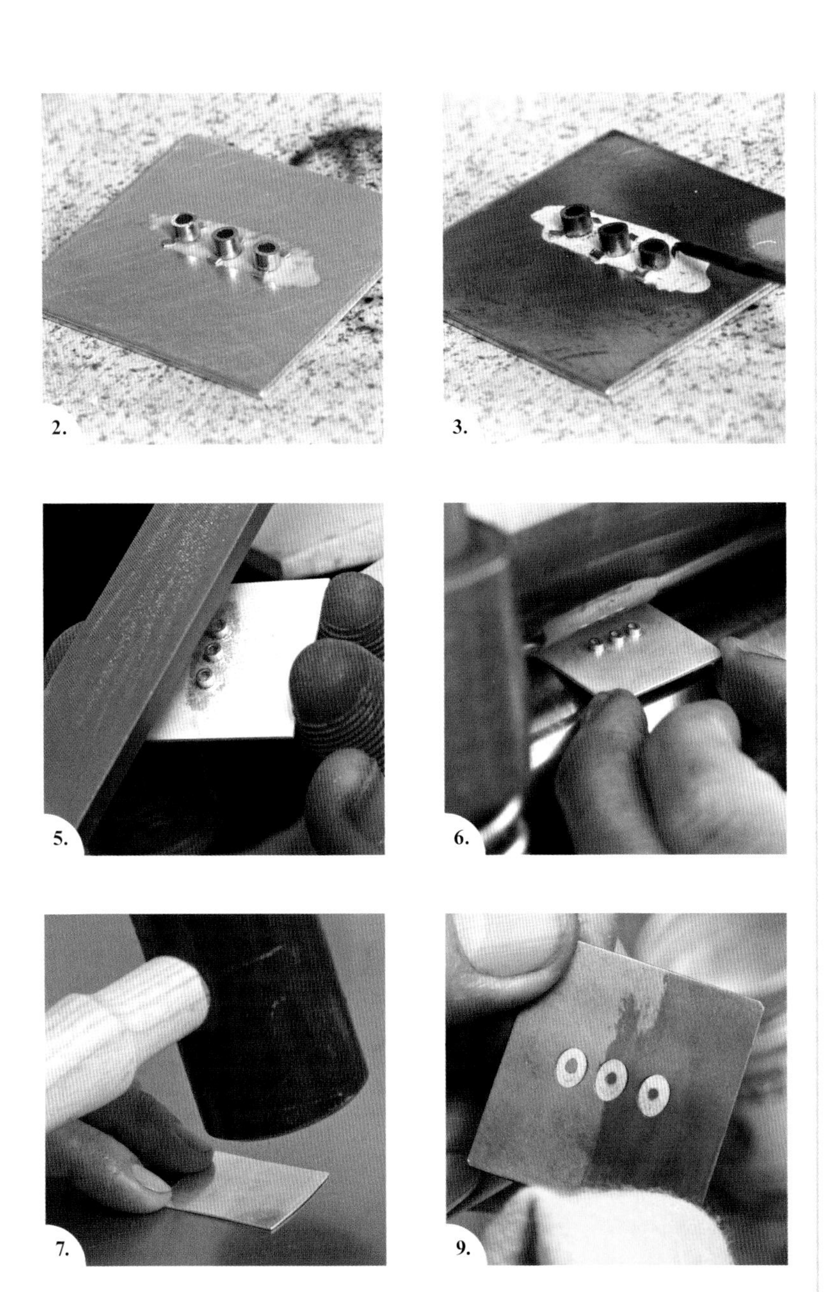

2.

3.

5.

6.

7.

9.

提示与技巧

用金属丝、金属棍、金属片等型材反复练习和试验联结技术。高纯度的黄金以及紫铜能够与银产生强烈的色彩对比，而白金或者钯，与白银形成的对比则要弱一些。

把金属丝焊接到金属片之前，可以用砂纸或锉子把金属丝的一面整平，这样可以增加金属丝与金属片的接触面积，从而使焊接更牢固。

焊接前要用金属捆绑丝把各个焊接部件捆绑固定。

用压片机碾轧之前，确保部件的焊接没有任何问题。

如果你没有压片机，可用整平锤把焊接的金属敲平。

记住，经过压片机的碾轧之后，饰片的厚度肯定会比碾轧前的薄一些。

金属联结工艺示范

凹点嵌入式联结

工具与材料

- 记号笔
- 定位錾
- 吊钻和钻头
- 金丝
- 手锉
- 线剪子
- 焊剂
- 高温银焊药
- 火枪
- 酸液
- 锯子
- 砂纸板

操作过程

1. 用记号笔在戒指圈上作记号，选择与金丝直径相同的钻头来钻坑之前，先用定位錾在记号处錾出小坑，确保坑洞的深度足够容纳金丝的前端即可。

2. 把金丝的前端锉平，剪下来一小截，这截金丝插进坑洞中，只要能露出来一点就行了。金丝插进坑洞中应该很密实。

3. 在戒指圈上涂抹焊剂，确保所有的坑洞中都流进了焊剂，然后把金丝插进去。

4. 把小片的高温银焊药放置在戒圈上，每片焊药平放在戒圈上，贴着金丝的根部放置。

5. 焊药熔化后流进焊缝，金丝被牢牢地焊接在坑洞中。

6. 冷却并酸洗，把露在外边的金丝用锯子锯掉。

7. 用锉子把金丝与银戒圈的表面完全锉平，用砂纸板磨掉锉痕。

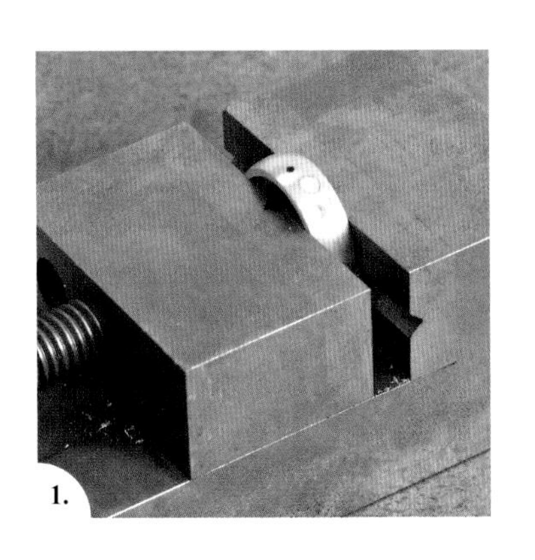
1.

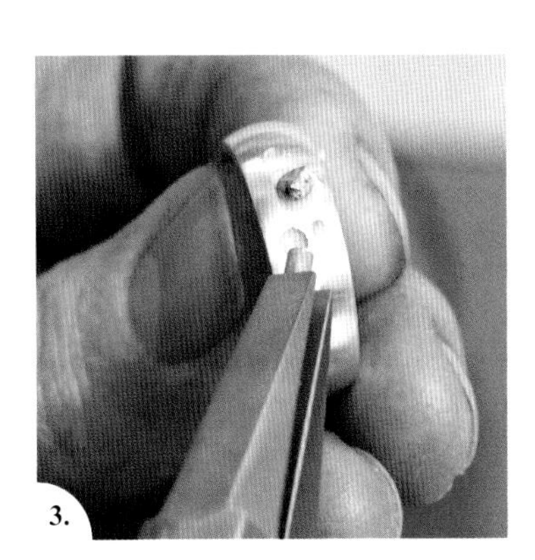
3.

4.

5.

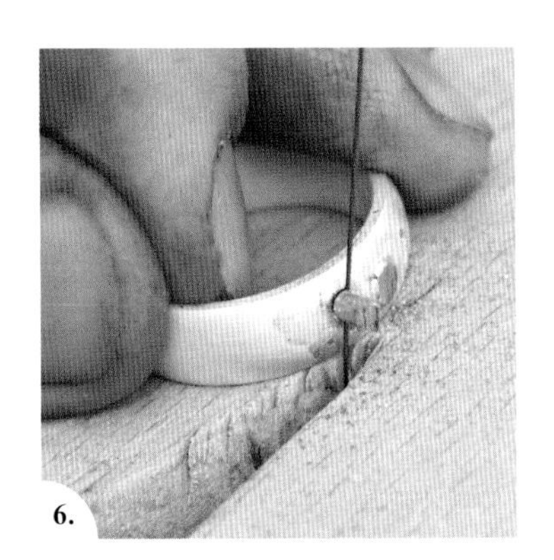
6.

7.

提示与技巧

钻孔会产生毛刺，在进行下一步的操作之前，可以用吊机安装桃针来磨掉这些毛刺，也可以用锉子或砂纸来打磨这些毛刺。

如果金丝很难插进坑洞中，可以小心地锉一锉金丝的前端，直到它能顺畅地插进坑洞。

锯掉多余的金丝时，注意回收金粉末和碎料，并与银碎料分开放置。这些金碎料可以用于其他的金属联结工艺，如熔化式联结工艺。

如果联结之后还需要焊接的话，一定要提前做好计划，应该最先使用以及尽量多地使用高温焊药来做联结和焊接，这样会有利于保护先期完成的焊点。

金属联结工艺示范

碾印焊药嵌入式联结

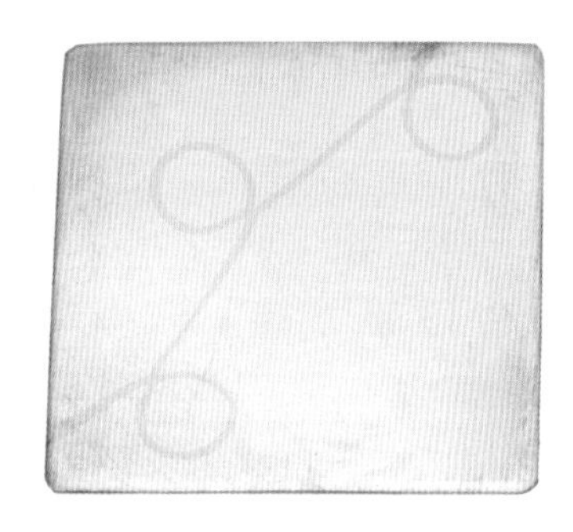

工具与材料

- 银片
- 钢丝
- 钳子
- 背胶塑料纸
- 压片机
- 铜刷子和浮石粉
- 焊剂
- 18K黄金焊药
- 火枪
- 酸液
- 砂纸
- 氧化溶液

操作过程

1. 把银片退火、洗净以及晾干。
2. 用钳子把钢丝拧成一段造型。
3. 把钢丝放在退过火的银片上，用背胶塑料纸固定。
4. 用压片机碾轧银片和钢丝，从而，钢丝在银片的表面留下了线槽。
5. 用铜刷子和浮石粉清洗银片之后，于线槽中涂抹焊剂，并把多片18K黄金焊药沿着线槽摆放。
6. 慢慢给银片加热，把移位的焊药片推回原位，然后把黄金焊药熔化到线槽里。
7. 冷却以及酸洗之后，用铜刷子和浮石粉清洗银片，如果线槽在第一次焊药熔化时没有被完全填满，再添加一些黄金焊药，补足线槽。
8. 用砂纸磨掉多余的焊药。
9. 再用更精细的砂纸精修银片的表面。
10. 最后，给银片氧化着色，从而增强金银的对比效果。

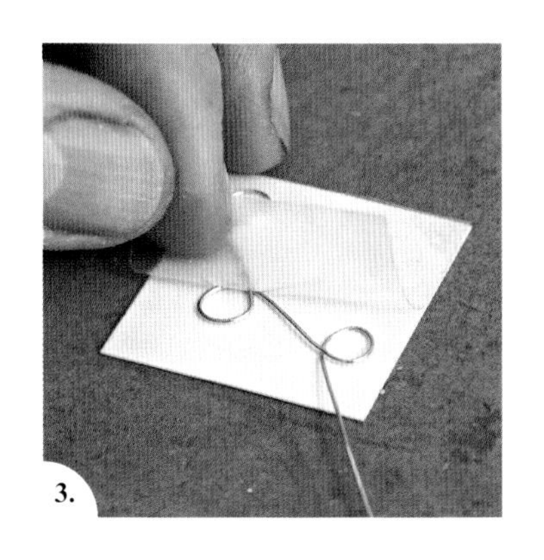
3.

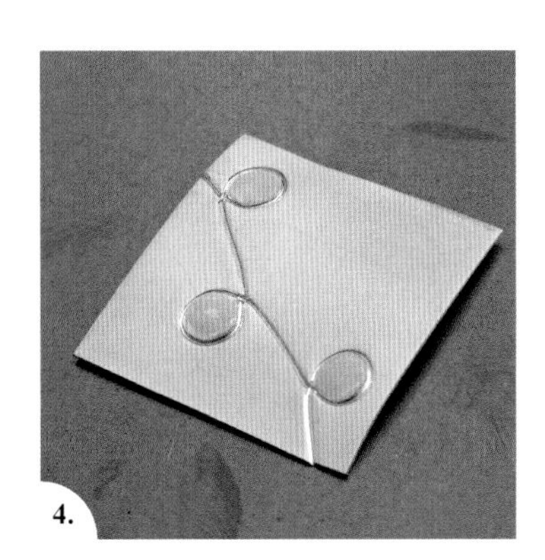
4.

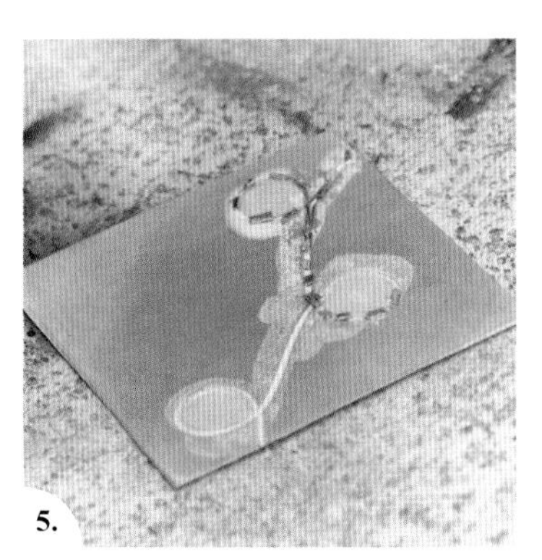
5.

6.

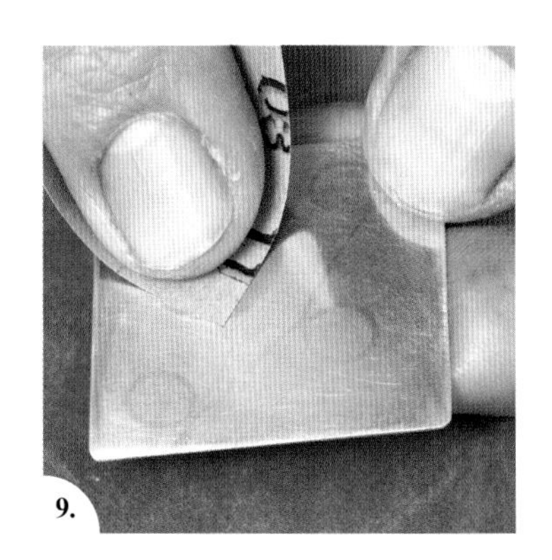
9.

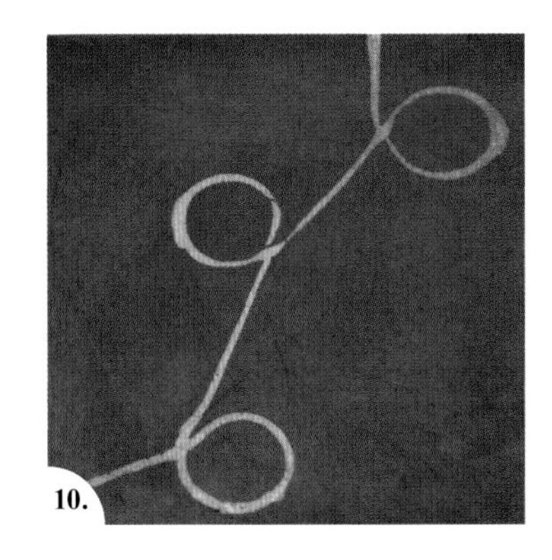
10.

提示与技巧

先用压片机碾轧一小块银片和钢丝，来测试碾轧的线槽的深度是否恰好能容纳一定量的焊药而又不至于太深，如果太深，就很难用焊药来填满线槽。

使用体积较小的焊药片来填线槽，比使用大的焊药片要好得多。

如果没有背胶塑料纸来把钢丝固定在银片上，也可用纸把钢丝和银片包起来，不要使用透明胶带，因为透明胶带很容易粘连压片机的滚轮。

给银片加热前一定要把所有的背胶塑料纸清理干净。

做好操作预案：如果联结完成之后还有进一步的焊接操作，则尽量选择熔化高温焊药来完成联结。

下面的几种做法都可以增强金属联结工艺中的对比效果：使用高纯度的黄金焊药、缎面的表面精修、银片做氧化处理。

金属联结工艺示范

拼图嵌入式联结

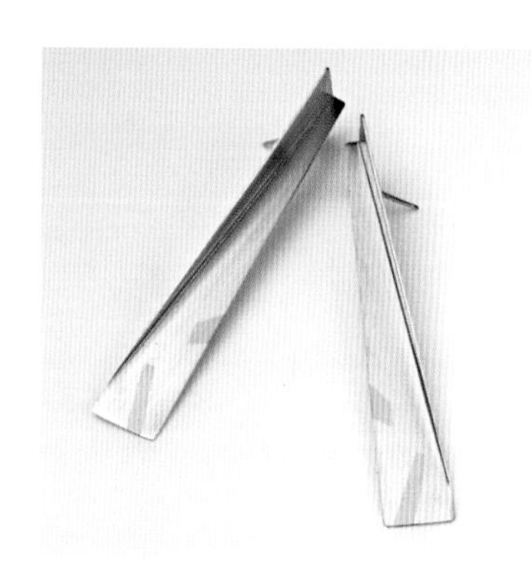

工具与材料

- 标准银片
- 划线笔
- 锯弓与锯条
- 手锉和油锉
- 与银片厚度相同的金片
- 平面的耐火砖/木炭块
- 焊剂
- 银焊药
- 火枪
- 酸液
- 钢砧
- 砂纸板

操作过程

1. 用划线笔把设计好的图案画到银片上，用锯子把图案镂空，再用锉子修整镂空处。

2. 把银片叠放在金片上，用划线笔依照银片中的镂空图案在金片上画出同样的图案，再沿着图案轮廓线的外沿锯下金片，用锉子修整，直到金片与银片的镂空处严密贴合。

3. 把金属片放置在非常平整的耐火砖或者木炭块上，正背面都要涂抹焊剂，焊药摆放于下方的拐角处，一旦焊药熔化，用焰炬引导焊药流进整个焊缝。如果焊药不够，可以在金银片相接的地方添加小片的焊药。把金属翻一个面，再次熔化焊药，使它流满整个焊缝。

4. 冷却以及酸洗之后，把边缘多余的金片锯下来，再把银片平放在钢砧上，用砂纸仔细打磨。

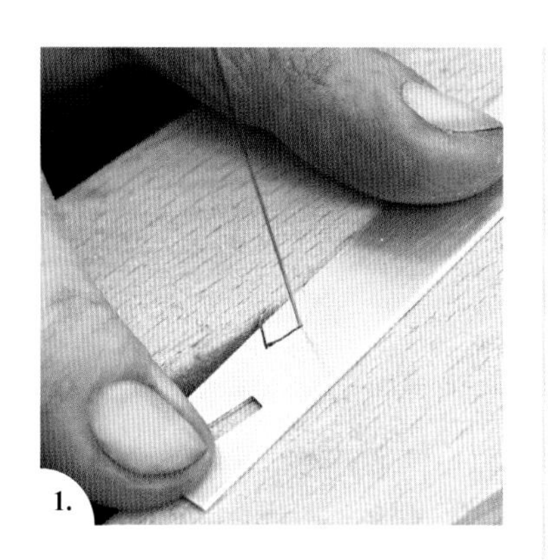
1.

3.

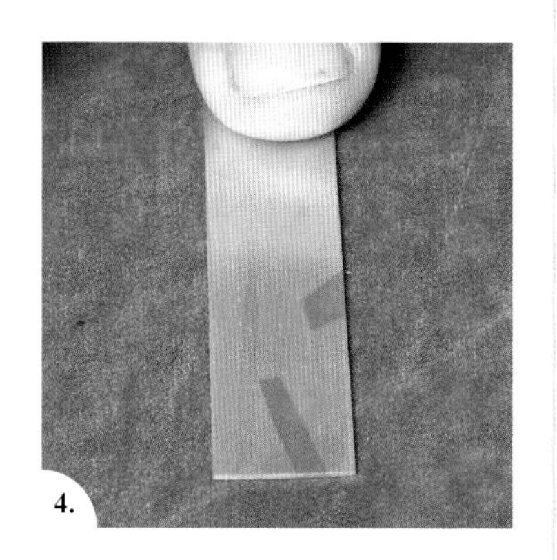
4.

提示与技巧

确保进行联结的两块金属的厚度完全一致。

拼贴金属片必须与镂空的部分做到无缝贴合，为了做到这一点，建议先裁切稍大一点的拼贴金属片，再用锉子慢慢修整至两者能够完全贴合。

另外一个能使拼贴金属片与镂空部分完全吻合的制作方法是：用双面胶带或者胶水把两片金属粘在一起，然后一次性把两者都锯下来。

如果需要在金属片的中央拼贴金属，则要先钻一个小孔，把锯条穿过这个小孔，然后再把图案镂空。

确保焊药不要流到拼贴金属片上。

焊接使用的耐火砖必须十分平整，这样，各金属片才能维持在同一个水平面上。

不管是把何种金属焊接到银片上，都必须使用银焊药。

制作金属联结之前，一定要有操作计划，有些作品的焊点很多，甚至焊接结束之后还需要再次加热金属，如金属变硬了，需要退火，或者，还需要做焊药联结等，所以，在所有的工作开始之前，一定要想好哪一个阶段使用哪一种焊药。

有些金属联结工艺需要不断地、重复地加热金属，如果你使用的金属是标准银，那么，必须记住，反复以及长时间的加热会使标准银产生氧化皮，这可能会给你带来麻烦。

金属联结工艺示范

叠加嵌入式联结

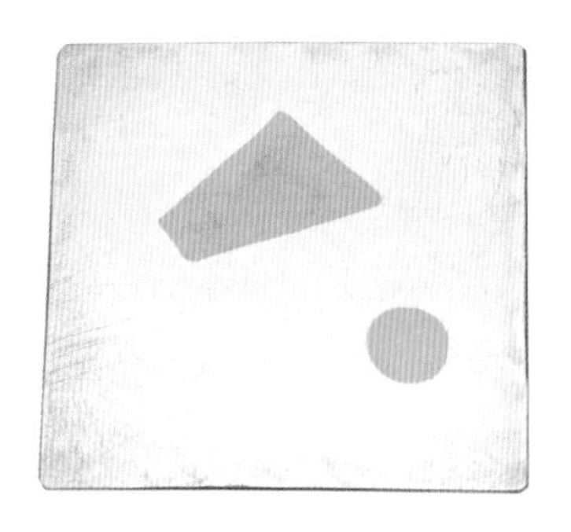

工具与材料

- 标准银片
- 划线笔
- 锯弓与锯条
- 吊钻和钻头
- 油锉
- 粗砂纸和细砂纸
- 高温银焊药
- 火枪
- 焊剂
- 酸液
- 比银片略厚的紫铜片
- 压片机
- 钢板
- 皮锤

操作过程

1. 在标准银片上画出图形，用锯子把图形锯掉。首先在每一个图形中钻一个小孔，把锯条从小孔中穿过，然后锯下图形，并用油锉修整。

2. 用砂纸板把银片的一个面打磨平整，并涂抹焊剂，准备用熔焊法焊接。剪一些小焊药片，分散放置在银片上，用焰炬加热，当焊药开始熔化时，立即撤去焰炬，以免焊药流开。

3. 冷却、酸洗以及晾干之后，把银片扣在砂纸上，有焊药的那一面接触并摩擦砂纸，使凸起的焊药鼓包都被磨得一样高。

4. 裁剪一块略大于银片的紫铜片，洗净并涂抹焊剂，也在银片凝结有焊药的那一面涂抹焊剂，并把它扣在紫铜片上，有焊药的那一面接触紫铜片。给银片加热，使焊药熔化，从而把两片金属焊接在一起。如果你可以从金属片外围的边缘以及中间镂空图形的边缘看到焊药的流动，那就证明焊接成功了。

5. 冷却、酸洗以及完全晾干之后，用压片机碾轧这块复合金属片，每轧一次，都要调转一个方向把金属片送进滚轮，一旦金属片变硬，就要退火。这个工序一直要持续到下层的紫铜从镂空的图形中被顶起，并与上层的银片表面齐平为止。

6. 在钢板上用皮锤把金属片敲平。

7. 先用粗砂纸，再用细砂纸把金属片打磨光滑。

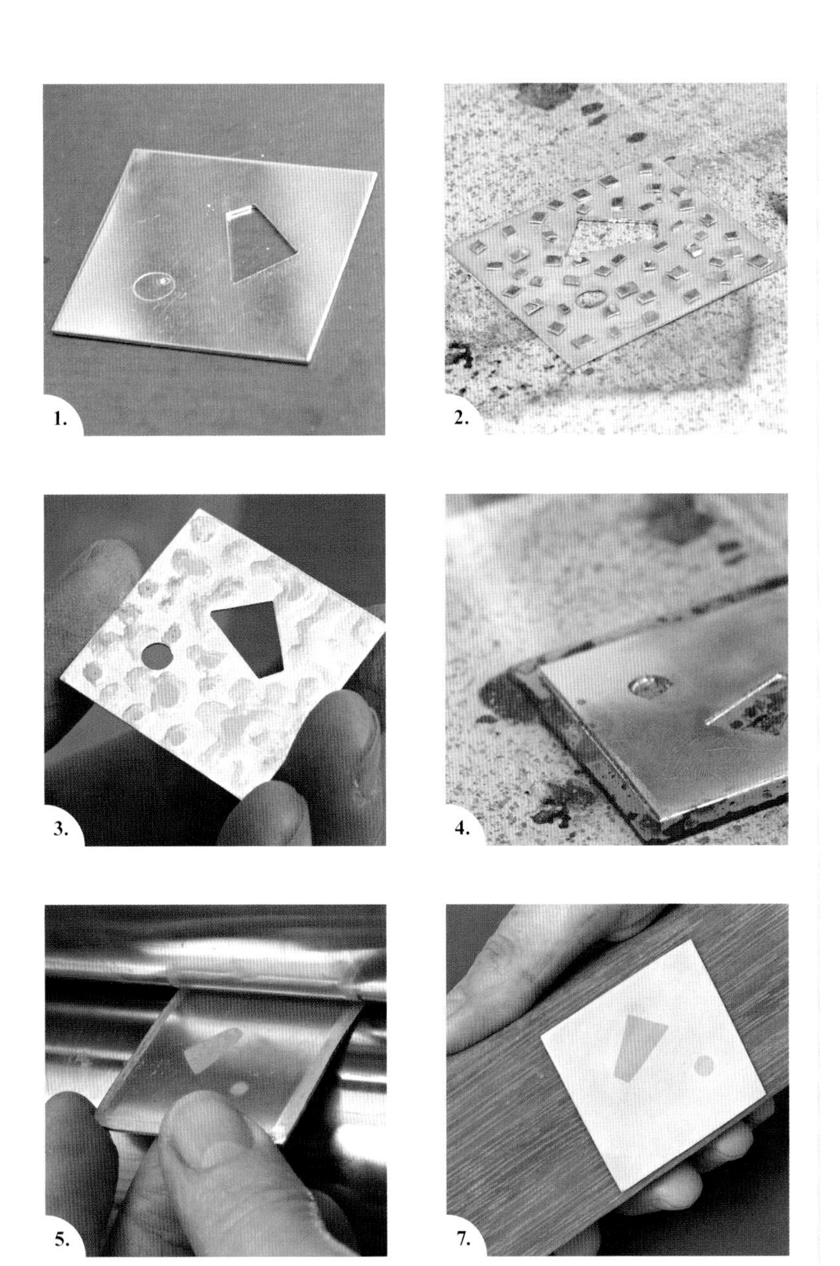

1\. 2\. 3\. 4\. 5\. 7\.

提示与技巧

确保从镂空图形中被顶起的下层金属片的厚度一定要大于上层的金属片。

记住，完成叠加的复合金属片的厚度要比碾轧前的金属片薄一些。

碾轧后，金属片中的图形会发生不可避免的变形，另外，下层金属被顶起的地方也会变形。

焊药的流动对两片金属的成功焊接十分重要，如果你没有从金属片外围的边缘以及中间镂空图形的边缘看到焊药的流动，就应该再添加一些焊药，以完成焊接。

焊接前要用捆绑丝把两片金属绑好，以防焊接时金属片会移位。

用砂纸打磨前，确保金属片已经被皮锤敲平，用双面胶带把金属片固定在木块上，这样就可以很方便地用砂纸打磨了。

金属联结工艺示范

组合式联结

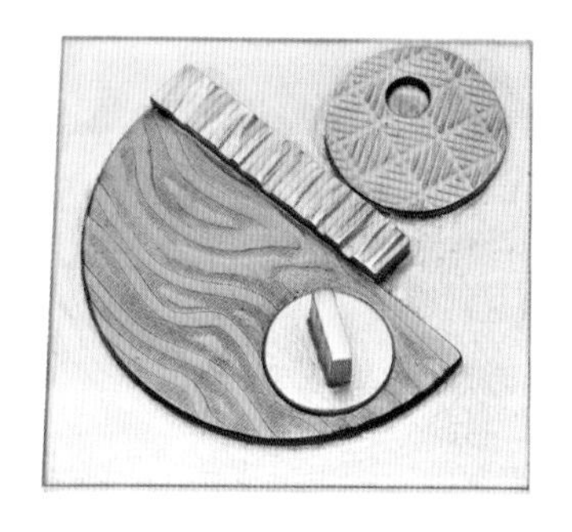

工具与材料

- 银片
- 有纹理的紫铜（或其他金属）片
- 长方形或其他形状的银丝
- 锯弓与锯条
- 手锉
- 钢砧
- 皮锤
- 砂纸
- 焊剂
- 高温和中温银焊药
- 火枪
- 焊接辅助针
- 酸液
- 钢镊子
- 木炭块
- 铜刷子和浮石粉
- 水

操作过程

1. 用锯子把需要组合联结的紫铜片和银片部件锯出造型，然后用锉子修整。如果金属片不够平整，可以在钢砧上用皮锤把它们敲平。

2. 准备好每一个部件，包括作为主联结片的银片，把每一片金属都修理平整，并叠放在一起，它们相互之间不要有间隙。

3. 在子联结片（也就是紫铜片）上涂抹焊剂，摆放焊药，准备使用熔焊法焊接。用焰炬加热，待焊药刚刚熔化而没有流动时，立刻撤去焰炬。冷却以及酸洗之后，把紫铜片扣在砂纸上，也就是把紫铜片有焊药的那一面摩擦砂纸，把凸起的焊药稍稍磨平，小心不要磨掉太多的焊药。

4. 先把体积最大的子联结片紫铜片焊接到主联结片银片上。在两块金属片上涂抹焊剂，然后把紫铜片放在银片上，用软火加热，以免紫铜片发生位移，可以用镊子随时矫正紫铜片的移位。

5. 继续加热，需特别小心不要让紫铜片的温度高于银片，焰炬不要集中在紫铜片上，而应该集中于银片以及木炭块上。焊药熔化后用焰炬引导焊药的流动，如果从紫铜片的外围边缘看到焊药的流动，则说明所有的焊药都已经熔化了。

6. 冷却之后检查焊缝，然后酸洗，再用铜刷子和浮石粉清洗金属片。

7. 在需要联结第二片金属的地方涂抹焊剂，确保需要焊接的金属之间不要有残留的酸液。然后依照步骤4和步骤5，把第二片金属焊接到主联结片上。

8. 继续逐个地把金属联结件焊接上去，如果主联结片的表面变得很脏而不能继续焊接时，让它冷却下来，先检查一下焊缝，然后酸洗，再用铜刷子和浮石粉把金属清洗干净，就可以依照先前的步骤，继续把剩余的金属片焊接到主联结片上去了。

9. 冷却后，检查所有的金属部件是否成功地被焊接在一起，然后酸洗，再用铜刷子和浮石粉清洗干净。用粗细不同的砂纸打磨焊接处，可以把砂纸折叠起来，这样砂纸就可以打磨到细小的角落了。之后用温热的肥皂水以及小铜刷子做最后的清洗。

提示与技巧

确保已完成焊接的焊缝，如戒指圈的焊缝，不要太靠近需要联结的区域。

使用熔焊法焊接之前，两块金属片的贴合应该是没有缝隙的。

焊接时，应该先给体积较大的金属片加热，不要用焰炬直接烧灼体积较小的金属。

确定你看到了焊药的流动，看到了焊药熔化时呈现的那条闪光的银线。如果你并不能确定，千万不要酸洗饰件，因为酸液会钻进细小的缝隙和孔洞里，你只需把金属件放在水中冷却，再次涂抹焊剂，然后重新加热使焊药熔化，记住要用焰炬引导焊药的流动。

运用熔焊法可以使焊接十分干净，所以，后期的打磨和清理工作量就会少得多。如果过量使用焊药，焊药就会从焊缝溢出来，此时，如果再添加焊药的话，焊药就会在被放置的地方留下熔化的印痕。可以使用油锉或者在吊机上安装机针，以便清理焊缝附近多余的焊药，直到用砂纸把它们彻底清理干净。

金属联结工艺示范

把金片熔化到银片上以及把金粉熔化到银片上

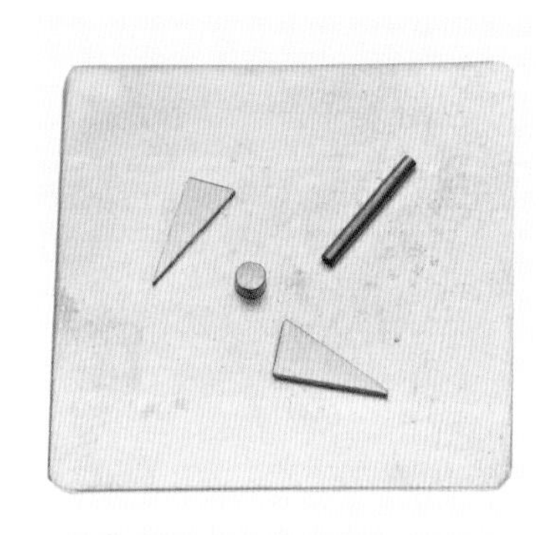

工具与材料

- 银片
- 18K或22K金片、金丝和金粉
- 锯弓与锯条
- 线剪子
- 手锉和油锉
- 焊剂
- 火枪
- 酸液
- 铜刷子、清洗液和浮石粉
- 砂纸
- 压片机

操作过程：把金片熔化到银片上

1. 裁剪一块银片、几块18K或22K金片和几段金丝，用锉子修整，并清洗干净。把它们放在一起，确保紧密贴合，没有缝隙。

2. 在整个银片上涂抹焊剂，并把黄金部件放上去。

3. 开始加热，焰炬不要烧灼黄金件，而应烧灼银片。当银片发红，再让焰炬保持移动，进行整体加热。继而，银片开始发亮，此时，银片的表面已经开始熔化，继续加热，使整个银片都发亮，密切注意黄金部件，因为，它们比银片厚，需要更多的时间才能熔化到银片上。当看到一条发光线在黄金件的边缘闪现，就说明熔接完成了。

4. 冷却以及酸洗，然后用铜刷子蘸清洗液或者浮石粉清洗饰件。

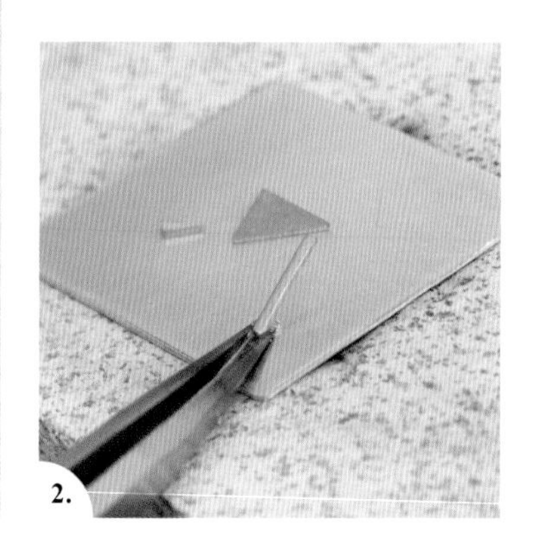
2.

3.

操作过程：把金粉熔化到银片上

5. 把银片洗净并涂抹焊剂，在焊剂干燥之前把金粉撒上去。

6. 依照步骤3把金粉熔化到银片上。

7. 待酸洗以及用浮石粉彻底清洗之后，晾干饰件，再退火，以备进一步的加工。

8. 金属粉末的熔化会导致十分粗糙的表面效果，为了解决这个问题，可以把金属片用两张砂纸或者平整的纸夹着，送进压片机碾轧，这样可以把金粉压实一些，表面也会更光滑一些，不过，肌理效果能够保留多少则取决于你使用了何种粗细的砂纸。

5.

6.

7.

8.

提示与技巧

使用碎料来进行熔化联结时，一定要确保碎料不要有焊药，否则，焊药会使银片出现小沙眼。

确保需要熔化联结的金属之间能够紧密贴合，如果有金属丝，也要用锉子把金属丝的一面锉平，这样才能使金属丝与金属片贴合紧密。

主联结片需要更多的加热，所以，加热是从主联结片的外围开始，避免焰炬直接烧灼处于中部的小联结件。

注意不要给主联结片加热过度，一旦银片发红并开始发光，就要让焰炬在整个银片上保持移动，使整个银片都发光，如果银片的局部表面或者边缘已有熔化的迹象，则应立刻移开焰炬。

熔化联结完成以后，应让饰件在空气中晾一会儿，再放入冷水中冷却，酸洗之后，清洗干净。熔化式联结形成的表面较为粗糙，所以要用铜刷子蘸清洗液和浮石粉细心清洗。

熔化式联结会导致金属变硬、变脆，退火之后，这种状况会得到缓解。

金属联结工艺示范

贴金工艺

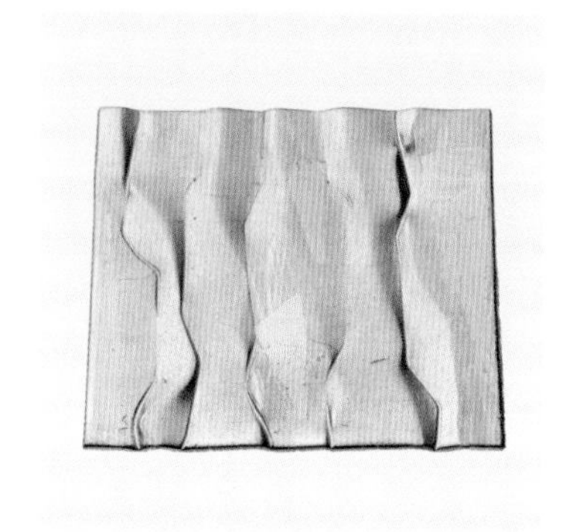

工具与材料

- 银片
- 铜刷子和浮石粉
- 小苏打
- 水
- 23.5K金页
- 描图纸
- 手术刀或剪刀
- 尺子
- 橡胶垫
- 小画笔
- 厚钢片或黄铜片
- 电炉子
- 划线笔
- 弯头压光笔
- 酸液
- 细砂纸

操作过程

1. 提纯银片的表面，使银片的表面积层为纯银积层（请参见第117页关于表面纯化的相关信息）。

2. 用铜刷子和浮石粉清洗银片的表面，再用小苏打中和银片表面残留的酸液，最后用热肥皂水给银片去污。

3. 用两张描图纸夹住一小张23.5K金页，再用手术刀和尺子在橡胶垫上把金页剪裁下来。

4. 用湿的小画笔把裁好的金页挑起来，贴到银片上，轻推金页，使金页紧贴银片，与此同时，把气泡也赶了出来。

5. 在电炉上放置一块厚钢片（这能使热量均匀分布，尤其适合加热小件物品）。把银片放在钢片上，打开电炉，用中温档加热。

6. 银片必须达到退火温度点，金页才能熔合到银片的表面。当银片的表面呈现浅红色，则表明银片已达退火温度点，此时，用划线笔顶住金页，同时用弯头压光笔轻轻按压金页，按压的方向是从中间向外按压，直到金页与银片表面融为一体。如果还有未熔合的地方，则需要重新按压。

7. 让银片自然冷却，检查金页是否都熔合到了银片表面，然后浸酸、用水清洗，并用极细的砂纸小心地修整。

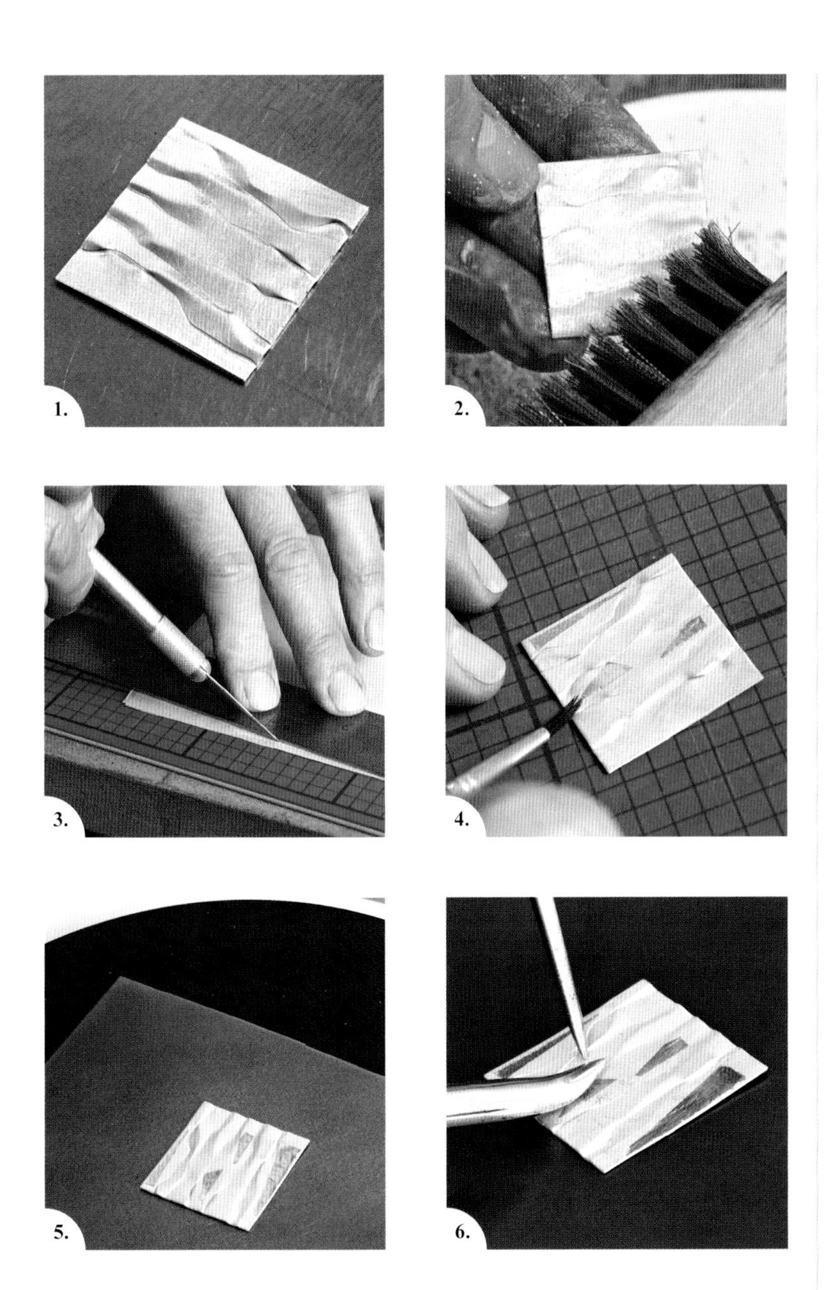

提示与技巧

在实施贴金工艺之前应该完成所有的装配以及焊接工作。贴金工艺之后的加热以及焊接都会导致金页的消退，如同金页被银片吸收了一样，尤其是金页较薄时更是如此。不过，宝石镶嵌、冷连接以及氧化着色都可以在贴金工艺之后进行。

你可以自己制作金页，方法是把一块金片用两张纸夹住，送进压片机碾轧，能轧多薄就轧多薄。另外，还可以用两块金属片夹住金片，这样可以把金片碾轧得更薄一些。不断给碾轧的金片退火，方法是在电炉上放一块钢片或黄铜片，再把金片放在钢片或黄铜片上，打开电炉加热，直到金片变红，完成退火。从理论上来说，金页的厚度可以达到0.0025mm（0.001″）。

如果有些金页或者金页的局部没有与银片融为一体，那么，整个工艺过程必须重新做一遍。

如果有气泡，需要用针把气泡扎破，赶出空气，再把金页按压到银片上。

戒指，雷吉娜·施瓦泽 (Regine Schwarzer)，摄影：格兰特·汉考克 (Grant Hancock)

发晶戒指，辛迪·阿什布雷吉，摄影：保罗·蒙塞

《地铁》，耳饰，埃里克·斯图尔特 (Erik Stewart)

宝石镶嵌

原始首饰多用天然材料制成，比如动物牙齿、骨骼、贝壳、石头以及木头。自从宝石被开发并运用于首饰后，珠宝首饰才成了财富与地位的象征。宝石的使用通常都带有象征意义，因为，有些宝石被人们认定具有某种特殊的能力，如能够治疗疾病以及趋吉避凶。

在首饰作品中镶嵌宝石，使首饰作品有了视觉中心，从而大大提升了作品的视觉效果，使作品显得光彩夺目。彩色宝石分为两种：珍贵宝石和非珍贵宝石，所谓珍贵宝石就是稀有的、美丽的以及硬度极高的宝石，包括钻石、红宝石、蓝宝石以及祖母绿，除此以外的宝石都归入非珍贵宝石一类。

宝石的种类

天然宝石：天然宝石都是在千万年的高温高压的作用下形成的矿物晶体。它们分为许多种类，每一个种类都包含一种或多种宝石。最大的宝石种类是石英，这个种类中共有19种不同的宝石。

有机宝石：有机宝石包括琥珀、珊瑚、煤玉以及珍珠，它们都经常被用于首饰中。这些材料相对来说比较软、比较脆，所以其中的一些比较适合于做雕刻的材料。

人造合成宝石：人造合成宝石是模仿天然宝石的形状和色彩，用人工手段制成的宝石，立方氧化锆就是一种合成的钻石。在实验室里制造出来的宝石与在自然条件下形成的宝石具有相同的物理化学特性，但是它们的颜色太干净，价格也要便宜得多。

项饰，特里·罗根 (Terri Logan)，摄影：吉瑞·安索尼 (Jerry Anthony)

彩色宝石的评级

彩色宝石的优劣在于它们不同的硬度、色彩、纯净度以及光彩度，当然也包括切割的程度、使用寿命、重量、体积以及稀有程度。在正式购买和镶嵌彩色宝石之前，了解这些关于彩色宝石的品性以及宝石学专业术语是非常重要的，这些会有助于回答下列问题：这颗宝石适合镶嵌在这件首饰上吗？这颗宝石是否有足够的硬度，能够经得起日常佩戴的磨损以及镶嵌时的按压操作吗？这件首饰到底需要镶嵌何种宝石？

硬度：镶嵌宝石之前了解宝石的硬度是十分必要的。摩氏硬度是区分天然宝石不同的抗磨损力的一种分级，由弗雷德里克·摩斯（Friedrich Mohs）于1812年建立，它是依靠用一种矿物刻划另一种矿物，看是否能产生划痕来建立的硬度分级。在摩氏硬度分级中，钻石是最硬的，达到10级，滑石最软，硬度为1级，下页的摩氏硬度图表中包括了许多常用的宝石，并且都标明了硬度等级。

色彩：彩色宝石的颜色丰富多彩，甚至同一种宝石也有多种颜色，这种现象十分普遍。此外，彩色宝石经过高温加工以后，其色彩能得以提高甚至改变。可以说，宝石的色彩变化是很多样的，包括不同的色彩明度（宝石的色彩是浅还是深，或者是不是发黑等）、色彩在宝石中不同的分布状况以及不同的色彩过渡。

常用宝石摩氏硬度分级表

钻石 10

红宝石 9

蓝宝石 9

祖母绿 8

托帕石 8

海蓝宝石 7.5~8

碧玺 7~7.5

紫晶 7

玉髓 7

玛瑙 7

石英 7

橄榄石 7

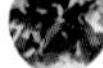

黄晶 7

柠檬晶 7

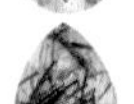
发晶 7

石榴石 6.5~7

虎眼石 6.5~7

月光石 6~6.5

火欧珀 6

欧珀 5.5~6.5

青金石 5~6

绿松石 5~6

芙蓉石 5.5~6

珍珠 2.5~4

琥珀 2~2.5

纯净度：是指宝石的透明度，也就是说宝石内部是否有缺陷以及色彩是否纯净等。

光彩度：主要是指宝石的抛光程度。有些宝石的抛光不太好，导致价值下降。一般来说，硬度越高的宝石，抛光就越亮。

内含物：宝石里往往有些天然形成的缺陷，比如缝隙和断裂。有些宝石（如发晶），因为有很好看的内含物而提升了价值，但是，其他的一些宝石却因为有内含物而贬值。一颗宝石应该能够承受镶嵌工艺过程中的所有外力，而宝石中的内含物往往会使宝石变得脆弱，承受不了较大的外力作用。所以，镶嵌宝石之前，一定要仔细检查宝石中是否有缺陷。

琢型：琢型是指宝石打磨的方式（素面或刻面）以及造型（圆形、椭圆形、正方形、梨形等）。素面宝石一般是不透明和半透明的宝石，弧顶平底，高抛光。当然，也有平顶（坐垫形）以及双凸弧面形。刻面宝石一般为透明的宝石，这些宝石表面有许多抛光面，这些规则分布的抛光面以精确的角度从宝石内部反射和折射光线，从而使得宝石灿烂夺目。

下面的图表展示了不同的宝石琢型样式。

克拉重量：这是指宝石的重量单位。1克拉等于100分。为了测量宝石的克拉重量，可以先称出它的克数，然后再乘以5，就可以得出克拉数。

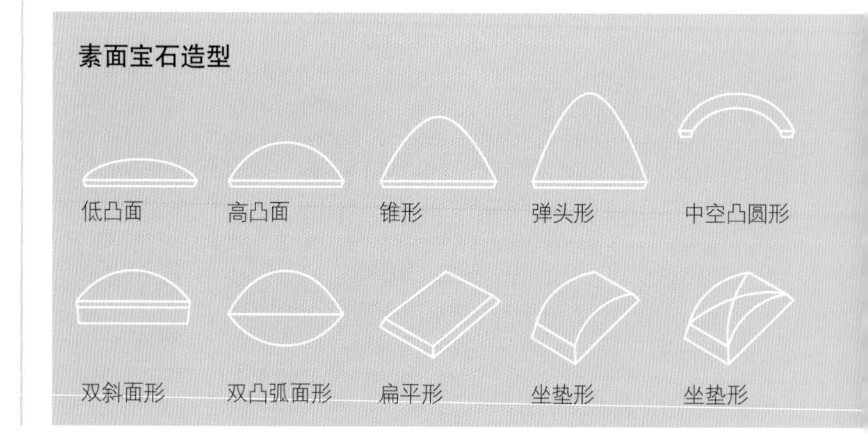

宝石镶嵌的种类

宝石镶嵌以完美展现宝石、保护宝石以及固定宝石为目的。有些宝石只能以某种特定的、传统的镶嵌方式镶嵌，不过，如果宝石能够得到很好的保护和固定的话，我们也没必要固守这些一成不变的镶嵌方式。

包边镶：用一条金属边像围墙一样把宝石围起来，这条包边的顶部经过锉磨后被按压到宝石的表面，从而固定住宝石。包边可以用金属片做成，也可以用包边专用金属条做成，甚至可以用装饰性的金属带或者金属管。包边镶的底部可以是开放的也可以是封闭的，取决于宝石以及作品设计的具体情况。素面宝石和刻面宝石都可以用包边镶来镶嵌。

底托镶：一种用于镶嵌刻面宝石的、造型为圆锥形的镶嵌方法。这种圆锥形镶嵌的镶边通常用金属片或金属管做成，先用圆锥形的冲子和窝墩敲打金属片或金属管，使它成为漏斗形，然后用锯子锯下适当的长度，做成镶边。这种镶边让光线充分进入宝石内部，使宝石熠熠生辉。

爪镶：一种把金属镶爪按压到宝石表面，从而固定宝石的镶嵌方法。爪镶的方式有好几种，包括把金属爪弯折成篮筐一样的造型。镶爪可以用金属丝做成，也可以从金属片中直接据下来，然后焊接到包边或圆锥形镶边上，甚至可以用锉子和锯子从圆锥形镶边直接制作镶爪。开放型的爪镶可以使光线最大限度地进入宝石，这种特性使得爪镶尤其适合于镶嵌刻面宝石，当然，镶嵌素面宝石也是没有问题的。爪镶镶嵌方式的可塑性极强，因为，它既可以镶嵌大小不同的宝石，也可以镶嵌形状规则和不规则的宝石。

吉卜赛镶或齐顶镶：在厚金属的表面钻一个凹坑，把宝石放进凹坑里，宝石的高度比金属表面略低，但看起来是齐平的，推压宝石周边的金属，使宝石周边的金属像一个包边一样挤住宝石，然后把金属压光。这种镶嵌尤其适合在弧形的金属表面进行，另外，铸造的金属件比手工起版的金属件更适合使用这种镶嵌，这是一种最适合在戒指中运用的镶嵌方式。刻面宝石和素面宝石都可以运用吉卜赛镶来镶嵌。

其他：宝石也可以通过修改现有的镶嵌方法或者自己独创的方法来镶嵌，重要的是宝石的所有特征状况都必须在事前得以考虑和观察，以及宝石能够稳稳地被固定住。我们不一定非要用常规造型和尺寸的宝石，一些形状大小不规则的宝石同样可以镶嵌得十分漂亮。

其他类型的镶嵌法包括：卡镶、轨道镶、起钉镶以及群镶。不过，这其中的一些镶嵌法并不适合用银来制作，因为，相对K金或铂金来说，银要软得多。如，卡镶要求金属具有足够的强度卡住宝石，所以卡镶就需要使用比银更硬的金属来制作。

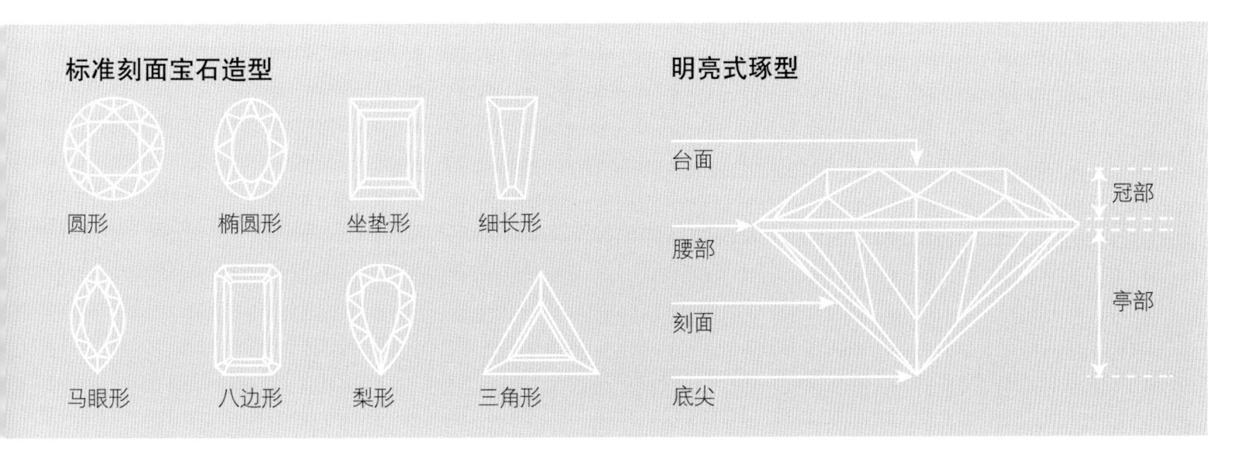

宝石镶嵌工艺示范

包镶单颗宝石，由达芙妮·克利诺斯 (Daphne Krinos) 演示

工具与材料

- 银饰件和宝石
- 尺子
- 0.4mm或0.5mm（26 Ga.或24 Ga.）纯银片
- 剪子
- 半圆形钳子
- 高温和中温银焊药
- 火枪
- 成型棒
- 砂纸
- 0.6mm（22 Ga.）标准银片
- 刮刀
- 圆形银丝
- 包边推子
- 戒指夹
- 小錾子
- 锤子
- 方柄锉
- 压光笔

操作过程

1. 在一块厚度为0.4mm（26 Ga.）的纯银片上画出一个比实际需要略长、略宽的长条形，用剪子剪下来，再用半圆形钳子把长条形做成一个包边。

2. 把包边用高温银焊药焊接好以后，放入成型棒中修整形体，确保宝石能够很合适地放入包边里。

3. 用砂纸把包边打磨到合适的高度，并磨平包边的两个面。把磨好的包边用高温银焊药焊接到一块厚度为0.6mm（22 Ga.）标准银片上。

4. 把银片上多余的银子用剪子剪下来，然后用锉子和砂纸打磨平整，完成包镶镶口的制作。

5. 把完成的包镶镶口用中温银焊药焊接到戒指圈上，戒指圈应该经过精修，所以，一旦宝石镶嵌完成以后，戒指圈无须再进行过多的精修了。

6. 用刮刀刮去包边内圈上由于砂纸打磨和锉修而带来的毛刺，在包镶镶口内垫一个垫圈，从而把宝石垫高一些，这个垫圈无须焊接，但一定要紧贴着包边。

7. 把宝石放入镶口，检查用来垫高宝石的垫圈的高度是否合适，如有必要的话，调整垫圈的高度。

8. 把饰件固定好，用包边推子从四个相对的方向推包边，使包边贴紧宝石。

9. 用戒指夹夹紧戒指，用锤子轻敲小錾子，小心地推压剩余的包边直至紧贴宝石，推压包边时，应依照相对的包边顺序进行推压，直到所有的包边都紧贴宝石，宝石被牢牢固定，完成宝石镶嵌工作。

10. 用方柄锉精修包边，然后用压光笔压光。给包边进行修整和抛光时，一定要小心操作，以免触及宝石导致宝石受损。

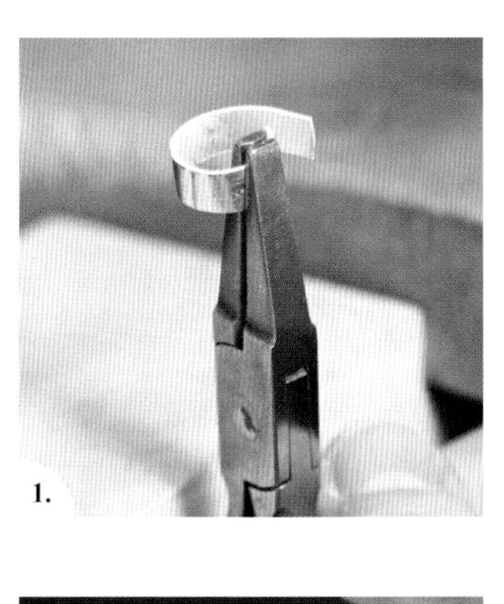
1.

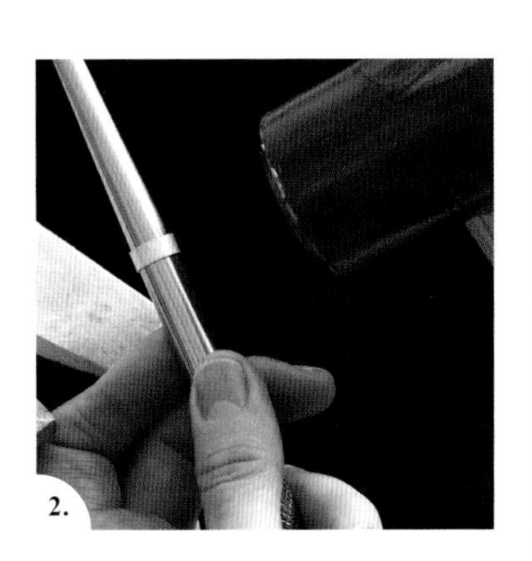
2.

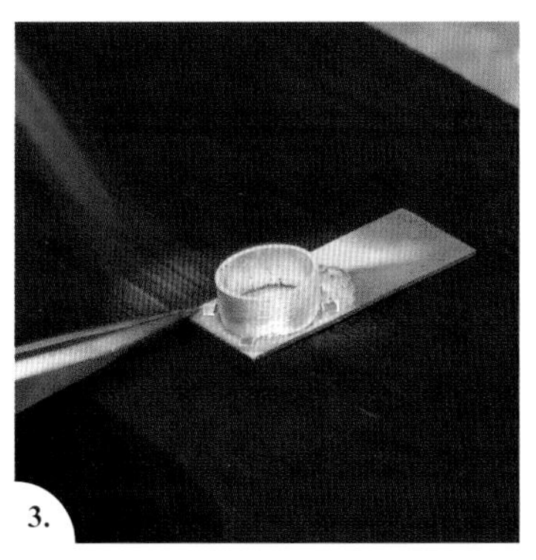
3.

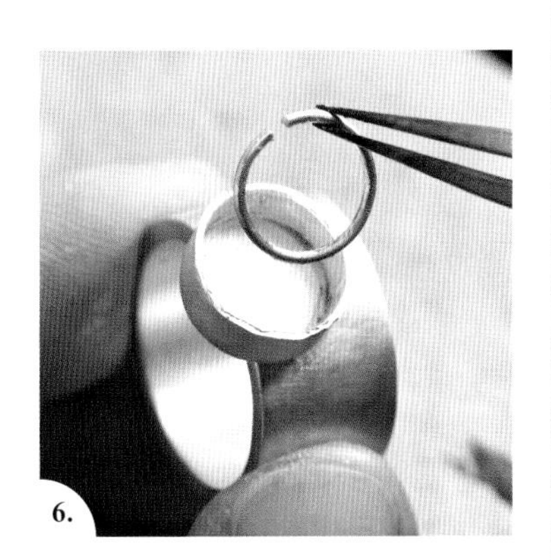
6.

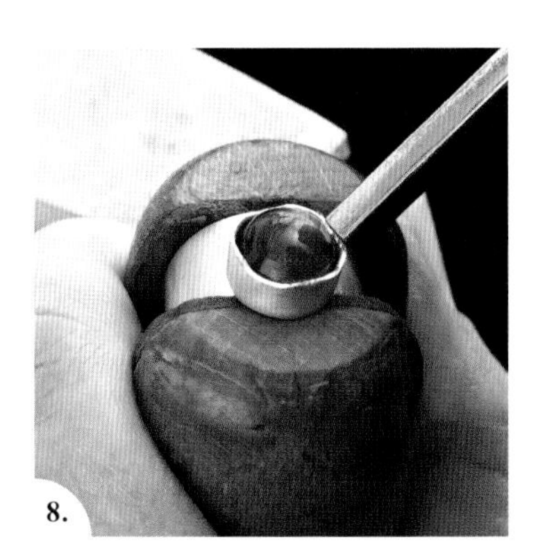
8.

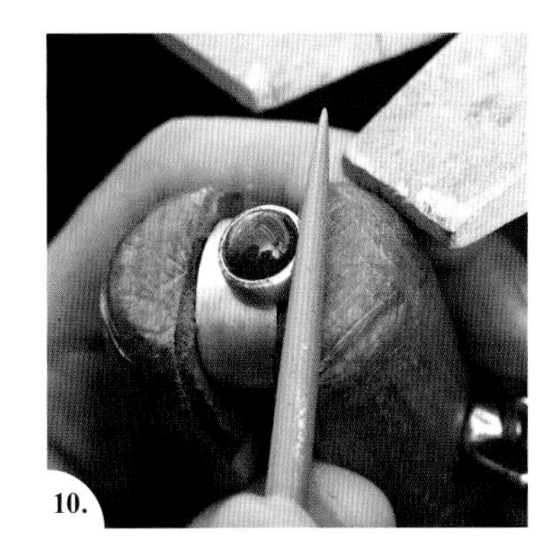
10.

提示与技巧

可以先用一段纸条围住宝石来测量包边的长度，然后再在银片上剪出纸条的尺寸。考虑到银片有一定厚度，所以这条银片的长度应该略长。如果是圆形宝石，把宝石的直径乘以3.5就可得到周长，如果是椭圆形宝石，把长度和宽度相加，再乘以3.5也可得到周长。记住，包边银条的裁剪永远都要多留一点富余。

宝石越高，包边就越高，但是，如果包边过高的话，就会包裹住大部分的宝石，而且，过高的包边在被推压的时候，容易起皱。

如果包边太小，宝石不能入位的话，可以把包边放入成型棒中，用木槌轻轻敲打，从而扩大包边，千万不要在宝石不能入位的情况下使劲把宝石按进包边内。如果包边太大，可以用锯子锯开包边再剪掉一点金属，然后重新焊接。

先用包边推子，然后用压光笔就能完成镶嵌工作，如果包边较厚，则可以使用锤子和錾子敲打包边，使包边贴紧宝石。

宝石镶嵌工艺示范

爪镶，由达芙妮·克利诺斯演示

工具与材料

- 长方形标准银丝
- 宝石
- 高温和中温银焊药
- 火枪
- 酸液
- 成型棒
- 木槌
- 钢砧
- 砂纸
- 0.8mm（20 Ga.）标准银片
- 锯弓和锯条
- 木炭块
- 反向镊子
- 尖嘴钳
- 平嘴钳
- 一段皮革
- 笔刷
- 氯化铵

操作过程

1. 用长方形银丝做一个比宝石直径大5mm（13/64″）的圆圈，用高温银焊药焊接完毕。酸洗之后，把银圈放入成型棒中用木槌敲圆，再在钢砧上把它敲平，最后用锉子和砂纸修整。

2. 从厚度为0.8mm（20 Ga.）的银片上锯出四段镶爪，确保镶爪有足够的长度能够抓牢宝石，在这个裁剪镶爪的阶段最好把镶爪做长一些。

3. 在银圈中做好焊接镶爪的位置标记，注意银圈的焊缝不要与镶爪的焊接处重叠。用反向镊子把银圈固定在木炭块上，在作标记处使用高温和中温焊药分别焊接好镶爪，冷却后酸洗。

4. 这个阶段应该完成所有的配件制作工作，比如吊坠的坠头、胸针的别针以及铰链等，都应该在此时用中温银焊药焊接上去。用剪子把镶爪剪成合适的长度，然后用锉子和砂纸修整。用尖嘴钳把镶口底面的镶爪弯折到位，顶面的镶爪略微弯曲即可，检查宝石是否能轻松地放进去。

5. 用砂纸磨掉镶爪上的尖嘴钳留下的夹痕，然后把整个镶口修整完毕，此阶段可以给镶口做氧化着色处理。

6. 用皮革包裹宝石和镶口，再用平嘴钳把镶爪夹紧，使镶爪抓牢宝石，完成宝石镶嵌工作。

7. 在没有皮革保护的情况下再次用平嘴钳夹紧镶爪，以确保宝石被牢牢固定。如果平嘴钳不小心蹭掉了镶爪上的色彩，就必须对镶爪重新氧化着色，可以用蘸有氯化铵溶液的纤维笔刷，把氯化铵小心地涂抹到镶爪上，完成镶爪的局部氧化处理。

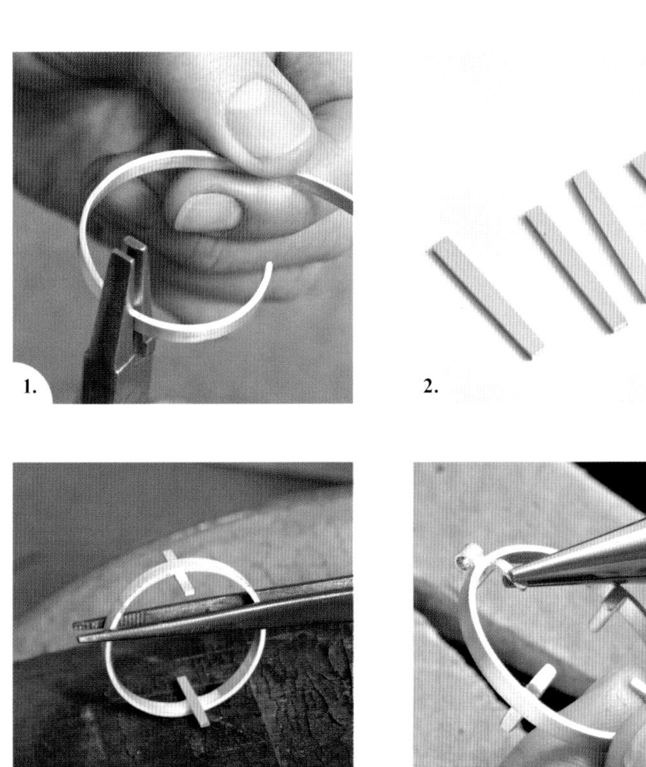

1. 2. 3. 4.

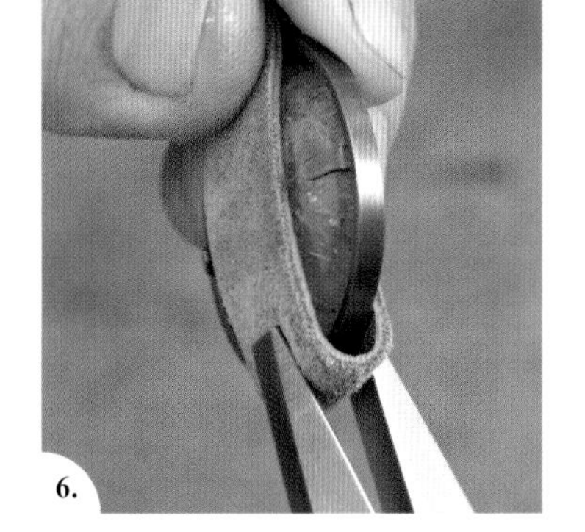

6.

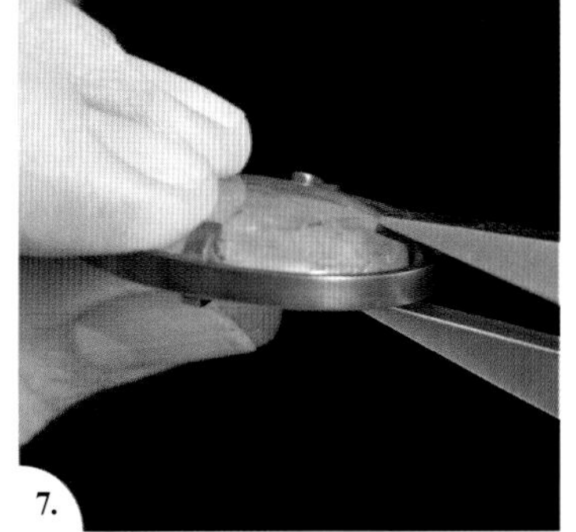

7.

提示与技巧

可以用较厚的银片来制作爪镶的镶口，如果把镶爪焊接到事先钻好的孔洞中，镶爪和镶口就会更结实有力。

镶爪应该有足够的长度才能够抓牢宝石，但如果过长的话，镶爪反而会遮挡宝石。

加热焊接后会使镶爪变软，如果条件允许的话，可以把焊接好的镶爪垫在钢砧上，用平头锤把镶爪敲硬。

镶爪的顶端需要略微锉薄一些，以便能够被推压到宝石表面，记住永远是从镶爪的外边来锉薄镶爪。镶嵌之前需完成镶爪的精修工作，而镶嵌之后只需压光镶爪即可。

市场上可以买到爪镶专用钳，不过，使用平嘴钳也是没有问题的。平嘴钳的钳嘴最好有胶带或者皮革保护垫，这样就不会伤及宝石了。

宝石镶嵌工艺示范

单颗刻面宝石的底托镶嵌法，由达芙妮·克利诺斯演示

工具与材料

- 刻面宝石
- 尺子
- 圆规
- 0.8mm（20 Ga.）纯银片和标准银片
- 锯弓和锯条
- 半圆形钳
- 高温和中温银焊药
- 火枪
- 镶口冲子和窝墩
- 手锉
- 砂纸
- 酸液
- 抢刀
- 压光笔

操作过程

1. 依照下列顺序绘制底托镶镶口的展开图：
   - 从宝石的腰部测量宝石的直径，再从台面到底尖测量宝石的高度，绘出宝石的侧视图（参看图表中的锥形图）。
   - 在略高于台面的地方画一条平行线（A-B），从A-B线的中点再画另一条直线（C），直达并穿过宝石的底尖。
   - 在低于宝石底尖的地方画一条平行于台面的线（D-E），这是镶口的最底端。
   - 分别从A点和B点画两条斜线，与C点相连。
   - 以A点到C点的距离作为半径，画一条弧线。
   - 再以D点到C点的距离作为半径，画第二条弧线。
   - 把从A点到B点的距离乘以3.14，然后以A点作为起始点，把得出的数值沿弧线标示出来，结束点为F点。
   - 连接C点和F点，镶口的展开图就绘制完毕了。

2. 把这张展开图拷贝到一块厚度为0.8mm（20 Ga.）的纯银片上，用锯子锯出来。银片酸洗之后，用半圆形钳把这块银片卷成筒状，检查宝石放进去是否合适，然后用高温银焊药焊接完毕，再用锉子锉修及清洗。

3. 把这个筒状镶口放进镶口窝墩中，用镶口冲子轻轻敲打，修整筒状镶口的形体。

4. 用锉子和砂纸把镶口的顶端和底端修平，把镶口内部也清理干净，然后用高温银焊药把它焊接到一块厚度为0.8mm（20 Ga.）的标准银片上，酸洗之后，剪掉多余的银片，并用砂纸修整镶口。

5. 把镶口焊接到戒指圈上，并用砂纸精修整个金属件。

6. 在镶口内圈的口沿用抢刀剔出宝石座，用于安放宝石。宝石的腰线应该恰好在略低于镶口顶端的位置。

7. 把宝石入位，用压光笔推压宝石周边的金属，使之贴紧并包住宝石，推压时，先从四个相对的方向开始，然后逐渐把包边推成圆形，直到金属边把宝石固定住，完成镶嵌。接下来的精修工作应该小心进行，以免损坏宝石。

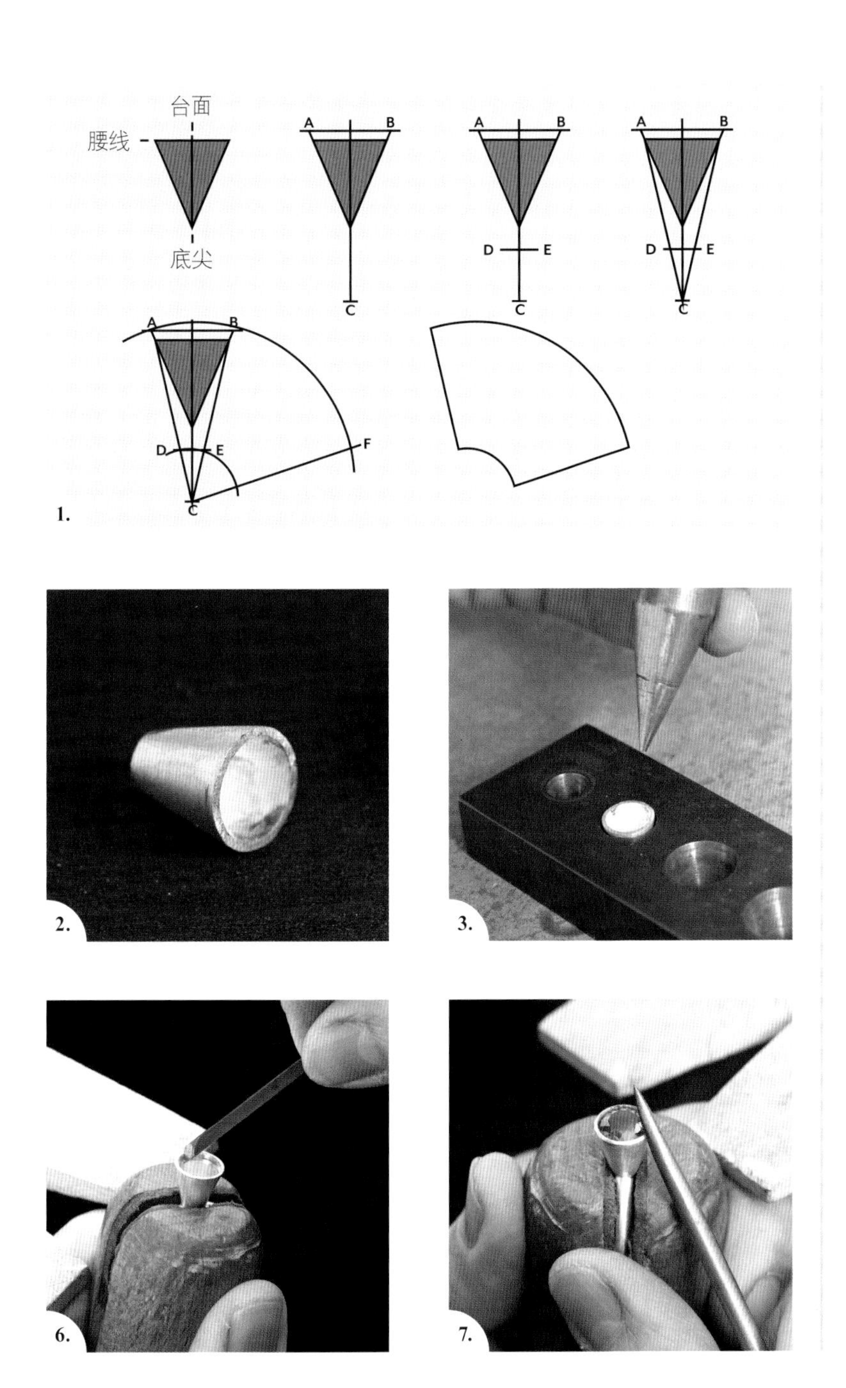

1.

2.

3.

6.

7.

提示与技巧

底托镶的镶口可以用银片也可以用银管来制作。把银管退火，然后放进镶口窝墩中不断修整即可。

底托镶的镶口底部应该用锯子锯出一个开口，这样，光线才能进入宝石，使宝石光彩夺目。

可以把戒指圈锯开，之后再把镶口焊接在戒圈中间，那么，任何调整戒圈大小的操作都会直接影响到镶口的形体。

永远不要给已经完成宝石镶嵌的饰件加热，因为，这样很可能会毁坏宝石。如果镶嵌的宝石是经过热处理以提升色彩鲜艳度的宝石，那么，再次加热可能会使它变色。

宝石镶嵌可以使用压光笔、包边推子（或冲击头）或者小錾子和锤子来完成，通常情况下，在最后一道工序如压光笔压光之前，都会用到好几种镶嵌工具。镶嵌用的錾子可以用废旧锉子或錾子改制而成，它们必须十分坚硬，长度不要太长，头部应该细小而平滑，才不会在金属上留下划痕。

胸针，朱莉娅·雷 (Julia Rai)，
摄影：艾比·约翰斯顿 (Abby Johnston)

《织幕》，项饰，哈达尔·雅各布森 (Hadar Jacobsen)，摄影：哈达尔·雅各布森

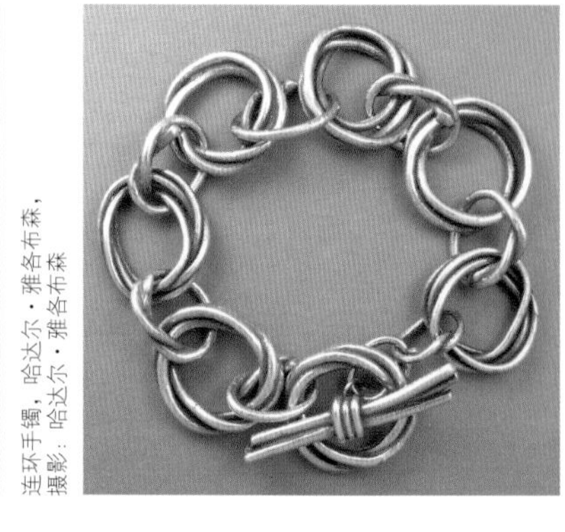
连环手镯，哈达尔·雅各布森，
摄影：哈达尔·雅各布森

金属黏土

贵金属黏土（PMC）制作技艺兴盛于19世纪90年代的日本，它是一种有机黏合剂与纯银粉末的融合物，这种纯银粉末的加工特性与陶土十分相似。金属黏土的成型与表面肌理制作，只需借助简单的工具就能实现，待成型的黏土干燥之后，把它加热到一定的温度，使纯银粉末熔合在一起，而有机黏合剂被蒸发，一件纯银饰品就制作成功了。

这种激动人心的材料似乎拥有无限的创作可能，而加热定型后的金属黏土饰件还可以焊接、锉修、抛光，其加工工艺与真正的银饰品毫无二致，当然，它最大的优点还是在于表面肌理制作与立体雕塑成型。

金属黏土的种类

贵金属黏土从外形上看有黏土型、软膏型或条型、针管型以及纸型（或片型）；从成分看有两种：PMC（原型/标准型，PMC+，PMC3）以及艺术黏土（艺术黏土650和艺术黏土慢干型）。

金属黏土的制作步骤

在制作金属黏土饰品时，以陶瓷制作工艺作为参考是十分有效的。我们使用与陶土成型相似的工具，在洁净的台面上来准备金属黏土的成型。金属黏土可以裁切、压印肌理、模压成型，也可以纯手工塑造不同的形状和样式，还可以把其他的材料嵌进金属黏土中，只要这些材料能够耐得住后期制作的高温就行。

黏土成型后，进入干燥步骤。在这个步骤中，金属黏土中的水分逐渐蒸发而呈现不同的干燥阶段。在最初的阶段中，金属黏土的表层开始发干，但内部还是完全潮湿的，此时，金属黏土就像有一层皮，如果小心操作，它还能继续塑型。第二个阶段，表面完全干了，但内部还是有点湿润，此时，再塑型的话金属黏土就

项饰，朱莉娅·雷，摄影：保罗·蒙赛 (Paul Mounsey)

《珍宝》，手链，茜丽·法戈 (Celie Fago)，
摄影：罗伯特·迪亚曼特 (Robert Diamante)

会断裂。干燥的最后一个阶段，也就是金属黏土从里到外完全干燥的阶段，此时的金属黏土比较脆弱，但还是可以使用砂纸小心地对其表面进行打磨。

当金属黏土完全干燥后，把它加热到一个接近纯银熔点的温度点，此时，黏土中的黏合剂被蒸发，黏土出现收缩，纯银粉末熔合在一起。金属黏土的加热应该在烤箱中进行，烘烤时注意烤箱的温度以及烘烤的时间。如果是体积较小的金属黏土饰件，则可以用火枪直接烧灼而进行加热。

烧结后的纯银黏土饰件一如其他的银饰品，后续的加工制作方法完全相同。不过，需要注意的是，黏土饰件经过敲打会变硬，从而可以增加强度，但敲打时一定要小心。此外，黏土饰件还有可能要与其他部件相结合，所以还有可能被重新加热，比如与其他饰件焊接在一起，此时，最好使用其他的连接方法，如冷连接来实现部件之间的结合。

金属黏土工艺示范

烤箱烘烤，由杰西卡·罗斯演示

工具与材料

- PMC3银黏土
- 有纹理的塑料垫
- 扑克牌
- 塑料棒
- 橄榄油
- 有纹理的墙纸
- 钢片刀
- 黏土切割器
- 银黏土软膏
- 笔刷
- 砂纸板
- 油锉
- 烤箱
- 计时器
- 铜刷子
- 抛光纸
- 成型棒
- 皮锤
- 擦亮剂

操作过程

1. 如果你想制作一枚戒指，先测出戒指圈的长度，再在纸上画出与这个长度相等的线，然后把线延长15%，作为黏土收缩的余量。

2. 把黏土放在有纹理的塑料垫上，用塑料棒把它滚压成长条形。黏土被置于两摞由六张扑克牌叠成的垫子之间，以确保被滚压的高度前后一致，塑料棒也是平的，这样，当它滚过扑克牌垫子时，压出来的面也会是平整的。

3. 从两摞扑克牌垫子中各抽走一张牌，再把一张有纹理的墙纸涂抹橄榄油后，覆盖在黏土的表面，再次用塑料棒滚压，使墙纸的纹理被转印到黏土的表面。

4. 用钢片刀把黏土切成合适的尺寸。

5. 用小型的黏土切割器从黏土中掏出一个小造型。

6. 为了使掏出来的黏土小造型与整体黏土结合在一起，可以用笔刷在小造型的底面涂抹银黏土软膏，然后把它放在黏土上，用手指轻轻按压5秒钟。

7. 经过24小时的晾干之后，黏土中的水分已经挥发，可用砂纸板小心地把黏土的边缘打磨圆滑，用油锉修整黏土中的镂空形体。

8. 用烤箱烘烤黏土，约两小时，温度为900℃（1650°F）。

9. 烘烤完毕，冷却后用铜刷子刷洗，再用从粗到细的抛光纸把它打磨抛光。

10. 在成型棒上，用手指或皮锤把金属黏土饰件弯曲成型。

11. 最后再用擦亮剂把它擦亮。

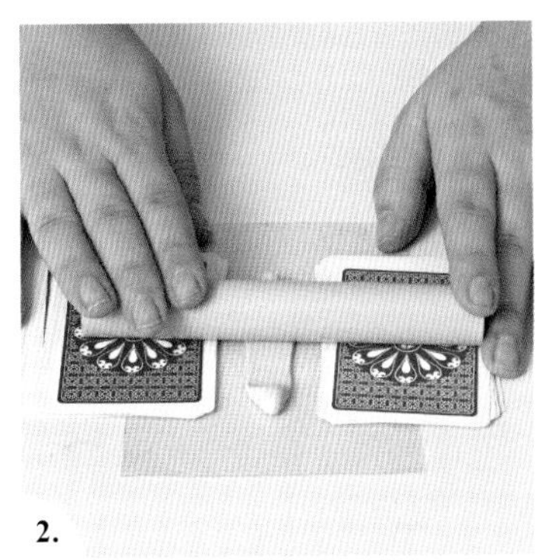
2.

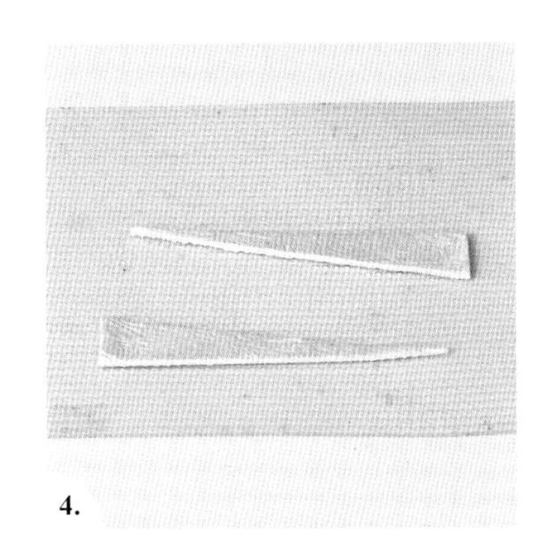
4.

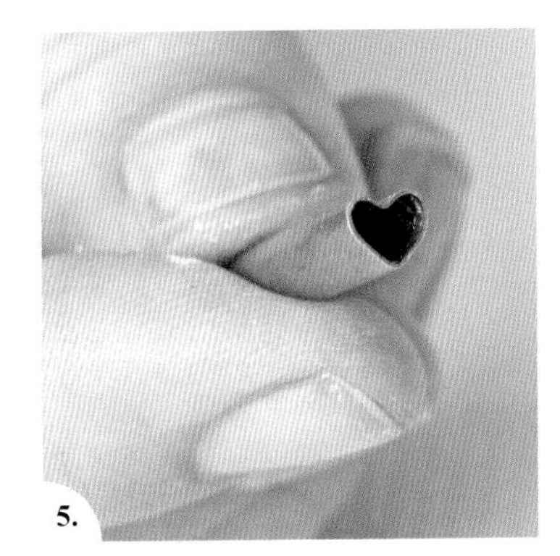
5.

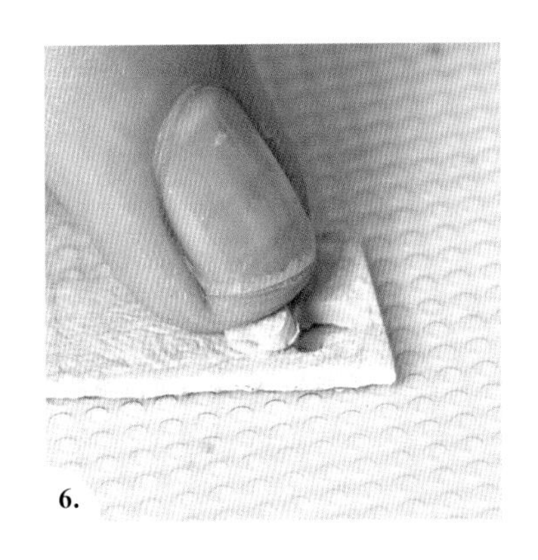
6.

8.

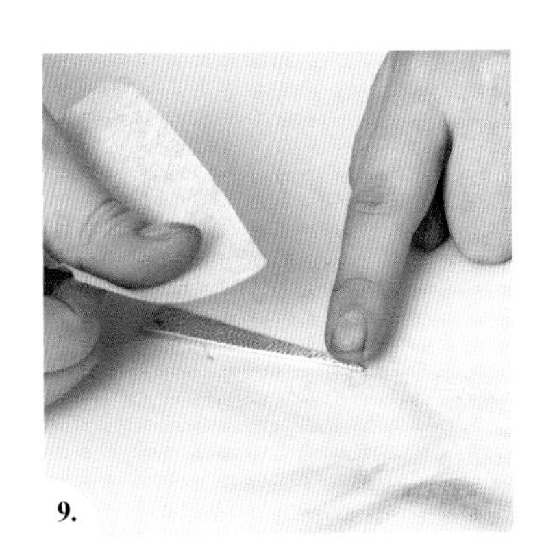
9.

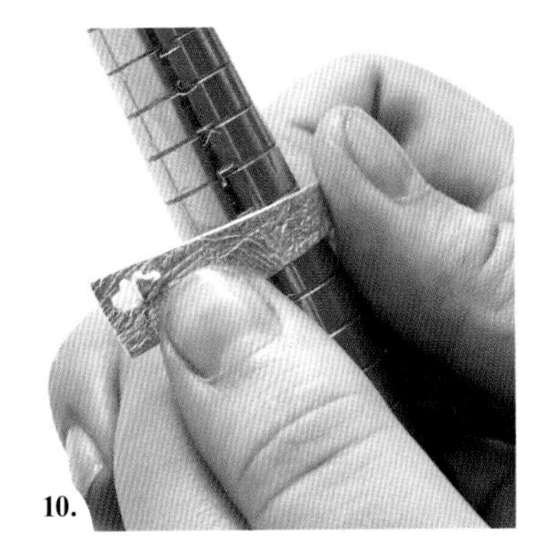
10.

金属黏土工艺示范

火枪烧灼嵌有宝石的黏土，由杰西卡·罗斯演示

工具与材料

- PMC3银黏土
- 塑料棒
- 有纹理的塑料垫
- 扑克牌
- 小刀
- 金属黏土软膏
- 耐热宝石
- 砂纸板
- 耐火砖
- 火枪
- 计时器
- 铜刷子
- 抛光纸
- 擦亮剂

操作过程

1. 在有纹理的塑料垫上滚压银黏土，垫子的两边各放置一摞扑克牌，塑料棒从两摞扑克牌上滚压过去，以保证滚压的高度前后一致。

2. 用带有纹理的物件覆盖黏土，并把物件上纹理转印到黏土的表面上，之后，用小刀把黏土裁切成所需形状。

3. 在黏土的一端涂抹黏土软膏，然后把这一端弯折，翻过来，并用手指轻轻地按住黏土大约5秒钟，之后，把一颗耐热宝石压进黏土中。

4. 干燥24个小时后，黏土中的水分已经挥发殆尽，用砂纸板小心地把黏土的边缘打磨圆滑。

5. 把黏土放在耐火砖上，用火枪烧灼，焰炬保持移动，使黏土受热均匀。注意火枪烧灼黏土四个阶段的不同特征：
   a. 冒烟
   b. 着火
   c. 变黑（从黏土中冒出煤烟）
   d. 变白

6. 黏土变白之后，黏土会发出桃红色的光泽，保持住这种光泽约两分半钟，使黏土中的银粉末被烧结在一起。

7. 完成烧灼，撤去焰炬之后，把黏土留在耐火砖上2分钟或3分钟。

8. 用铜刷子和从粗到细的抛光纸对黏土进行清洗和打磨，最后用擦亮剂把黏土饰件擦亮。

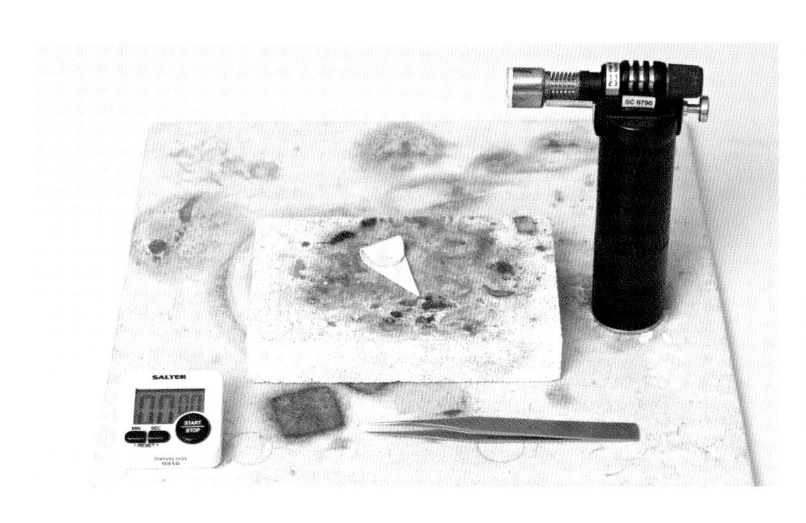

5a.

5b.

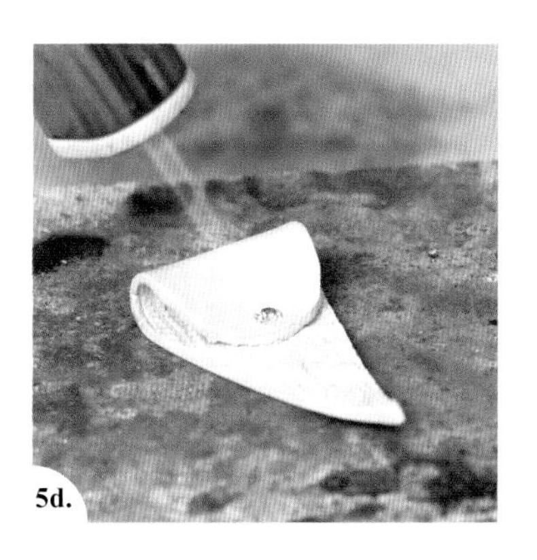
5d.

6.

提示与技巧

镶嵌于黏土中的宝石必须是经得住高温烧灼的宝石。

宝石被压进黏土中，宝石的台面应该略低于黏土的表层，这样，黏土被烧结后略有收缩，恰好可以卡住宝石。

只要是能够经得住火枪高温烧灼的材料都可以被压进黏土中，比如纯银、纯度较高的黄金、不锈钢、黄铜或者紫铜。为了抵消黏土的收缩，这些材料被压进黏土中后要前后左右推一推，这样可以在它周围营造一点富余的空间。

烧灼后的黏土可以放入冷水中急冷，但如果黏土中还有宝石或者别的镶嵌物，就不可以这样做。

用火枪烧灼黏土之前，关掉附近所有的光源，这样有助于你观察黏土烧灼四个阶段的颜色变化。

如果一段平整的黏土在烧灼的过程中变弯了且一直没有恢复原状，可以等它冷却之后用锤子把它敲平。

火枪烧灼的方法并不适合于制作体积较大的黏土饰件。

金属黏土工艺示范

烤箱烘烤用注射器推挤的黏土，由杰西卡·罗斯演示

工具与材料

- 木粉黏土成型坯子
- PMC3注射银黏土
- 饼干模具
- 木质牙签
- 橡皮泥
- 毛笔
- 防火毯
- 烤箱
- 计时器
- 电炉
- 铜刷子
- 滚筒抛光机
- 擦亮剂

操作过程

1. 用木粉黏土制作成型坯子，先滚压木粉黏土，然后把饼干模具扣在木粉黏土上，使之成为模型坯子，再把木质牙签插进坯子中。

2. 牙签的另一端被插进橡皮泥中，把木粉模型坯子晾干约两天的时间。

3. 使用注射型银黏土来制作饰件。把黏土从注射器中轻轻推挤出来，其长度越长越好，长长的黏土软膏附着在成型坯子上，形成了许多交叉联结点。

4. 用蘸过水的毛笔轻轻按压翘起来的银黏土，因为，这些翘起来的地方会在高温烧烤的时候变成尖拱，所以，在烧烤之前，就要用毛笔把它们按回去，防患于未然。

5. 用一天或两天的时间自然晾干银黏土饰件。

6. 当银黏土干燥以后，把它置于一块防火毯的上面，再放进烤箱中烧烤，一个小时后温度达到650℃（1200℉），保持这个温度45分钟，木粉黏土坯子就被烧化了。

7. 这个阶段可以安装必要的首饰附件，如耳饰的坠针。此时可以把带有小环的坠针插进饰件中，并用银黏土软膏使它与饰件联结，然后把整个饰件放在电炉上烤干。

8. 为了完成附件的安装，把整个饰件放入烤箱中烘烤10分钟，温度可达到650℃（1200℉）。

9. 饰件冷却后，用铜刷子清洗，再用滚筒抛光机抛光，最后用擦亮剂擦亮。

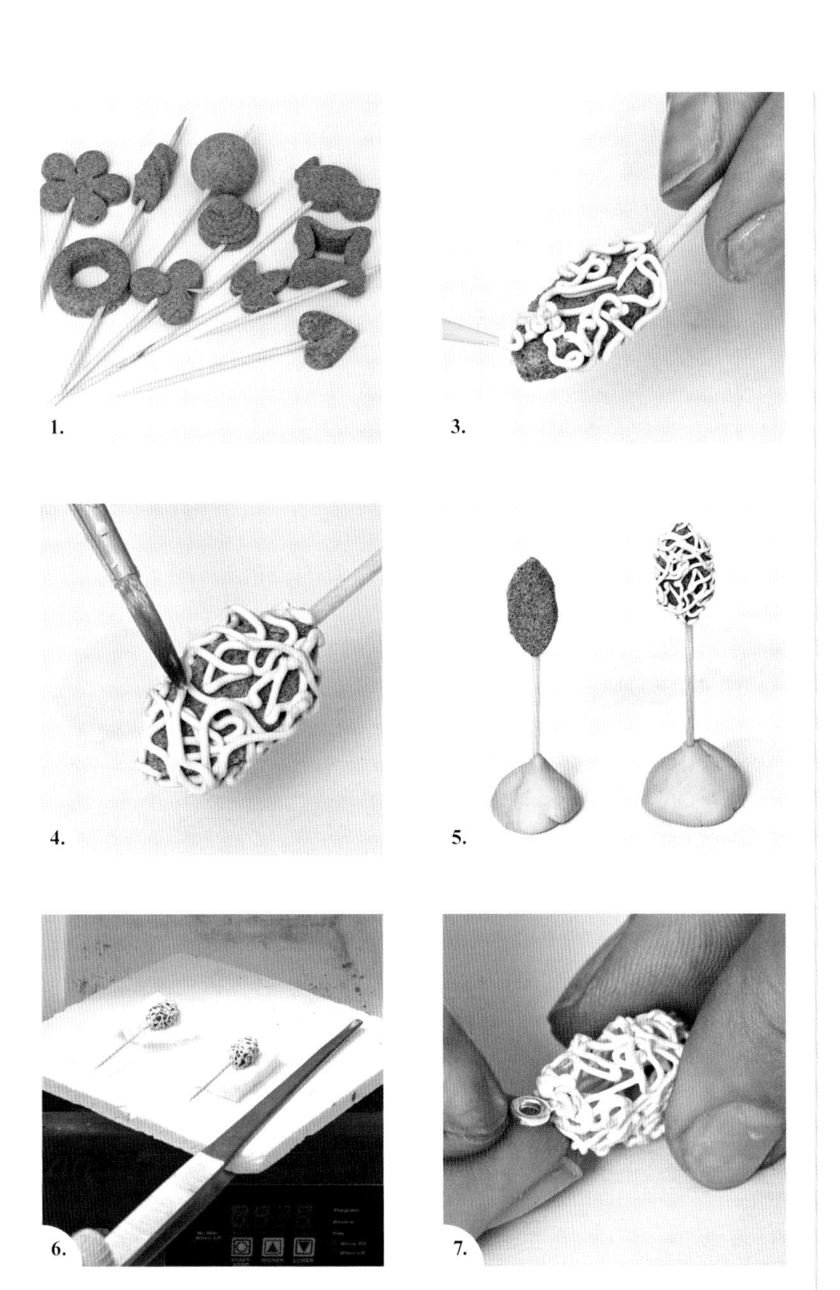

1.

3.

4.

5.

6.

7.

提示与技巧

把注射头浸在水里可以防止注射口的黏土变干变硬。

插进坯子中的棍子应该是由烧烤时可以被烧化的材质制成，比如木头材质。

如果想要加快坯子的干燥速度，可以把它放在电炉上用100℃（212℉）的温度烘烤。

用滚筒抛光机抛光中空的、有开口的饰件时，抛光机里的钢珠有可能会钻进饰件内部而被困住，注意要把这些困住的钢珠取出来。

金属黏土一旦暴露在空气中，就会很快变干、变硬，所以你要加快塑型的速度。另外，要把剩余的金属黏土包好封好，以便可以下次使用，一定要做到这一点，尤其是在较热的天气时更应如此。如果剩余的黏土已经开始变干，可以把它们放入不透气的塑料盒中，在盖子里涂抹一些水，然后盖上盖子，把黏土密封起来。

首饰附件一定要在黏土饰件干燥前安插妥当，使之与黏土饰件融为一体。

《打破边界》，手镯，方顺武，
摄影：格兰特·汉考克

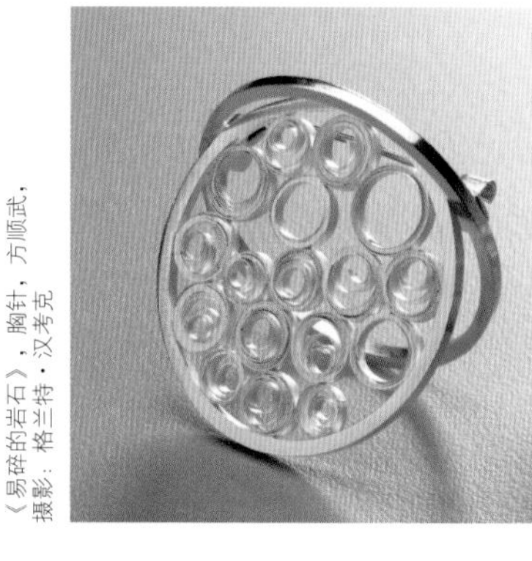

《易碎的岩石》，胸针，方顺武，
摄影：格兰特·汉考克

手镯，斯捷潘·泰特扬 (Stepan Terteryan)，
摄影：约翰·贝拉斯 (John Bellars)

花丝工艺

花丝工艺是一种使用高纯度的、拧结的金属丝来制作精细的丝线首饰作品的工艺技法，其工艺效果有点类似于蕾丝。花丝工艺的名称来源于意大利语“filigrana”和“granum”，意为“一条金属丝”和“珠粒”。早期的花丝作品通常是金属丝与作为装饰的金属珠粒结合运用。尽管在印度以及亚洲其他国家的金属作品中，传统的金属加工工艺依然被普遍运用，但时至今日，花丝工艺已经通过多种多样的制作方式得到了全新的诠释，在这些国家中，有许多的传统花丝工艺的现代运用实例，这些实例极大地拓展了现代花丝工艺的加工方法，使花丝工艺在表现作品的图案装饰性、轻巧性以及繁复性方面能够更胜一筹。

花丝工艺的优点在于极少的金属使用量，这一点能够大大降低饰品的制作成本。花丝工艺适合于制作装饰繁复而又重量较轻的饰品，另外，它很容易就能与其他的加工工艺相结合，比如宝石镶嵌和金属联结。不过，花丝工艺也是一种极其考验制作者的耐心以及相当费时的工艺。

花丝工艺是一种线条的使用艺术，它通过使用高纯度的素丝和花丝，来构造微小的结构框架或装饰区域。这些高纯度的金属丝被弯曲成型，密集排列在一起，相互之间紧密联系，然后被焊接在一起，或者被焊接到某一个托底上，形成密集的装饰框架。从传统的制作方法来看，花丝工艺的丝线之间是不允许交叉的。

花丝工艺的分类

悬空型：金属丝线没有底托，完全悬空，较粗的丝线可作为框架的支撑，使较细的丝线依附于其上。

底托型：丝线被焊接在底托片上。

结合型：这是一种悬空与底托相结合的形式。

填彩型：在丝线之间的空隙处填珐琅彩或树脂。

花丝工艺的材料

我们应该根据作品需要达到的硬度，来决定是使用标准银还是纯银来做花丝。纯银较软，易于成型；而标准银较硬，难于成型，但作品会很结实。我们可以选择不同形状的丝线来做花丝，比如圆形、扁平形、方形或者长方形的丝线，另外，还可以用拔丝板拔出特殊形状的丝线，以满足个

《旅程》，项饰，柿内由美子 (Yumiko Kakiuchi)，
摄影：曹炳官 (Byungkwan Cho)

人的特殊需要。在传统的花丝工艺制作中，一般作为框架的丝线的直径应在0.4~0.8mm（26~20 Ga.），而作为填充的丝线的直径应该比框架丝线小0.08~0.16mm（2~4 Ga.），也就是0.25~0.6mm（30~22 Ga.）。当然，当你是在制作现代花丝工艺的时候，这种直径规定并不是一成不变的教条。

花丝工艺过程

完成一件花丝工艺作品需要经过多道加工工序。首先给金属素丝退火，然后拉直，如果要使用花丝，则需要把拧结之后的花丝退火和拉直。框架丝线和填充丝线都必须压平，框架丝线定型后要用高温银焊药焊接，下一步，就是徒手或者使用钳子、格栅板，把填充丝线弯曲成型，然后把成型后的填充丝线剪下来，填充到框架之间，等待焊接。

一件质量上乘的花丝作品，是绝对避免使用焊药片来焊接的，我们可以用锉子把焊药锉成粉末，再把焊药粉撒在涂抹了焊剂的丝线上，或者在丝线涂抹焊剂之前，在焊剂里搅拌焊药粉，然后再把含有焊药粉的焊剂涂抹到丝线上去，这种方法可以保证焊接之后的作品表面十分整洁，作品只需经过很少的打磨，或者根本不需要用锉子和砂纸打磨就可以完成。我们可以用钩子、铆钉、金属圈或者银环来连接各个花丝部件，连接完成之后千万不要用机器来给作品抛光。花丝作品可以用砂纸打磨，然后用铜刷子刷亮，如果想要更高的亮度，可以用吊机安装毛扫，涂抹棕色和红色抛光皂来给花丝作品抛光，或者使用抛光绳来抛光那些拐弯抹角的局部，使整件花丝作品获得很高的亮度。

花丝工艺示范

悬空型花丝工艺，由迈克尔·米洛依演示

工具与材料

- 粗细不同的方形、圆形标准银丝
- 线剪子
- 平圆嘴钳
- 高温和中温银焊药
- 火枪
- 酸液
- 手锉
- 砂纸
- 钢砧
- 木槌
- 耐火砖或木炭块
- 焊剂
- 油锉
- 成型棒
- 铜刷子和浮石粉
- 清洗液
- 抛光皂：棕色和红色
- 吊机和抛光机针
- 抛光绳

操作过程

1. 首先制作框架丝线，使用平圆嘴钳来弯折银丝，形成框架，以备填充丝线。

2. 用高温银焊药在平整的木炭块上把框架焊接成型，冷却以及酸洗之后，用锉子和砂纸打磨修整焊缝，再把框架垫在钢砧上用木槌敲平。

3. 把一段较细的圆形银丝退火并拉直，准备制作填充丝线。用圆嘴钳把银丝弯曲成型，再用锯子把弯好的银丝锯下来，并用锉子把银丝末端锉平。如果需要的话，可以在钢砧上用木槌子把银丝敲平。

4. 把框架放在平整的耐火砖或者木炭块上，并把填充丝线也放进框架内，使填充丝线相互之间接触，也与框架接触。在银丝相接触的地方涂抹焊剂，并放置极小的焊药片（如果是很细的银丝，就应该用锉子把焊药锉成粉末，然后在已经涂抹焊剂的接缝处撒上焊药粉）。给饰件加热，使焊药熔化，确保较细的填充丝线不要先于较粗的框架银丝达到焊药熔流点，用镊子把移位的焊药推回原位。

5. 冷却以及酸洗之后，检查焊缝是否被完全焊接，如果还有未被焊接好的焊缝，需再次焊接。之后用油锉和砂纸来打磨和修整饰件。

6. 徒手或者借助钳子、成型棒来进行后续的加工操作。

7. 用铜刷子涂抹浮石粉和清洗液来洗净饰件，再用吊机安装小型抛光毛扫，涂抹棕色和红色抛光皂来抛光饰件，或者使用抛光绳来抛光那些细小的局部，使整个饰件获得很高的亮度。

8. 用银环、钩子、金属丝或铆钉来连接、组装各个花丝部件。

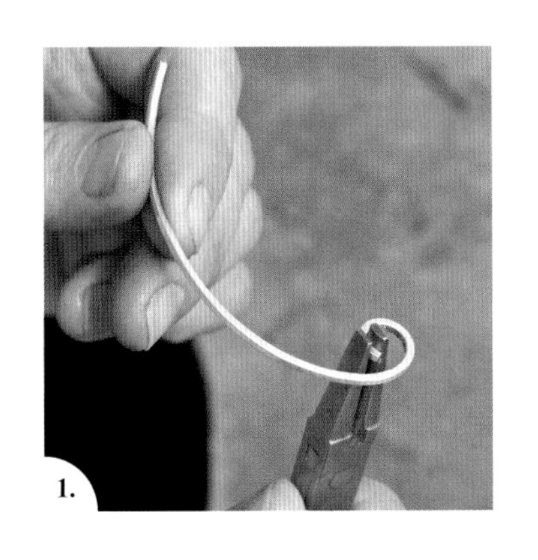
1.

2.

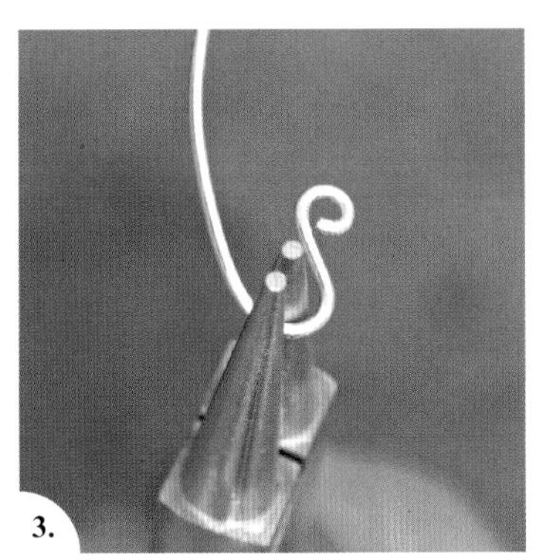
3.

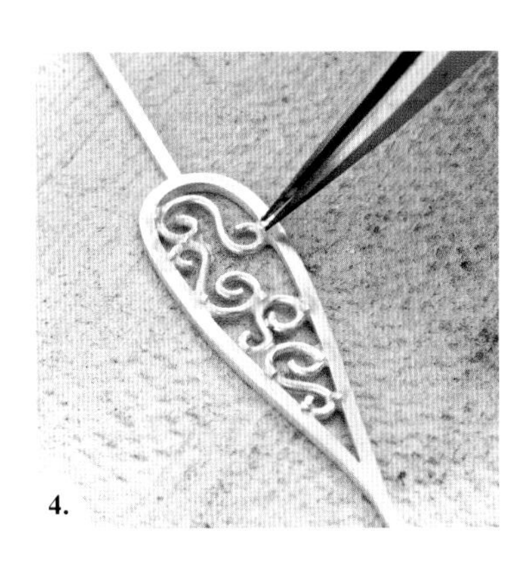
4.

5.

6.

提示与技巧

为了确保填充丝线和框架丝线处于同一个水平面上，可以把它们置于钢砧上，用皮锤敲平，而为了保护圆形银丝，可在钢砧的面上垫一张皮革或者薄纸。

填充丝线应该一次性全部放置到位，并整体焊接。

在用火枪焊接丝线时，为了防止较细的填充丝线移位，可以把所有的填充丝线都填进框架里后，放置在平整的木炭块上，然后在丝线上面覆盖一块金属片，用手指按压金属片，就可以把丝线压进木炭块中了，这样就可以防止丝线在受热后移位。

如果在后续的成型操作中，焊缝发生断裂，就需要把饰件清洗干净后重新焊接裂开的焊缝，焊接时小心不要把邻近的焊缝熔化了。

焊接时丝线之间应该有充分的接触，这一点至关重要。

可以把两股较细的银丝拧在一起，做成花丝，再用它来填充框架。

《堆积》，戒指，隆达·科耶尔(Ronda Coryell)，摄影：韦斯利·克拉克(Wesley Clarke)

珠粒球，隆达·科耶尔，摄影：韦斯利·克拉克

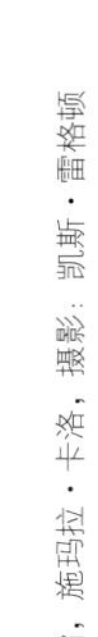

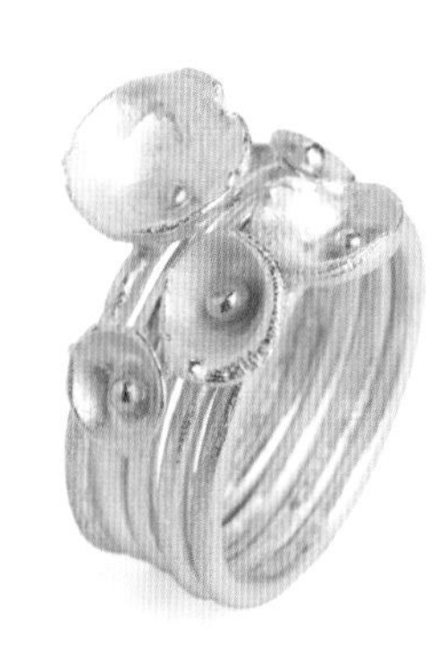

戒指，施玛拉·卡洛，摄影：凯斯·雷格顿

珠粒工艺

珠粒工艺率先由古代希腊和伊特鲁里亚人所使用，这种工艺把细小的金属球体或颗粒（传统珠粒工艺中制作珠粒的材质为22/24K黄金）附着到金属胎体作为装饰。这些珠粒或排列成几何图形，或排列成线条图形，任意地点缀在作品中，强化设计效果，或者在某个区域形成纹理图案。尽管珠粒工艺可以使作品增色，但要做好这种工艺却需要持之以恒的练习。

珠粒工艺技法

通常，珠粒工艺是把极细小的金属球体或颗粒附着到金属胎体作为装饰，所以很难看出这些微粒是如何与金属胎体相连接的，它们看起来就像是放在金属胎体上一样。实际上珠粒工艺是使用熔接法的焊接工艺，这种熔接法是通过在珠粒与金属胎体的接触点运用一种低熔点的合金而实现连接的（有时这种连接法又称作“共熔接合法”）。把铜粉、有机胶以及焊剂混合在一起，然后涂抹到接触点，加热后，这些物质就会发生几种重要的化学反应，借助这些反应，细小的珠粒实现了与金属胎体的连接：

- 铜粉受热后在珠粒与胎体之间的接触点上生成了一种合金，而有机胶受热后会发生碳化反应。
- 两者的共同作用，降低了珠粒与胎体之间接触点的熔点。
- 铜分子扩散到珠粒与胎体中，使两者实现熔接，而珠粒与胎体实际上并未发生熔化。

耳饰，帕特里夏·特斯切特 (Patricia Tschetter)，
摄影：玛里琳·奥哈拉 (Marilyin O'Hara)

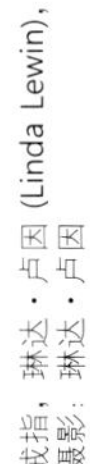

戒指，琳达·卢因 (Linda Lewin)，
摄影：琳达·卢因

吊坠，隆达·科耶尔，
摄影：韦斯利·克拉克

另外，珠粒之间也是相互接触的，所以它们之间的连接也是可以通过熔接完成的。为了产生低熔点的合金，珠粒与胎体都要先镀上了一层铜。可以在热酸液中放一根铁丝，把胎体和珠粒也放进去，再放进一小块干净的紫铜片就可以给珠粒和胎体都镀上一层铜了。然后给这些镀了铜的珠粒涂抹高温焊剂和有机胶，之后放置在胎体上。之所以使用有机胶是为了使珠粒能够附着在倾斜的胎体上。

当然，用焊药焊接珠粒也是可行的，如果采用焊药焊接的方法，就必须在胎体上做出凹坑或线槽，便于珠粒稳定在胎体上，另外，焊药必须是用锉子锉出来的焊粉，然后把焊粉撒在珠粒与胎体的接触点，或者把焊粉混合在焊剂里，再涂抹到焊点上。这种焊接的方法没有熔接法那么精确，焊接完成后，金属表面也会比较脏，因为焊药在珠粒与胎体之间占据了一定的空间，并且焊药熔化的痕迹暴露在外，使得珠粒与胎体的连接清晰可见。

金珠粒和银珠粒都可以与银胎体连接，高纯度的金珠粒和纯银珠粒可用熔接法连接，而纯银珠粒还可用焊粉焊接法来连接。除了可以把珠粒与平面胎体连接之外，还可以把珠粒连接到一条金属丝上，此外，珠粒与珠粒之间也可以相互连接。

珠粒工艺示范

制作珠粒

工具与材料

- 木炭块
- 球针和吊机
- 银环或标准银细丝、纯银细丝、高纯度黄金细丝
- 硼砂碗
- 焊剂
- 滤网兜或玻璃罐
- 酸液
- 火枪
- 钢镊子

操作过程

1. 用吊机安装球针，在木炭块上钻一些小坑。

2. 把银环放入硼砂碗中，浸没在焊剂里。

3. 把蘸过焊剂的银环放在木炭块的小坑上，用火枪灼烧，使其熔化，熔化的银球会发生旋转，此时，就可以撤去焰炬，再灼烧另一个银环了。

4. 银球冷却后，用滤网兜装好并浸泡在酸液里。

5. 如果是用银丝来制作珠粒，可以把剪好的同等长度的银丝放入硼砂碗中，浸没在焊剂里。

6. 把蘸过焊剂的银丝放在木炭块的小坑上面，用火枪烧灼，使其熔化，熔化的银球会发生旋转，此时，就可以撤去焰炬，烧灼另一段银丝了。

7. 银球冷却后，如步骤4用滤网兜装好并浸泡在酸液里。

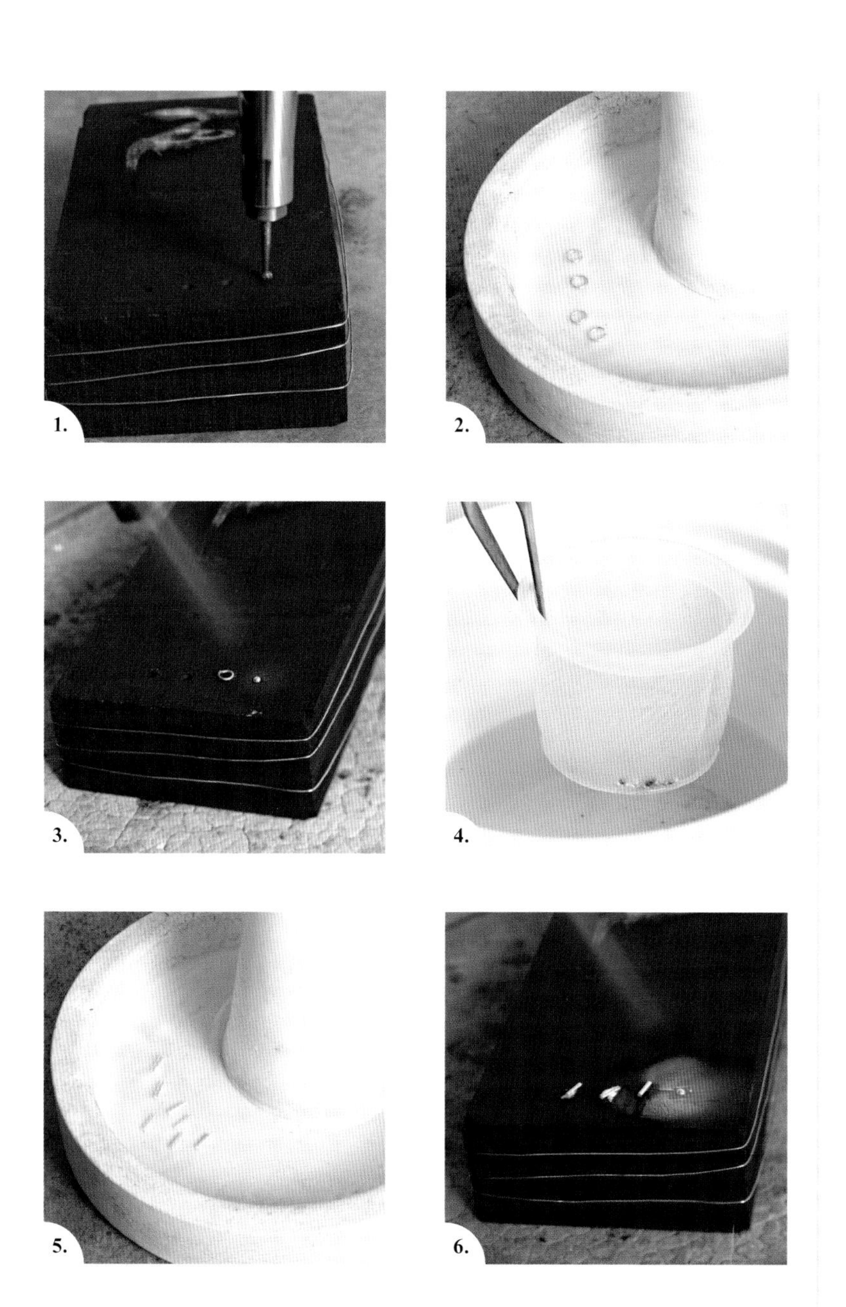

提示与技巧

也可以用吊机安装钻头，然后在木炭块上钻出小坑。

想要精确地制作大小相等的珠粒，唯一的办法就是用银环来制作珠粒。银环可大可小，所以可根据需要制作不同大小的珠粒。

用一个小玻璃罐来装珠粒，然后浸没在酸液里，可以防止珠粒沉入酸液底部而难以寻找。

如果一次性制作了很多珠粒，一定要把大小不同的珠粒分开装在袋子里。

珠粒工艺示范

熔接珠粒

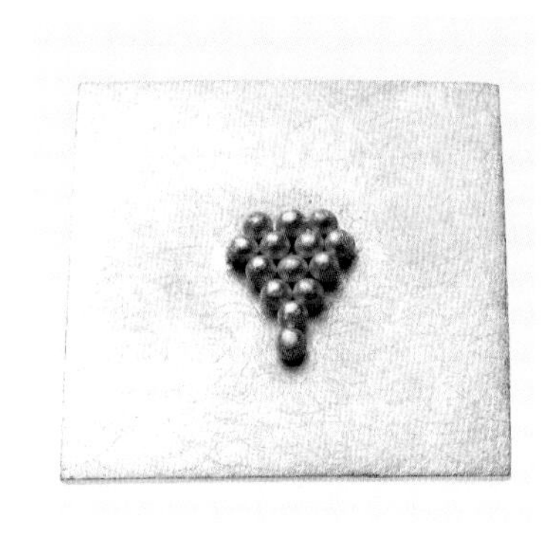

工具与材料

- 备用的纯银珠粒或黄金珠粒
- 三个小玻璃瓶
- 酸液
- 一小片紫铜
- 铁丝
- 铜刷子和浮石粉
- 有机胶（阿拉伯树胶或黄芪胶）
- 焊药液
- 镊子
- 纯银或标准银片
- 台灯
- 火枪
- 滤网兜
- 牙刷

操作过程

1. 为了给珠粒的表面镀上一层铜，可以在玻璃罐中放一些热酸，然后把用铁丝捆绑好的紫铜片放入酸液中，把纯银珠粒也放进去。

2. 再给胎体的表面镀上一层铜。先把银胎用铜刷子和浮石粉洗净，然后用铁丝捆绑银胎，放入酸液中。

3. 在玻璃瓶中把阿拉伯树胶晶体与水相调和，然后把溶液倒入另一个玻璃瓶中，调和等量的焊药液。

4. 当珠粒和胎体开始变成粉红色时，把它们从酸液中取出来，清洗后晾干。用镊子夹起珠粒，在阿拉伯树胶与焊药液的溶液中浸泡一下，然后放置于胎体上。

5. 把珠粒排列成某种图形。

6. 用台灯烘烤珠粒和胎体，以加快其干燥的速度。

7. 当有机胶干燥后，珠粒就被固定住了，用小火慢慢加热珠粒和胎体，有机胶被碳化（显示为黑色物质），逐渐消失。

8. 继续加热，超过退火温度点而达到熔接温度点，当达到熔接温度点时，珠粒与胎体的接触点以及胎体表面会发光。此时，应立即撤去焰炬。

9. 让珠粒饰件在空气中自然冷却，然后，装在滤网兜里，再放进热酸中。滤网兜可以防止未完成熔接的珠粒掉入酸液里。用牙刷涂抹浮石粉后清洗珠粒饰件，仔细检查所有的珠粒是不是都熔接在胎体上了。

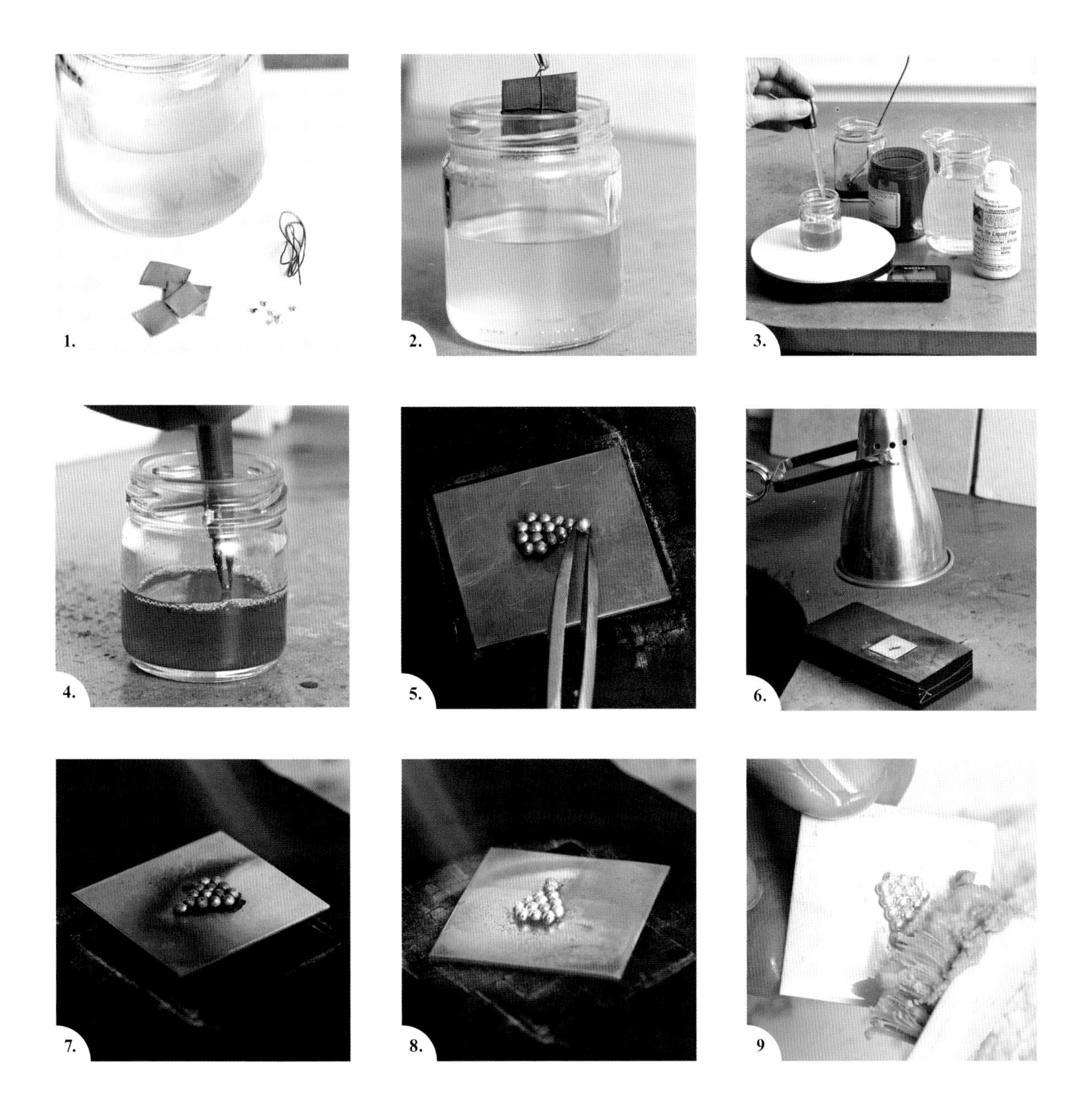

珠粒工艺示范

焊接珠粒

工具与材料

- 标准银片
- 备用的标准银珠粒
- 压片机
- 捆绑丝
- 铜刷子和浮石粉
- 划线笔
- 高温银焊药
- 粗手锉
- 硼砂
- 镊子
- 火枪
- 滤网兜
- 牙刷
- 纸巾
- 砂纸
- 水

操作过程

1. 把一块银片退火三次，然后在银片上放置弯曲的金属捆绑丝，通过压片机的碾轧，银片的表面形成了一些槽线，这些槽线就是放置珠粒的地方。用铜刷子和浮石粉清洗银片，再用银环制作一些标准银珠粒。

2. 用划线笔加深和修整银片上弯曲的槽线，再用较粗的锉子锉一些焊药粉，焊药粉用纸片装好。

3. 把硼砂用水调成糊状，再与焊药粉调和在一起，小心地把这种糊状的焊药焊剂涂抹到银片的线槽中。

4. 把珠粒放入糊状焊药焊剂中浸泡。

5. 用镊子夹起珠粒，沿银片的槽线一颗一颗放置，珠粒之间应相互接触。

6. 先用软火加热，尽量减小焊剂的膨胀和珠粒的移位，当焊剂凝结后，用焊接辅助针把移位的珠粒推回原位。把焰炬调大，焰炬集中于胎体，当见到焊药熔化而流动，就立即撤去焰炬。

7. 饰件冷却后，用滤网兜装好并浸泡在酸液里，然后用牙刷和浮石粉清洗饰件。

8. 仔细检查所有的珠粒，如果还有未被焊接在胎体上的珠粒，就需要重复焊接程序，顺着珠粒排列的线槽，小心地涂抹少量的糊状焊药焊剂。

9. 为了防止焊药流到胎体上而带来过多后续的清理工作，可用纸巾吸掉多余的糊状焊药焊剂。给饰件加热，使焊药熔化，冷却以及酸洗之后，用牙刷和浮石粉洗净饰件。

10. 先用粗砂纸，然后是细砂纸，修整珠粒旁边的区域。

11. 最后用小铜刷子和热的肥皂水把饰件洗净。

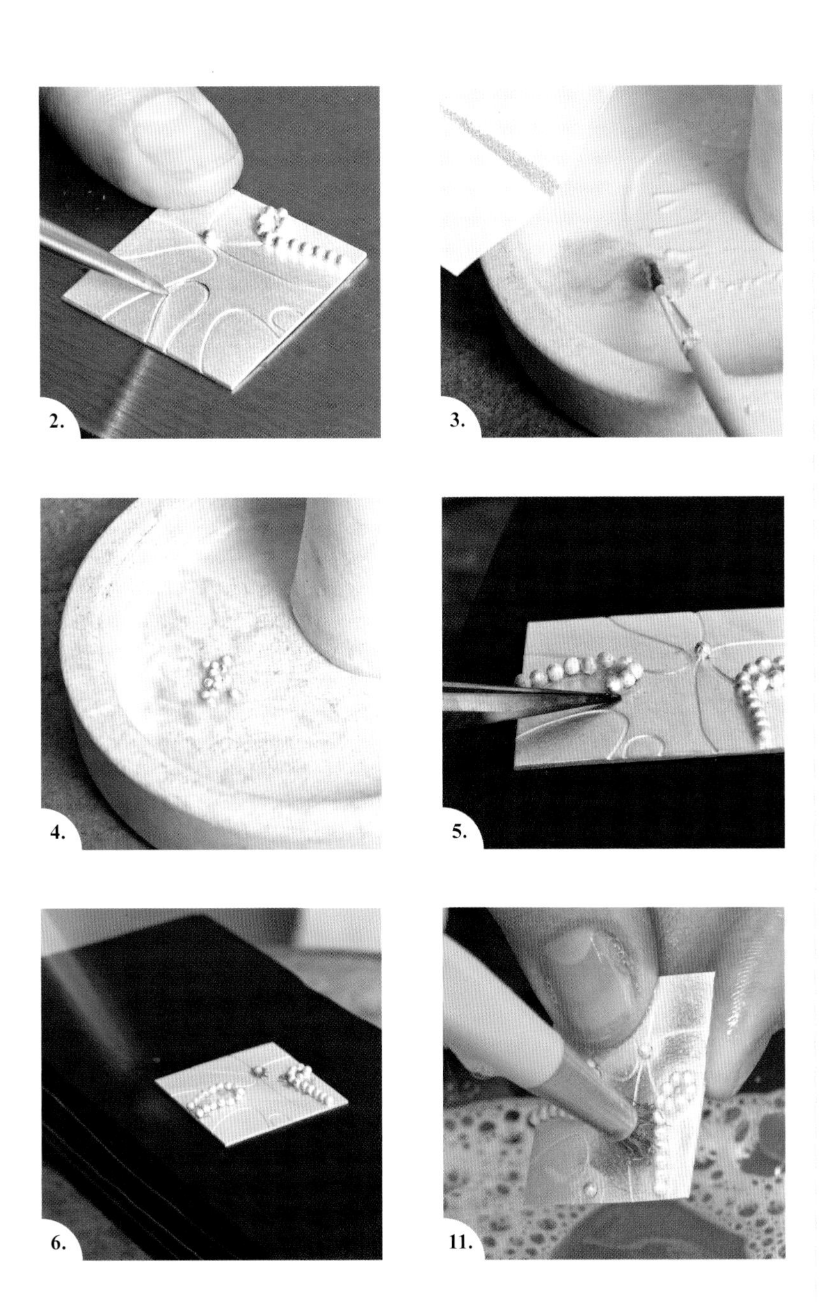

2. 3. 4. 5. 6. 11.

提示与技巧

一定要在胎体上制作能够容纳珠粒的凹坑或线槽，我们可以通过吊机安装钻头和机针，或者用小窝錾来制作凹坑，通过压片机碾印或雕刻刀雕刻的方式来制作槽线。

在涂抹焊剂、放置珠粒以及再次焊接之前，一定要用浮石粉和刷子清洗胎体。

如果需要重复焊接，应该尽量少用一些糊状焊药焊剂，每一次需要重复焊接时都应如此，直到所有的珠粒都被焊接在胎体上。

珠粒之间相互接触，形成接触点，焊药熔化后同样会流动到这些接触点上。

除了运用涂抹焊药粉与硼砂的混合物到珠粒上的方法，你还可以试一试另一种方法，即先把硼砂焊剂涂抹到饰件上，然后用手指捏着焊药粉，再把焊药粉撒到珠粒上，从而尝试珠粒与胎体的焊接。

艺术家档案

辛西娅·艾德凭借极具创造性和设计感的金工作品而获奖无数，她的作品多被出版发表，参展频频。她的首饰以及器皿作品多以阿金提姆银为原料，经过独特的锤敲工艺以及液压锻造而成。辛西娅居住于马萨诸塞州，定期讲授金工课程、举办工作营以及短期培训班。1980年，辛西娅于印第安纳大学获得金工首饰设计硕士学位（MFA），并持有艺术教育的学士学位（B.S.）。

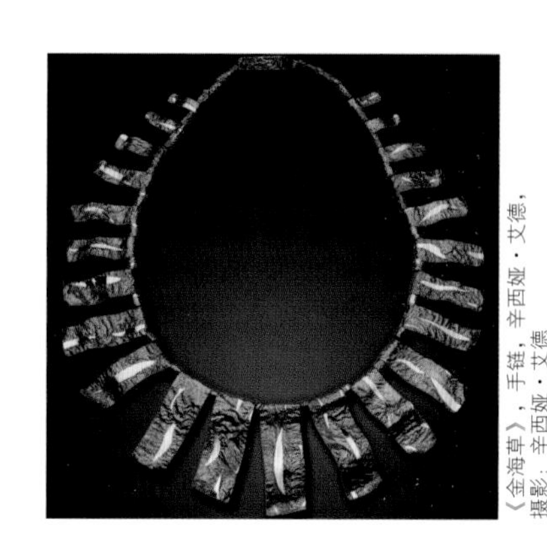
《金海草》，手链，辛西娅·艾德，摄影：辛西娅·艾德

辛西娅·艾德 (Cynthia Eid)

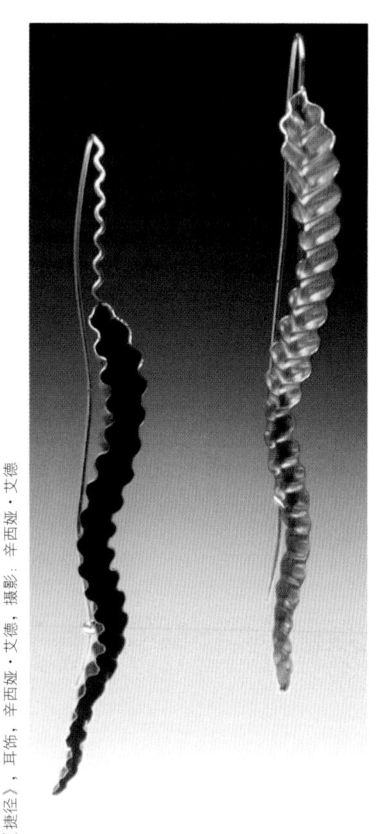
《捷径》，耳饰，辛西娅·艾德，摄影：辛西娅·艾德

你的创作灵感和想法来源于何处？

金属看上去十分坚硬，然而它又像黏土一样可以被改变和塑造，这一点我很喜欢。事实上，我在讲授金属锻造和成型工艺时，经常会提及擀面杖是如何改变黏土和面团的形状，并以此启发学生去理解如何使用锤子来改变金属的造型。我喜欢那种“柔软的”假象，看上去充满流动感的金属作品却是由平整的、有棱有角的金属构成，一件作品居然能做到看似柔软和滑溜，可摸上去却是坚不可摧的质感，这一点太不可思议了。

我能把一块金属材料变成一件造型复杂的艺术作品，这种任意支配金属的感觉我很喜欢。我钟情于制作具有自然成型感的形体，然而我并没有简单地模仿大自然的造物。我更愿意创造新的造型，而非老老实实地仿造自然。

你为什么要选择金属联结工艺来进行创作？

综合运用不同的金属，能使我的作品无须镶嵌宝石就能获得多种色彩。因为，如果你在作品中镶嵌了宝石，人们的视线就会集中于宝石，而不是你的金属作品了。

你为什么要选择把廉价金属与银结合在一起进行创作？

如果用黄金和白银来创作，成本十分高昂，并且，在设计和制作的过程中，我会因为使用了贵金属而变得缩手缩脚。而紫铜和黄铜同样具有很好的固有色，着色后会与白银产生漂亮的对比色，且成本低廉。使用廉价金属来创作，我会觉得更自由、更富有探索性，也允许我制作尺寸更大的作品。

雷吉娜·施瓦泽1961年出生于德国的小镇哈瑙，成长于巴伐利亚，并在哈瑙技术学院学习金工首饰制作，该学院是欧洲最为古老的技术培训学院之一。1993年施瓦泽移民澳大利亚，目前在阿德莱德居住并工作。2010年施瓦泽在一所视觉艺术设计学院获得硕士学位。她的作品在国内外频频参展，很多作品被私人收藏，作品图片被专业书籍发表。

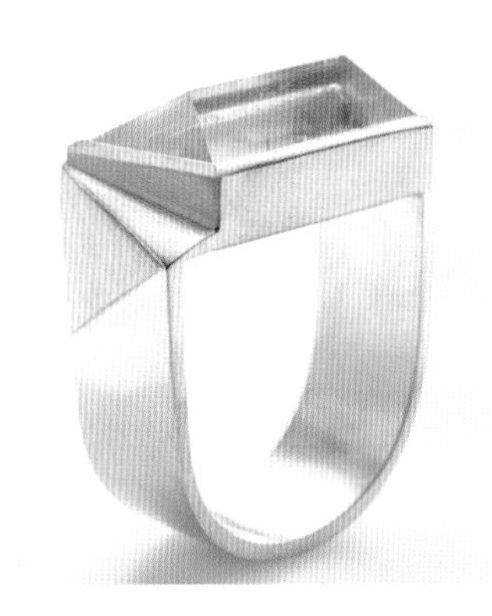

《颠倒的海蓝宝》，戒指，雷吉娜·施瓦泽，摄影：格兰特·汉考克

雷吉娜·施瓦泽 (Regine Schwarzer)

你的创作灵感来源于何处？

我小时候第一次见到化石是在德国的弗兰克犹拉，是我与号称岩石和矿物“采集者”与收藏家的父亲一起在野地里挖掘时发现的。后来，当我穿越澳大利亚人烟稀少的地区时，我的寻宝激情再次被点燃。那些石头的色彩和结构激发了我的创作灵感，从它们身上我学会了怎样造型。如今，我经常会在创作中运用这种造型手段。这些材料唤醒了我的探索欲，在我的研究下，它们的构造、神秘的价值以及能够让人联想到风景的纹理都被一一剖析。

是这些石头直接引发了你的设计作品，还是先有了设计，之后再去寻找相应的石头？

这是一个从设计的发端就存在的选择性问题。我会用全新的、具有实验性的方式来切割彩色宝石，从而充分发掘彩色宝石造型手段的多样性。我曾经学习过传统的宝石切割与琢型，以此为基础，我不断地探索新的可能性，使得那些透明和半透明的宝石呈现出多种多样的造型与色彩。从传统的角度来看，在透明的宝石上以精确的角度来设置刻面，就会提高光线的反射率以及形成火彩，而我却对宝石的内含物情有独钟，要知道这些有内含物的宝石在传统的宝石切割工艺中是会被弃用的。这些宝石中的内含物，或者说大自然的污点，融入我的作品中，我的创作目的就在于降低宝石自身的价值，使人们能够换一个角度看待宝石，那么，它们的内在生命就会被真实地展现。

综合运用多种材料，这些材料的外部形体与内部结构线相互呼应，造型与色彩彼此协调，这种独特的视觉组合能够大大地提升那些常被忽视或轻视的普通宝石的价值。通过深入剖析这些材料，我展示了它们的结构、肌理、色彩以及隐藏在表层之下的宝石形成的历史。所以，石头才是我每一次设计的起点。

你是通过什么样的程序来完成你的首饰制作的？

我喜欢根据宝石的造型、色彩以及内含物来开展我的设计，并且常常把这些宝石琢磨成与常规的圆形、椭圆形和方形大相径庭的形状。我更愿意着重表现那些未经雕琢的宝石，表现它们里里外外偶然形成的一些特征和色彩。每一次宝石琢型的过程都是一段遭遇未知与拥抱惊喜的旅程。

凯特·麦金农是一位专业作者、金属艺术家以及珠饰艺术家，一直居住于她的家乡亚利桑那州的图森市。她已经出版了五本书籍，在杂志上发表了十几篇文章，并在国外讲授首饰课程以及举办讲座。凯特的纯银黏土作品使她获得了2005年的绍罗·贝尔（Saul Bell）设计奖。她的作品主要表现结构与活动部件之间的有趣的连接。

《蓝色的珠子》，戒指，凯特·麦金农，摄影：凯特·麦金农

凯特·麦金农 (Kate McKinnon)

你的创作灵感来源于何处?

我的创作灵感大多来源于自然世界的形体、形式和肌理，我喜欢树和岩石。我的创作灵感还会被宏伟的桥梁或建筑物激发出来，比如旧金山的金门大桥、悉尼歌剧院以及芝加哥的马利纳城双塔。

你为什么要选择金属黏土作为自己的创作材料？又是怎样开始的?

我只使用纯银黏土来创作，因为，完成后的纯银黏土的作品从金属艺术的角度很容易被认同，另外，它与纯银一样可以被焊接和锻造。

我是在给我的手工珠饰作品制作独特的配件和锁头时，开始使用纯银黏土的。这种材料无须专门的金属工作室就能制作。于是，我就想再深入一些，随着更进一步的尝试，我意识到金属工艺必须与陶艺结合起来，我需要一些专门针对黏土加工的工具和设备。我开始学习传统的金属工艺技术，誓不回头。尽管我喜欢金属黏土的艺术表现力，但它只是金属艺术的一个局部而已。

使用金属黏土来创作的方式有好几种，你选择的是哪一种？为什么?

我始终认为金属黏土作品的创作应该分为三个部分：陶艺技术（总是通过按压而不是拉拽的手法来塑造形体；知道怎样利用干的、湿的和半干半湿的材料来塑造形体；不要使用抹蹭的方法来连接部件）、烘烤技术以及金工技术。如果一件金属黏土作品没有精确的塑形、足够的烘烤以及精湛的金工技术作为保障，那么，这些作品的表现力一定是不够的。

告诉我你是通过什么样的程序来完成你的首饰制作的?

我并不会像通常人们所做的那样从绘制效果图来开始创作。我总是从局部以及零件的制作开始我的创作。活动的零部件往往能吸引我的注意力，所以，我的设计常常开始于以不同的方式来组合连接不同的零部件，直到灵感不期而至。

在我完全满意之前，我的确会走弯路，有些东西也会出现反复，然而，还是有一些主题和形式是值得我坚持做下去以及不断探索的。

斯捷潘·泰特扬出生于亚美尼亚，在埃里温大学学习了首饰设计与制作。定居英国后，他在伦敦的科克皮特（Cockpit）工艺与设计中心建立了工作室，在那里他设计制作了一些限量版的首饰，用于零售以及满足私人订制的需求。在设计观念的革新方面斯捷潘积极尝试，其作品形式大多具有系列性，且比较重视作品佩戴的舒适性。

圆形对开银花丝手镯，斯捷潘·泰特扬，摄影：约翰·贝拉斯

斯捷潘·泰特扬 (Stepan Terteryan)

你为什么要运用花丝工艺来进行创作？你是在接到花丝首饰的订单之后进行创作，还是主动决定运用花丝工艺来进行创作？

我是主动学习花丝工艺的，这种工艺是亚美尼亚的传统文化遗产，具有坚实的历史文化基础。对于我来说，这项工艺的挑战在于如何精细地构架金属饰件，这种构架是所有的花丝首饰作品必须具备和解决的。

敞开式花丝手镯，斯捷潘·泰特扬，摄影：约翰·贝拉斯

传统花丝首饰的种类有好几种，你的花丝首饰有别于这几类吗？

我的花丝首饰使用的都是双股金属丝（银丝或金丝）拧结而成的花丝，这些花丝集中排列在图形框架中，并在可能的情况下让这些花丝悬空排列。我依然使用过时的皮老虎来制作首饰，这一点倒是值得庆幸的，因为皮老虎能使我更容易地控制温度，另外，焊接时，皮老虎吹出来的焰炬要比燃气枪吹出来的更好用。

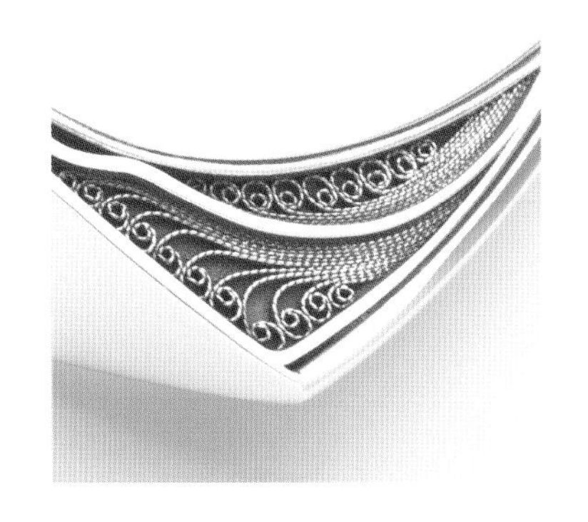

花丝工艺是一种需要耐心且相当耗时的工艺，那么，你的花丝首饰的制作程序是怎样的？

我制作花丝首饰的程序如下：

- 把纯银和标准银熔化在一起，制作我自己独有的丝线。这种方法制作出来的丝线同时具有柔软性、韧性和弹性。
- 用拔丝板把丝线拔到足够的细度。
- 把两股丝线拧在一起而成单股。
- 用压片机把合二为一的单股丝线碾轧到合适的厚度，制成花丝。
- 花丝被弯折成各种曲线，然后放进框架中，根据框架的大小剪裁花丝的造型，使它适合框架。
- 从焊药棒上用锉子锉出焊药粉。
- 把所有的丝线焊接完毕。

帕特里夏·特斯切特是一位屡获奖项的首饰设计师，其作品多刊登在杂志和书籍上。她的首饰设计职业生涯始于1998年，在此之前她的职业是婚姻家庭咨询师。经过达拉斯工艺协会的首饰课程培训之后，她又先后参加了佛罗里达金匠协会在旧金山瑞维尔（Revere）学院举办的首饰工作营以及其他地方的短期培训班，并师从不同的首饰教师。在这些教师中，对她影响最大的要数简·斯达克（Jean Stark），特斯切特就是从这位教师那里学到了珠粒工艺。现在，特斯切特生活于德克萨斯州的达拉斯。

《蜜蜂》，戒指，帕特里夏·特斯切特，摄影：玛里琳·奥哈拉

帕特里夏·特斯切特 (Patricia Tschetter)

你为什么要运用珠粒工艺来创作首饰？

当我第一次参加简·斯达克的珠粒工艺工作营时，我就知道珠粒工艺将会是我今后的创作方向。这种工艺比较适合我的性格。它把古代的历史带到了现代社会。如今，制作首饰的工艺方法实在是太多了，如计算机辅助首饰设计CAD、计算机辅助首饰制作CAM以及激光焊接等。而珠粒工艺的制作手法基本上与2000年前的没有区别，这样的工艺今天已经所剩无几。它也是最后几种仍需人类双手来触摸金属的工艺之一。当然，珠粒工艺也可以使用激光来制作（如果是体积较大的珠粒，也可以使用铸造工艺来制作），但这些珠粒与手工制作的珠粒的感觉是不同的。作为一个艺术家，我需要那种触摸金属的感觉。

手镯，帕特里夏·特斯切特，摄影：玛里琳·奥哈拉

传统的珠粒工艺一般使用22K金来制作珠粒，并且使用熔接法来焊接。请告诉我一些关于你的银珠粒以及珠粒焊接的工艺信息。

我采用传统的制作工艺来把22K金、纯银以及电金（一种金银合金）制作成珠粒，不过，几年前，我也用阿金提姆银来做珠粒，用这种银来做珠粒要比使用纯银或金银合金容易得多，珠粒的外形也要匀称得多。使用阿金提姆银来做珠粒，可以不需要电窑来烘干，我所需要的仅仅是木炭块、有机胶焊剂以及一把火枪。这种简单的工艺操作简直棒极了。我可以在银片上钻凹坑，把珠粒固定在凹坑里，然后把银片弯折成戒指，那些用阿金提姆银制作的珠粒在焊接时一粒都不会掉下来。如果是纯银、金银合金以及22K金制作的珠粒，就无法做到这一点。此外，22K金做成的珠粒能够熔接，当然阿金提姆银做成的珠粒也一样能做到。

你制作珠粒首饰的程序是怎样的？

由于我制作的都是珠粒首饰，所以我会在焊接珠粒之前以及等待珠粒晾干的时间里，制作首饰的其他部分。我很惊讶，我完成的工作量总是比计划的要多。我在制作珠粒的时候喜欢听音乐，对于我来说，这是一种冥修的方式。有时我会打开工作室的门，聆听屋外的鸟叫声，有时也会把黄蜂从我的工作室驱赶出去，这些对于我来说都是一种冥修。

乌特·德克尔是道德首饰（ethical jewelry）主要的支持者，她以使用再生银材料和生物树脂来制作具有较强佩戴性的雕塑首饰而声名卓著。她是第一批在世界范围内收购绿色黄金（fairtrade and fairmined gold）的艺术家之一。乌特把有机的、硬朗的、极简风格的形体与精细的表面肌理融合在一起，创作出了许多限量版的、具有强烈个性特色的首饰作品，这些作品充满了永恒的优雅气质。她出生于德国的乌特现定居于伦敦。

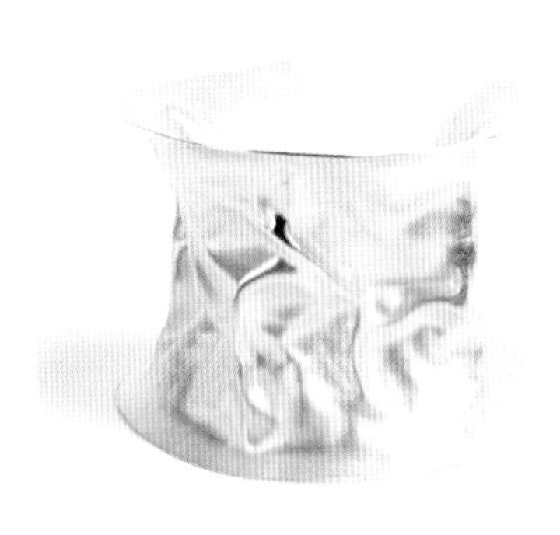

《丝绸皱纹》手腕雕塑，乌特·德克尔，摄影：埃尔克·博克

乌特·德克尔 (Ute Decker)

请介绍一下你的制作工艺，如锻造、錾刻、金属丝线工艺或肌理制作工艺。你为什么要选择这些工艺来创作呢？

肌理在我的作品中占有重要的地位，它能给我的作品带来内涵。我喜欢探索各种肌理，所以经常会获得意想不到的肌理效果，然后不断将这些肌理效果提炼和优化。尽管我比较喜欢腐蚀工艺制作的肌理，但是我的环保意识又使我不得不去想，化学品能够在短短数分钟内就把金属腐蚀掉，那么，它对我们的生态环境是不是也一样呢？所以我从不使用有毒的化学药品，毕竟，我是一个有创造力的人，我能借助许多其他的方法来获取有趣的肌理。在我的工作室里，我们使用无毒的柠檬酸来配制酸液，用鸡蛋来做氧化银工艺。当然，我们使用鸡蛋是从本地农贸市场购买的，都是散养鸡下的蛋。

我制作了许多尺寸较大、可佩戴的雕塑首饰，很多都是采用马鞍形锻造工艺来制作的，这种锻造工艺制作出来的马鞍造型十分漂亮，动感十足。我很庆幸两次参加了本杰明·斯托奇（Benjamin Storch）主持的为期五天的工作营，他可是马鞍形锻造工艺的大师之一。

《大地的尽头》，手腕雕塑，乌特·德克尔，摄影：埃尔克·博克

请告诉我你使用道德银材料（ethical silver）来创作的一些情况。

当我开始接受个性首饰定制的时候，我就被金属开采对环境和社会造成恶劣影响的相关信息吓住了。于是，我花了很长时间寻找绿色金属的供应商。从那时候起，我就把相关的背景信息、我的专业知识以及绿色金属和宝石供应商的链接，都展示在我的网站上：www.utedecker.com。

100%再生银材料的品质与传统的银材料完全一样，延展性与颜色没有区别，甚至连价格也是一样的。

你创作的程序是怎样的？

我的作品制作周期一般比较长。我会先绘制一系列的设计草图，然后在工作室进行尝试性制作，此时会有许多意外的东西参与到我的设计中。我喜欢这种设计制作过程，所以更愿意创作单件的或者彼此稍有差异的系列作品。

第二部分
材料、工具与参考信息

材料

银的种类

999纯银

纯银的银含量高达99.9%，通常不会发生氧化而变色，加热后也不必酸洗。纯银十分柔软，所以在首饰制作中的使用率并不高，不过，由于纯银易于加工，故而在錾花、使用起钉镶工艺镶嵌易碎宝石、丝线首饰制作以及制作珠粒工艺时，纯银都是理想的材料。此外，银黏土经过灼烧之后产生的金属也是纯银，但如果想用银黏土制作足够结实的首饰，则必须把灼烧之后的银黏土敲硬，再进行后续的加工。

925标准银

为了使银具有一定的硬度，通常会把纯银与紫铜熔在一起，制成合金。标准银就是一种银含量92.5%、紫铜含量7.5%的合金，这被很多国家确立为标准的银合金，并且从14世纪就已经开始使用了。如果降低合金中的银比例而提高紫铜的比例，所得合金的颜色就会更暗，且更易氧化而产生氧化层。

958布里特尼亚银

布里特尼亚银没有标准银的知名度高，它是一种银含量95.8%、紫铜含量4.2%的合金。合金中的银含量越高，其受氧化的程度就越低。布里特尼亚银比标准银要软，因此更易于加工成型。布里特尼亚银在加工过程中不会很快就变硬，这个特点使得布里特尼亚银成为珐琅烧造、拧丝以及锻造的理想材料。1697年，英国甚至颁布国会法令，规定用布里特尼亚银取代标准银而成为银制品的标准材料，并且威廉三世也曾下令使用布里特尼亚银来制造银币，其目的就在于防止人们直接把标准银制成的银币熔化掉来获取银材料、制作银器，从而保证银器材料具有较高的纯度。至今，布里特尼亚银在英国和爱尔兰仍被广泛使用，其纯度标记为958。

阿金提姆银

银合金中的紫铜会在退火或焊接的过程中发生氧化，从而在金属的表面产生灰色的污点，这种污点被称为红斑或氧化皮。这种氧化物甚至能够透过银金属表面而深入到银的内部，而从金属外表是看不到这些内部斑点。有时候，想把这些成品中的内部斑点清理掉，这是十分困难甚至是不可能的。所以对于标准银来说，内部斑点无异于一种顽疾。不过，银合金技术不断得到发展，近年来出现了好几种标准银的替代品，在这些替代金属中，紫铜被其他的元素完全取代或者与其他的元素一并使用，而这些替代的元素都是能够阻止产生氧化斑点的化学元素。在这些替代金属中有一种就是阿金提姆银。1996年，彼得·约翰斯（Peter Johns）在英国的密德萨斯大学发明了阿金提姆银，如今，阿金提姆银在美国和意大利通过提炼再生银的方式而获得，我们通过世界各地的材料供应商可买到多种阿金提姆银材料。现在共有四种不同的阿金提姆银材料：第一种，标准阿金提姆银，即原始阿金提姆银，银含量为93.5%，其余为紫铜和微量的锗，而标准银是除了银之外全部为紫铜；第二种，纯阿金提姆960银，这是一种达到布里特尼亚银纯度级别的银，银含量达到96%，其余为紫铜和锗；第三种和第四种是阿金提姆银（阿金提姆935银和专业型阿金提姆960银），专供铸造用。由于锗的使用，阿金提姆银完全有理由成为一种无斑的标准银材料，它具有极其出色的抗氧化能力，并且比传统的标准银更为柔软，这就意味着它经过退火之后，能够接受更长时间的加工以及更深入的塑形。阿金提姆银也更容易熔接和焊接，所以也是理想的制作珠粒工艺的材料。使用这种新的标准材料会与使用传统的标准银材料稍有不同，所以在加工过程中我们必须制订一些有针对性的工艺流程，才能最大限度地发挥阿金提姆银的优势和特点。

再生银

原材料的可持续性以及循环利用性是很多首饰制作者共同关心的问题。2011年，人们见证了绿色黄金原材料项目的飞速开展，并从绿色银材料的发展轨迹中窥见了这种绿色原材料的旺盛需求。在此期间，首饰制作者可以从一些绿色材料供应商手里，买到银含量为100%的再生银，从而不断地使用绿色再生银来制作首饰，实现绿色材料使用的可持续性。

银材料的获取

我们可以从金银经销商以及专业首饰材料供应商那里买到各种各样的银材料，种类众多，包括：各种厚度的片材、银丝、银棒，不同直径和形状的银管，银链、银配件、铸造用银粒以及银黏土。其中，标准银的种类是最多的。

银材料是根据重量来销售的，其价格由市场来决定，所以每天的银价都不同。一些银材料，如银管，其价格要比市场银价更高，因为这里面包含了额外的银管制作成本。加工时产生的银碎料可以回收，许多金银经销商都能提供这种回收银碎料的服务。银碎料和银粉末都应该收集起来，不过，干净的银碎料应该分开放置，因为干净的银碎料的回收价格要比银粉末的价格更高一些。

银材料的种类形式

1. 方形丝
2. 扁丝
3. 圆形丝
4. 三角形丝
5. 圆棒
6. 方形管
7. 圆形管
8. 银粒
9. 银片

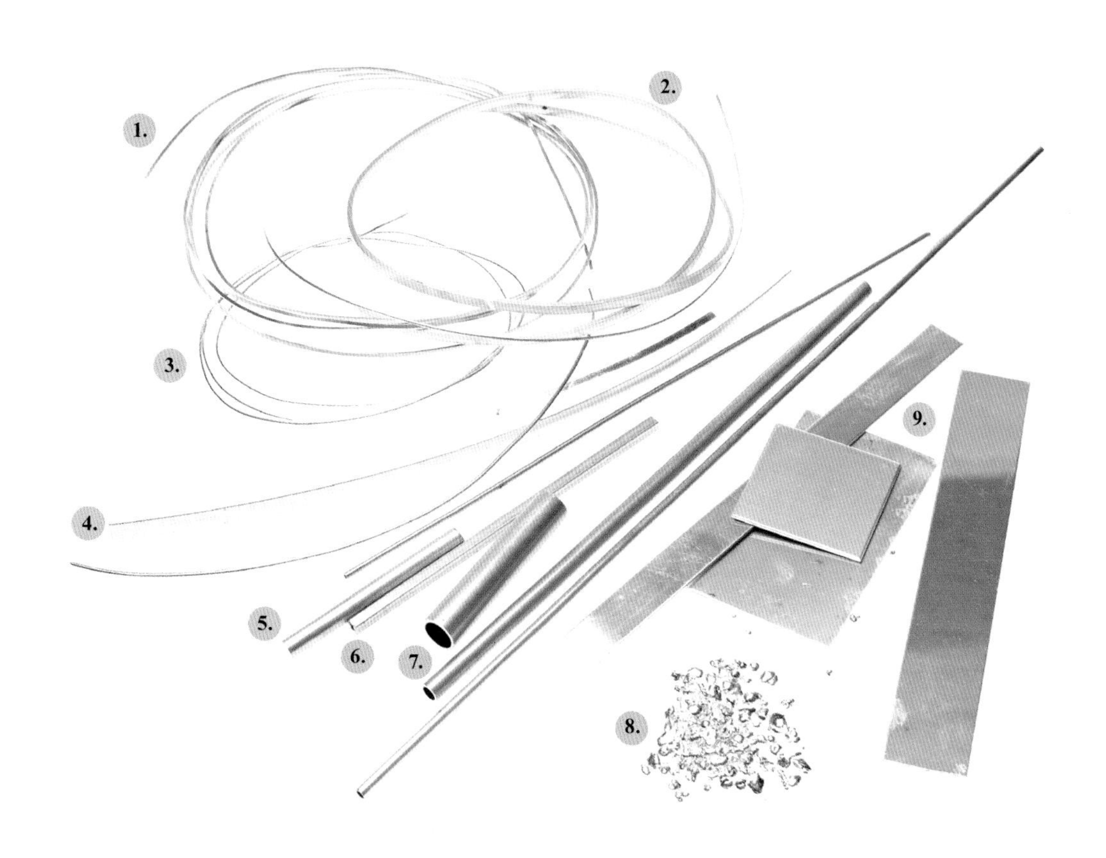

工具

工作台

首饰工作台和工作区：

首饰工作台的台面用厚实的木材紧密拼接而成，桌腿粗壮坚固，台面与地面的距离约为950mm（37″）。工作台不能有丝毫摇晃，所以，它一般靠墙而放。台面的半圆形切口的中部装有台塞或台钳，用于支撑物件，台塞一般都有V形切口。台面的半圆形切口下部挂有皮兜，用于盛装锉修时产生的金属粉末与碎料。旋紧式夹头吊机位于台面的一侧。良好的光照必不可少，一般是在工作台的后部安装工作灯。酸液罐一定要远离工具而放置，放在工作台的一角或者另外的独立区域。钳子和锤子应该并排放置，方便随时拣用。台面上还应放有台钳。另外，为了提高工作的舒适性，还应该有一把高度较为合适的椅子，当然，椅子的高度也是可以调节的。

皮兜：

悬挂在工作台面半圆形切口的下部，用于盛装锉修时产生的金属粉末与碎料。

工作灯：

夹在工作台上或者用螺丝拧紧固定在工作台上。

台上工具

旋紧式夹头吊钻：

电机提供动力，有旋紧式夹头，夹头可安装各式附件，如钻头和机针。

戒指调节器：

用于扩大或缩小戒指圈的直径。

台钳：

用于固定工具或物件。固定银质物件时，其锯齿形的钳嘴通常需安装金属、橡胶或者毛毡护垫。

拔丝板：

用于拉直金属丝、使金属丝变硬、减小金属丝的直径以及改变金属丝的切面形状。拔丝板通常需用台钳固定。

拔丝钳：

结合拔丝板一起使用，用于夹住金属丝，把金属丝从拔丝板中抽出来。

沙袋：

多用皮革制作而成，内装沙子，用于支撑物件或工具。诸如敲凹工艺、球面成型、锤敲工艺、敲打成型以及雕刻等工艺都需要使用沙袋作为靠垫。

设备

台钻：

用于钻孔，有夹具，可固定需要钻孔的物件。

液压机：

用于冲压与印压成型工艺。

压片机：

滚轮有片槽和线槽，用于减小金属片的厚度和金属丝的直径。

超声波清洗机：

通过超声波，使温热的清洗剂产生振动，从而达到去除污垢、抛光饰件的目的。

酸液罐：

能够保持稀硫酸的温度以及妥善存放酸液，使金属受热或焊接之后能够在酸液罐里得到清洗。

抛光机或磨光机：

结合使用各式毛扫、布轮和抛光皂，用于金属的表面精修。

滚筒转臂抛光机或滚筒抛光机：

通过滚筒内的钢珠来达到抛光、压光以及使金属变硬的目的。适用于金属黏土饰件和链条。

手钻、钻头、机针

手摇钻或手钻：

用于钻孔和拧丝。

索咀：

当手动钻孔以及镶石微调时，可用来固定小型工具，如钻头和机针。

高速麻花钻头：

用钢材制成，粗细不同。可以安装在台钻或手钻上，较细的麻花钻头也可安装在吊钻上使用。

钢机针：

有不同的形状和尺寸，形状有圆锥形、圆柱形、火焰形、圆形及钻石形。安装在吊钻的旋紧式夹头中，用于金属的切削、研磨、塑型或者在金属表面制作肌理。

金刚砂机针：

由坚硬的矿物质（包括氧化铝粉末）制成，安装在吊钻的旋紧式夹头中，用于切削金属。有多种形状和尺寸。

量具

钢片尺：

结合划线笔和分规一起使用。

电子秤：

用于给金属和成品称重，使我们可以根据金属的最终用量来给作品定价。

游标卡尺或精密游标卡尺：

用于内部与外部的测量。

戒指棒：

用于测量戒指圈的大小，棒上标有戒指号。

戒指量具：

用于测量手指的大小，每一个圈上都刻有号码。

可调节手环/手镯量具：

用于测量手与手腕的尺寸。

标识工具

划线笔：

徒手使用或借助钢片尺、尺子来刻画测量值，描画设计稿，也可以在金属表面刻画肌理。

分规：

用于标记测量值，刻画圆圈和平行线。

直角规：

结合划线笔来划线，在不成直角的金属片上画出直角，检查一条直线是否与另一条直线形成正确的角度。

定位錾：

用錾花锤敲打定位錾，可以錾出一个小凹坑，这个小凹坑可以使钻头在钻孔时不会跑偏。

图案和字母錾子：

每一支钢质的錾子的錾头都有图案或字母，用錾花锤敲打这些錾子，可以制作图案和肌理等。

裁切工具

斜口剪钳：

用于剪裁直径不超过2mm（12 Ga.）的较硬的金属丝。

小剪钳：

无弹簧的直边剪子，用于焊药片以及薄金属片的剪裁。

锯弓或首饰专用锯弓或线锯：

具有弹性金属框架和木质把手，利用弹性框架绷紧锯条，用于切割和镂空金属。

锯条：

被安装在首饰专用锯弓上使用，用于切割和镂空金属。从4/0号（最粗的）到8/0号（最细的）都可买到。最常用的是2/0号的锯条。

裁管器：

在使用锯子切割金属管时，可以夹紧金属管，可以调节切割长度，使每一次的切割长度都相等，从而可以切割等长的金属管。

切圆器：

用于在退过火的、厚度不超过0.7mm（21 Ga.）的银片上切割圆片或圆孔。

锉修工具

手锉、半圆形锉：

粗细不同，用于切削金属以及修整戒指内圈和曲面中的焊缝。

手锉、平锉：

粗细不同，用于切削金属以及清理焊缝，0号锉和2号锉最为常用。

锉柄：

使手锉用起来比较舒适。

油锉：

油锉的锉齿有粗有细，锉子长短不一、形状也不同，用于切削金属、清理精细的焊缝。

异形锉：

末端的造型多种多样，锉齿粗细适中，用于切削犄角旮旯里的金属。

方柄锉：

钟表匠常用的精细锉子，常用的方柄锉为6号，形状多有不同，用于精细作品的局部锉修。

金属锤子

肌理制作锤：

一种双头锤，使用它能够快速而轻松地制作肌理。

敲花锤：

较大、较平的锤头用于敲打錾子；另一个凸起的锤头则用于制作铆钉头以及在银片上敲肌理。

铆钉锤：

重量很轻的锤子，锤头较小，是制作铆钉、敲硬银片以及在银片上制作肌理的理想工具。

錾花锤或平凸锤：

通用的锤子，平锤头用于敲打工具（如錾子）；凸锤头用于肌理制作。

敲凸锤：

有高凸面锤头和低凸面锤头，用于金属的初期成型阶段，把金属垫在沙袋或木墩等较软的支撑物上，敲打金属，使它快速成型。

锻敲锤：

有两个方形凸面锤头，其中一个锤头面的凸起程度大于另一个。结合钢砧使用，锻敲锤被用于敲凸和锻造。锻敲锤的锤头面应该打磨光滑，并始终保持整洁。

整平锤：

有两个圆形锤头，其中一个锤头面较平，另一个锤头面微微凸起。结合钢砧使用，用于敲平金属上的印痕、敲硬金属以及制作柔和的肌理。

非金属锤子

皮锤：

结合金属砧子和成型棒一起使用，用于塑型和整平，不会在银材料上留下锤痕。皮锤的锤头大小不同。

木槌：

一般为木质，用于金属錾刻初期的敲凸工艺。

钳子

平行钳：

无弹簧装置，用于夹紧、对折、弯曲以及解开金属丝打的结，不会在银材料上留下印痕。

尖嘴钳：

钳嘴为尖锥形，可用于弯折、制作金属链，能够深入一般工具难以触及的地方。

平嘴钳：

钳嘴的两面均为平面，用于夹紧、对折金属片和拉直金属丝。

平半圆钳或戒指钳：

钳嘴的一面为平面、另一面为半圆形，用于弯折曲线。半圆形的那一面弯折金属，平面的那一面则不会在金属上产生印痕。

圆嘴钳：

用于金属丝的塑形以及制作金属环和曲线。

砧子

羊角砧：

用于塑型、整平以及支撑金属物件。可以直接放在工作台上使用，也可以用台钳夹紧后再使用。

平铁砧或平铁：

一种通用的工具，结合金属锤和非金属锤一起使用，可用于敲平金属片，也可用作锻敲金属的支撑面。平铁砧的表面应该始终保持整洁和光滑，一旦有任何印痕，就要马上去除。

钢质窝墩/窝錾套件：

用于制作球面的工具。窝錾除了有钢质的，还有木质的。

坑铁：

用于金属凹槽和金属管的制作，操作时把窝錾的支杆或者铁棒放入坑铁的凹槽中，再用锤子敲打窝錾或铁棒即可。还可以把圆形金属丝放入坑铁的凹槽中，再经锤子敲打，制成半圆形金属丝。

银匠专用砧子：

结合各式锤子一起使用，可用于锻造、敲凸以及整平金属。

三臂砧子：

一般为钢质，用台钳固定，结合各式锤子一起使用，可用于金属的成型和塑型。金属放置在合适的砧子上，通过锤敲，金属就会被塑造成与该砧子的形状相同的造型。

成型棒

圆形手镯成型棒：

结合金属锤子或非金属锤子一起使用，可用于手镯或者其他曲面的成型。成型棒的表面应保持平整光滑，因为，成型棒上如果有印痕的话，会把这些印痕转印到金属上。

圆形标号戒指成型棒或芯轴：

用于戒指的成型和整型，标有戒指圈的号码，可以用台钳固定后再使用。

成型棒或芯轴：

用于戒指、包镶镶边的弯曲成型以及整形等。成型棒与芯轴有不同的形状和粗细，可以用台钳固定后再使用。

圆线芯：

用于等圆金属环的制作。

焊接工具

焊剂刷：

用于涂抹焊剂、焊药皂或者焊药水。

硼砂粉：

一种干焊剂，用水调成糊状，并用硼砂碗盛装，在焊接时可使焊缝保持清洁。

硼砂碗：

未经上釉的陶瓷碗，用于盛放硼砂粉与水调和而成的焊剂。

奥福路（Auflux）焊剂或奥罗福路焊剂（Auroflux）：

一种液体焊剂，最初用于黄金焊接，但现在也用于白银焊接。

钢镊子：

既用于夹取受热后的金属，也用

于夹取焊接过程中的金属。

反向镊子：

有两种反向镊子，一种为直嘴，另一种为弯嘴。反向镊子具有弹性，当挤压镊子时，镊子口部张开。焊接时，可用反向镊子固定金属件。一般的反向镊子都有隔热垫片。

焊接夹：

一种万向台夹，金属支架末端有反向夹子，可在焊接时抓牢金属件。

黄铜镊子和钳子：

用于从酸液中夹取物件，或者夹取热的物件。

塑料镊子：

用于从酸液中夹取物件，另外，在腐蚀金属或者给金属着色时，用于从溶液中夹取物件。

焊接辅助夹/针：

用于夹取焊药片以及引导焊药熔化后流入焊缝。

捆绑丝：

用于焊接过程中，把金属部件捆绑和固定在一起。

手持火枪：

一种使用丁烷气体的火枪，适用于焊接和加热。

燃气火枪：

用于退火、焊接以及任何其他的加热操作。需与丙烷气罐相连。整套设备包括燃气罐、橡胶管、枪管以及各式大小不同的枪头。

耐火砖和耐火瓦：

用于焊接和退火，为了给工作台提供足够的阻热保护，需码放多块耐火砖或耐火瓦。耐火砖还可以敲碎，其碎块在焊接过程中可用于支撑焊接件。

木炭块：

用于焊接以及熔化体积较小的金属。可以在焊接前把金属件插进木炭块的表面。木炭块在焰炬的灼烧下会减小空气的介入，从而形成一个干净的焊接小环境。它能够保存热量，并把热量反射给焊接件，使焊接的效果达到最佳。使用前在木炭块的四周紧紧缠绕捆绑丝，从而确保木炭块经过多次使用后不会变形。

旋转焊接台：

一种旋转的台面，台面上放有耐火砖或耐火瓦，焊接过程中可以旋转。在焊接过程中，由于旋转焊接台可以使焰炬从不同的角度加热焊接件，所以十分有利于金属的整体加热。

隔热粉：

用水调成糊状，涂抹于已经完成焊接的焊缝表面，以防这个焊缝在后续的焊接操作中重新被熔化。

隔热膏：

用于保护焊接过程中无须加热的地方，比如已经先期完成焊接的焊缝。

金属黏土制作工具

间隔器和滚轴装置：

间隔器在滚压黏土时，可用于调节黏土的滚压厚度。

塑料垫：

金属黏土可以在塑料垫上进行制作。

黏土模具：

用于制作精确的、复杂的、细致的黏土饰件。

图形黄铜片：

用于黏土的肌理制作，黄铜片上图形的种类十分多样。

黏土切割器：

能清晰而精确地切割黏土造型。

木质台座戒指棒：

可以制作黏土戒指模型等。

针具：

对于黏土制作十分有用。

手术刀：

切割黏土十分有效。

海绵砂垫：

用于吸收黏土的水分使黏土变干。表面砂粒有粗有细，整体较软，有韧性，可重复使用，可以切成小块，也可以剪成小颗粒后再使用。

玛瑙压光笔：

取代钢质压光笔来给烘烤后或未经烘烤的黏土压光，同时还可在制作贴金工艺时，推压金页，使金页融入到银片中。由于它不会伤害宝石，所以还可在制作包镶工艺时推压包边。

金页：

不限于在金属黏土制作工艺中使用，也可用于标准银和纯银的制作工艺中。

烤箱：

用于烘烤金属黏土。

雕刻工具

雕刀：

由钢材制作而成，用于金属表面的雕刻。市场上出售的雕刀一般较长，购买后可根据个人的需要来调整长度。雕刀的形状有多种。

平边抢刀：

由钢材制作而成，被镶嵌师和雕刻师用来切割和雕刻金属。

雕刻夹：

一种可调节的夹具，有插孔与芯棒，可固定小型金属件，用于雕刻和镶石。

目镜：

一种夹在眼窝的放大镜，用于雕刻以及精细饰件的制作。目镜有各种不同的焦距。

油石：

一种双面均附有金刚砂的磨刀石，金刚砂的粗细不同，一面为中等，另一面为较细。结合使用机油，可用于雕刻刀以及其他工具的磨韧工作。

阿肯色油石：

一种可用于抛光和磨韧的极精细的天然石头。结合机油使用，可用于雕刻刀以及其他工具的打磨。

球形手柄蘑菇形手柄木质手柄：

这种木质手柄特别适合手掌心的抓握，用于安装雕刀、抢刀等工具。安装时，金属刀柄应预先烧热，然后把受热后的刀柄插进木质手柄的孔洞中，敲紧即可。

錾刻与錾花工具

錾刻与錾花錾子：

约100mm（4″）长的钢质錾子，头部打磨成某种造型。一套錾子约由20种錾子组成，包括：肌理錾子、模型錾子、敲凸錾子、整平錾子以及背景錾子。

沥青碗和支撑物：

沥青碗是一种盛放首饰制作用沥青的半球形铸铁碗。沥青可以起到錾刻或錾花时固定金属片的作用。沙袋或者木质垫圈都可以作为沥青碗的支撑物。

宝石镶嵌工具

放大镜：

一种用于镶石和精细饰品制作的手持放大镜，有各种不同的焦距。

滚边器：

由较软的金属制成，滚边时不易滑动，所以不会对宝石造成意外伤害。在操作折边镶嵌或包边镶嵌时用于压弯金属包边。

推子：

由较软的金属制成，推压金属时不易滑动，所以不会对宝石造成意外伤害。通常推子的一头为平面，有木柄，在操作折边镶或爪镶时用于推压金属边或金属爪。

压光笔：

可用于金属表面的压光（抛光）。特别适用于拐弯抹角处的局部压光、宝石镶嵌以及抹除雕刻时由于雕刀的滑动而造成的误雕线条。还有一种弯头的压光笔，需要安装把手才可使用。

抢刀：

一种刀尖为三角形、可以切削金属的刀具。用于包边镶嵌以及剔除金属雕刻时产生的金属碎屑。

镶口型铁和冲子：

适用于镶口的成型、扩充、收缩和修整工作。镶口型铁和冲子分别有两种不同的倾斜角度：17°和28°；造型则多种多样，有圆形、椭圆形、方形、祖母绿形、梨形、六边形以及长方形。

铸造工具

墨鱼骨：

用于铸造。墨鱼骨的切面要磨平，切面较软的部分可以用刀雕出型腔，也可以通过挤压实物的方法来制造型腔。

雕刻工具：

用于墨鱼骨铸造的型腔的雕刻、制造排气道以及修整翻砂铸造的型腔。

铝质砂铸模框：

适用于砂铸工艺。铸造用砂被填进其中的一个铝质砂铸模框中，然后把实物压进砂子中，形成铸造型腔，再把另一个模框填满砂子，两个模框最后对接拼合即可。

铸造用砂或代尔夫黏土：

一种适用于铸造的细密的、可重复使用的油性砂子。在把实物压进砂子中制作型腔时，它能再现实物的细节。

坩埚或试金坩埚：

一种陶瓷容器，可盛放少量的铸造用银材料，这些银材料可用火枪灼烧和熔化。

坩埚夹：

可用于方形坩埚或试金坩埚的夹取。

研磨和抛光工具

浮石粉：

一种极精细的研磨粉末，通常用于研磨浸酸后被水冲洗过的（未经干燥的）物件，以达到去除表面污垢的目的，使物件表面符合焊接的要求。被浮石粉研磨过的表面效果可作为最后的精修效果而被保留。

砂纸：

砂纸有粗细之分，用于锉子修整之后的表面精修。为获得最理想的研磨效果，砂纸的使用应遵循从粗到细的顺序。砂纸可按要求裁成不同的形状和大小来使用。

橡胶研磨块：

表面附有研磨粉，可按要求裁成不同的形状来使用，也可整块使用。适用于表面清理或者制造绒面肌理效果。橡胶研磨块表面的研磨粉有粗细之分，不同粗细的研磨块用不同的颜色加以区分。

擦拭布和钢丝绒：

用于表面的清洁和修整。钢丝绒有粗细之分，从粗到细都能买到。

夹棒或夹针：

安装在吊钻或吊机上使用，使用前通常从夹棒或夹针的夹槽中穿过一长条砂纸，然后把砂纸缠紧而制成砂纸卷，可用于戒指内圈的打磨等工作。当砂纸卷外层的砂纸磨损后，撕掉它即可继续使用内层的未经磨损的砂纸。

橡胶机针：

表面附有研磨物，研磨物的粗细以及机针的形状多种多样。安装在吊钻或吊机上使用，为获得最佳的研磨效果，可依照从粗到细的顺序使用橡胶机针。

研磨片：

安装在吊钻或吊机上使用，可用于清洁、粗抛光以及肌理制作。是修整细小局部的理想工具。从最粗的型号到超精细的型号都可买到。

胶轮：

表面附有研磨物，从最粗的型号到超精细的型号都可以买到。安装在吊钻或吊机上使用，可用于抛光工作。使用前，把机针穿过胶轮，顶部用螺丝旋紧固定，然后把机针安装在吊机的接头或机头上，旋紧即可。

铜扫：

安装在吊钻或吊机上使用，可用于制作均匀的、磨砂的绒面肌理效果，还可用于焊接前的清理工作。除了轮型，铜扫的形状还有杯型和笔型，这两种形状的铜扫需结合清洁液和水一起使用，以防铜丝缠结金属饰件。

绒毛扫：

安装在吊钻或吊机上使用，可用于制作较为精细的绒面肌理效果。

绒轮或毛扫：

安装在吊钻或吊机上使用，可用于制作绒面肌理效果。从最粗的型号到超精细的型号都可买到。注意，使用时请佩戴护目镜。

布轮或抛光轮：

安装在吊钻或吊机上并结合抛光皂一起使用，可用于细小局部的抛光工作。抛光轮的材质可分为羊毛、棉布和毛毡等几种。

毛毡抛光轮：

安装在吊钻或吊机上并结合抛光皂一起使用，可用于细小局部的抛光工作。每一个毛毡抛光轮只能涂抹一种抛光皂，并只对一种金属进行抛光，不可混用。毛毡抛光轮的形状比较多样。

绒布轮：

安装在打磨机或抛光机上使用，无须抛光皂，可制作较为精细的绒面肌理效果。

抛光皂：

深棕色抛光皂是一种较粗的抛光皂，当银饰经过砂纸打磨后，即可用软硬适中以及较硬的抛光轮或毛扫等工具，如棉布轮，并涂抹这种深棕色抛光皂，从而给银饰进行首次抛光。红色抛光皂用于最后一道抛光工作，可获得镜面效果。建议使用较软的抛光轮或毛扫等工具，如鹿皮、羊毛轮、棉布轮，并涂抹这种红色抛光皂，从而进行抛光工作。

抛光轮或抛光毛扫：

安装在打磨机或抛光机的机轴上使用。不同的毛扫适用于不同的金属和抛光皂。毛扫在每次使用前都应该用清理刷清理干净，因为，残留在毛扫上的抛光皂会很硬，容易伤害金属的表面。也可以把毛扫浸泡在用热水、洗涤液和氨水制成的溶液中，浸泡一夜之后，毛扫就很干净了。

抛光绳：

可涂抹抛光皂、也可不涂抹抛光皂，适用于细小局部的抛光工作以及不能用毛扫进行抛光的镶嵌饰件的抛光。

绒棒：

安装在打磨机或抛光机上使用，可用于戒指内圈的抛光。不同的绒棒适用于不同的金属和抛光皂。

抛光护剂：

微晶蜡：用于保持以及提升

氧化银的色彩度。格兰诺抛光膏（Glanol）：一种精细的金属抛光膏和表面护剂。杜拉利特抛光膏（Duraglit）：一种白银抛光材料。

擦银布：

布面上附有擦亮剂，可用于去除银饰表面的指纹和污垢。

铜刷：

用于表面清洗和精修。使用时应把饰件至于流水中，并涂抹洗涤液，以防铜刷上的铜丝脱落而扎进金属的表面。

毛刷：

一种多用途的刷子，结合洗涤液使用，可去除经过抛光后的饰件的表面油污或残留物，还可以涂抹浮石粉，清洁酸洗以及腐蚀后的银饰。

玻璃纤维笔：

用于金属的先期修整、金属表面的清洁以及制作绒面或笔触肌理效果。注意：在流水中使用，以防脱落的玻璃纤维扎进皮肤，使用时需佩戴护目镜和手套。

钢珠：

结合抛光剂并放在滚筒抛光机的滚筒中使用，可抛光、磨亮金属，还可使银饰变硬。建议把多种形状的钢珠混在一起使用。

化学试剂

除油剂：

打火机燃料、松节油以及丙酮都可用来溶解和清除油漆、黏胶以及记号笔等留下的痕迹。使用工业酒精或甲基化酒精可去除油污。

超声波清洗剂：

在专业的超声波清洗机中使用，可去除脏物、抛光残留物、油脂及污点等。

滚筒抛光剂：

一种抛光膏，结合钢珠和清水在滚筒抛光机中使用，可用于毛刺的清理、粗抛光以及使银材料硬化。滚筒抛光剂中含有防止钢珠生锈的物质。

三草酸合铁或硝酸铁盐：

用于腐蚀白银。请遵照安全操作规范来使用。

三合一油：

用于润滑工具和设备，防止工具和设备生锈。

蜂蜡：

使用锯子进行裁切操作时，将蜂蜡涂抹在锯条上，可避免锯条发涩，使裁切变得顺滑。

裁切润滑剂：

用于机针、锯条、钻头等的润滑。

清漆或黑色指甲油：

可借助毛笔涂抹到无须腐蚀的部位，形成覆盖和保护。涂层完全干燥后才可把物件放入腐蚀液中。可用丙酮去除。

硫酸粉：

用水调配，可制成含有硫酸的溶液。对于受热焊接后银饰表面的氧化物和残留焊剂，可用热的硫酸溶液去除。皮肤不要接触酸液（酸液可导致皮肤刺痛），衣物不要被酸液污染（酸液可导致衣物破损）。把饰件放入酸液以及从酸液中夹取饰件时，一定要用塑料或者黄铜的夹具或镊子。调配溶液时，一定是往水中添加硫酸粉，而不是往硫酸粉中添加水。溶液调配时会产生烟雾，所以须在通风良好的环境中操作。请遵照安全操作规范来使用硫酸粉。

氧化液或硫化钾或氢硫化铵：

可使白银变黑。这种浓缩的溶液在使用前需经过稀释。一定要遵照安全操作规范来使用。使用氯化氨可以做出深黑和浅灰的颜色。使用时把一小部分溶液倒入塑料容器中，接着把银饰浸没在溶液中或者用笔在银饰上涂抹溶液，随后用清水冲洗即可。使用过的溶液应分开放置，千万不要把使用过的溶液与未经使用的溶液混在一起。溶液应储藏在阴凉、光线较暗的地方，可延长溶液的使用期限。注意：这些化学溶液都会产生烟雾，所以一定要在通风良好的地方或者通风柜中进行操作，工作时请佩戴手套、护目镜和口罩。

硝基漆或拉柯米特涂层：

用于覆盖饰件中无须镀金的部位。可用毛笔直接涂抹和清洗，完成镀金后，用油漆稀料或拉柯米特洗液清洗涂层。注意，由于使用时会产生烟雾，所以必须在通风良好的环境中操作。操作时请佩戴防毒面罩和手套。

油漆稀料/拉柯米特洗液：

用于清洗和稀释电镀防腐剂。注意，由于使用时会产生烟雾，所以必须在通风良好的环境中操作。操作时请佩戴防毒面罩和手套。

健康与安全

大部分首饰制作者的工作室或工坊的面积都很小，有的甚至在家里制作首饰。工作室无论设置在哪里，采取一定的健康与安全防护措施都是必不可少的。一个首饰工作室应该常备急救箱、洗眼水以及小型灭火器等物品，良好的通风同样十分重要：如果不能在室外操作危险程序，那么，在室内操作时，一定要佩戴合适的防毒面罩。健康与安全的常识固然重要，但还需实施足够的预防措施以及遵守基本的安全原则。

机械设备

一定要阅读生产商的使用指导以便正确地使用化学物品。台钻和打磨机（或抛光机）一定要紧紧固定在工作台上，以防这些机械由于工作时产生的震动而移位。别忘了安装机械防护装置，操作机械时注意佩戴护目镜，松散的衣物和头发一定要系紧。一些工序操作时会产生粉尘，如锉修、打磨和抛光，这时需要佩戴防尘面罩。抛光时千万不要佩戴手套，万不得已时，也只能佩戴指套，事实上，指套也是很容易被打磨机、抛光机的轮子卷走的。如果正在抛光的饰件不慎被打磨机、抛光机的轮子卷走了，应该立刻关掉机器电源，等机器停下来后再拣取饰件，然后修整物件的形体。千万不要使用打磨机或抛光机来抛光链条，因为，链条极易被卷走，最好使用旋转滚筒或滚筒抛光机来抛光链条。

化学药品

如有条件，化学药品最好储藏在带锁的金属柜中。一定要仔细阅读制造商的产品使用指导，并且要从产品供应商那里得到化学药品的安全信息说明。化学试剂一定要有清晰的标签，使用过的溶液以及混合溶液一定要标明配制数据。使用化学试剂时一定要穿围裙，以防衣物受到污染，另外，还需佩戴护目镜、安全手套（橡胶、乳胶或者乙烯基塑料手套），因为，如果皮肤直接接触化学试剂，可能会导致长期的皮肤伤害。操作时还需佩戴合适的防毒面罩，以过滤有害气体，如果有条件的话，可以使用通风柜来排除这些有害气体，如果没有条件，则必须佩戴防毒面罩并在室外操作化学程序。为了防止化学试剂溅到地面，试剂应该放在塑料托盘上，而化学溶液的盛放和调配最好使用玻璃或塑料容器。溅出来的化学溶液可用报纸擦拭干净，也可用小苏打来中和这些溶液（小苏打应该常备，以便随时取用）。

配制酸液时，永远都是往水里倒入酸性物质，倒入的速度不可过快。千万不要把水倒入酸性物质中，这会导致十分危险的化学反应。如有可能，不要使用硝酸，而选择更安全的化学试剂（如硝酸铁）来腐蚀白银。不要把废旧化学溶液直接倒入排水道，应该运用正确的危险废液处理方法来处理它们。

有一些毒性更小的、环保型的物质可以替代那些化学试剂，首饰工坊中常用的化学加工方法都离不开酸性物质，而在传统的化学加工方法中，有许多无毒的酸性物质得以使用，如明矾、柠檬酸及醋盐溶液。

加热与焊接

一定要用隔热垫或隔热块在首饰工作台上设置一块加热专用区：也许需要数层隔热垫才能保证工作台面不受损。用于焊接的加热专用区需要垫更多的隔热块。操作铸造工艺时需倍加小心，最好穿戴皮围裙和皮手套，以防烫伤以及金属溶液溅到身上。定期查看储气罐，把肥皂水涂在储气罐的出气口，检查有否漏气，如果出现气泡，并且气泡越来越大，则说明有漏气的情况，那么，重新安装所有的连接件，并再次检测是否漏气。

参考信息
图表

戒指号

美国/加拿大	英国/爱尔兰/澳大利亚/新西兰	欧洲	印度/中国/日本	内径（英寸）	内径（mm）	内周长（英寸）	内周长（mm）
½	A	38		15/32	12.04	1 31/64	38
¾	A½						
1	B	39	1	31/64	12.45	1 17/32	39
1¼	B½						
1½	C	40.5		½	12.85	1 37/64	40.4
1¾	C½						
2	D	42.5	2	33/64	13.06	1 41/64	41.7
2¼	D½						
2½	E	43	3	17/32	13.67	1 11/16	43.0
2¾	E½						
3	F	44	4	35/64	14.07	1 47/64	44.2
3¼	F½		5				
3½	G	45		9/16	14.48	1 25/32	45.5
3¾	G½		6				
4	H	46.5	7	37/64	14.88	1 27/32	46.8
4¼	H½						
4½	I	48	8	19/32	15.29	1 57/64	48.0
4¾	J	49					
5	J½		9	5/8	15.70	1 15/16	49.0
5¼	K	50					
5½	K½		10	41/64	16.10	1 63/64	
5¾	L	51.5					
6	L½		11	21/32	16.51	2 3/64	51.5
6¼	M	53	12				
6½	M½		13	43/64	16.92	2 3/32	52.8
6¾	N	54					
7	N½		14	11/16	17.35	2 5/64	54.0
7¼	O	55					
7½	O½		15	45/64	17.75	2 13/64	55.3
7¾	P	56.5					
8	P½		16	23/32	18.19	2¼	56.6
8¼	Q	58					
8½	Q½		17	47/64	18.53	2 19/64	57.8
8¾	R	59					
9	R½		18	¾	18.89	2 11/32	59.1
9¼	S	60					
9½	S½		19	49/64	19.41	2 13/32	60.6
9¾	T	61					
10	T½		20	25/32	19.84	2 29/64	62.2
10¼	U	62.5	21				
10½	U½		22	51/64	20.20	2½	63.1
10¾	V	64					
11	V½		23	13/16	20.68	2 9/16	64.3
11¼	W	65					
11½	W½		24	53/64	21.08	2 39/64	65.7
11¾	X	66					
12	X½		25	27/32	21.49	2 21/32	67.9
12¼	Y	68					
12½	Z	69	26	55/64	21.89	2 45/64	68.5
12¾	Z½						

实际制作中，戒指号的大小并不与手指的尺寸一致，如果是戒面较宽的戒指，应选择略大于手指尺寸的号数。在用戒围量圈测量戒指号数的时候，戒围量圈的戒面宽度应与即将制作的戒指的戒面宽度一致。测算戒指周长时，一定不要忘了把戒指的壁厚计算在内。

实用公式：

周长=3.142×直径

面积=3.142×（半径^2）

金属厚度表：英制与公制换算表以及钻头尺寸号数对应表

美国B&S Gauge标准	毫米	英寸千分数	英寸分数	钻头号数
0	8.5	0.325	21/64	
1	7.3	0.289	9/32	
2	6.5	0.257	1/4	
3	5.8	0.229	7/32	1
4	5.2	0.204	13/64	6
5	4.6	0.182	3/16	15
6	4.1	0.162	5/32	20
7	3.6	0.144	9/64	27
8	3.2	0.128	1/8	30
9	2.9	0.114		33
10	2.6	0.102		38
11	2.3	0.091	3/32	43
12	2.1	0.081	5/64	46
13	1.8	0.072		50
14	1.6	0.064	1/16	51
15	1.45	0.057		52
16	1.30	0.051		54
17	1.14	0.045	3/64	55
18	1.0	0.040		56
19	0.9	0.036		60
20	0.8	0.032	1/32	65
21	0.7	0.028		67
22	0.6	0.025		70
23	0.55	0.022		71
24	0.50	0.020		74
25	0.45	0.018		75
26	0.40	0.016	1/64	77
27	0.35	0.014		78
28	0.30	0.012		79
29	0.27	0.011		80
30	0.25	0.010		

银焊药熔点和熔流点

焊药类型	熔点（℉）	熔流点（℉）	熔点（℃）	熔流点（℃）
高温银焊药	1365	1450	741	788
中温银焊药	1275	1360	691	738
低温银焊药	1240	1325	671	718
超低温银焊药	1145	1207	618	653

由于银焊药的产地不同，温度点可能略有差异。

银材料特性表

银材料类型	合金成分	熔点（℉）	熔点（℃）	比重
999.9 纯银	99.9% 纯银	1761	960.5	10.5
958 布里特尼亚银	95.8% 纯银 4.2% 紫铜	1652~1724	900~940	10.4
925 标准银	92.5% 纯银 7.5% 紫铜	1481~1640	805–893	10.4
935 阿金提姆标准银	92.5% 纯银，其余为紫铜和锗	1610	877	10.3

黄金与K金特性表

类型	合金成分	熔点（℉）	熔点（℃）	比重
24K金黄色	99.9%纯金	1945	1063	19.32
22K金黄色	92%纯金，其余为纯银和紫铜	1769~1796	965~980	17.8
18K金黄色、红色、白色、绿色	76%纯金，根据所需颜色分别加入一定量的纯银、紫铜、钯	1598~2399	870~1,315	15.2~16.2
14K金黄色、白色	58.5%纯金，根据所需颜色分别加入一定量的纯银、紫铜、钯、锌	1526~1805	830~985	12.9~14.5
9K金黄色、红色、白色	37.5%纯金，其余为纯银、紫铜、锌	1616~1760	880~960	11.1~11.9

纯度标记

纯度标记是一种官方标记，一种印刻在贵金属上的表明纯度或细度的系列标记。贵金属的纯度与细度是通过一种名为试金法的金属分析检测办法而获得的。由于国家贵金属制造法与进口法规的具体要求处于变化之中，所以纯度标记管理法规也时有变动。建议在进行贵金属（如白银）交易之前，最好查阅相关纯度标记管理法规。

各国的贵金属纯度标准以及管理法规有所不同，如在英国，自从1923年颁布纯度标记法令之后，所有未经英国金属检测部测定以及没有该部门纯度标记的银器的销售都是非法的，不过，重量低于7.78克的银器则无须此纯度标记。而在爱尔兰共和国，则没有最低重量的限定，所有待售的银器都必须有纯度标记。

1973年，一些欧洲国家签署了维也纳贵金属纯度与标记控制国际公约，这个公约使得贵金属检测的立法标准化，促进了国际贵金属贸易。这个公约产生了一项内容——一般核查标记（CCM），这种标记被广泛用于经过纯度测定并符合标准的贵金属物品上。除了这些加入公约的国家，还有一些欧洲国家仍旧保有自己的纯度标记体系，其纯度标准的管理和执行都不尽相同。

一套完整的纯度标记通常由一系列的标志组成，在英国，完整的纯度标记有四个部分：制造者（制造商/制造人）标志、纯度标志（标明了物品的含银量）、检测部门的标志以及纯度标记刻印的时间。这些标志的印刻可以使用传统的手工錾刻法，也可以使用激光雕刻法。

在澳大利亚和美国，不存在官方的纯度标记管理体系。在澳大利亚，纯度标志的印刻完全是自主自愿的事，通常都是由个体首饰制造者印刻到贵金属物件上去。然而，如果贵金属的纯度受到质疑，经检测其纯度标记与检测结果不符，那么，造假者将会受到澳大利亚有关法律的严惩。在美国，情形大致相同，通常也是首饰制作者把自己的名字和纯度标志印刻到饰件上。

致谢：

我要对以下的朋友表示衷心的感谢：泽维尔·杨（Xavier Young）为本书拍摄了大量精彩的图片，其工作耐心细致，贯穿始终；还有那些才华横溢的首饰创作者，他们积极响应我的征稿，并慷慨地允许我在本书中使用他们的作品图片；辛西娅·艾德、斯捷潘·泰特扬、凯特·麦金农、雷吉娜·施瓦泽、帕特里夏·特斯切特以及乌特·德克尔毫无保留地让我们分享他们的专业知识和技能；辛西娅·艾德和多萝西·埃里克森（Dorothy Erickson）博士收集了美国和澳大利亚方面的相关信息；克莱尔·菲格特（Clare Felgate）提供了有关阿金提姆银的信息资料；杰西卡·罗斯（伦敦首饰学院）、迈克尔·米洛依以及凯蒂·哈克尼（Katy Hackney）提供了许多重要的首饰制作工具；英国库克森贵金属公司提供了材料以及宝石图片。

我尤其要感谢那些演示制作过程的艺术家们，他们无私地让我们分享其高超的专业知识和技能，没有他们的贡献，本书无法得以完成。这里需要说明：梅丽莎·亨特演示腐蚀工艺；达芙妮·克利诺斯演示宝石镶嵌工艺；迈克尔·米洛依演示模印、剔槽对折成型、铸造、烧皱和花丝工艺；斯蒂文·诺斯演示雕刻工艺；杰西卡·罗斯演示金属黏土和缠丝工艺；阿德斯·乌凯洛演示敲打成型工艺。

最后我要感谢我的家人：安德鲁（Andrew）、山姆（Sam）和汤姆（Tom），他们给予我宝贵的支持和容忍，没有这些支持和容忍，本书的出版也是不可能的。

进一步查询关于我的作品、银材料供应商和行业协会的相关信息，请访问我的网站：www.elizabethbone.co.uk

制作工艺提供者：

Melissa Hunt
www.melissahuntjewellery.co.uk
Daphne Krinos
www.daphnekrinos.com
Michael Milloy
www.m-milloy.com
Steven North
Unit 9, 43 Kirby Street, London
EC1N 8TE, UK
Tel. + 44(0)797 1722 531
Jessica Rose
www.londonjewelleryschool.co.uk
Adaesi Ukairo
www.ukairo.com

图片提供者：

Jane Adam
www.janeadam.com
Cindy Ashbridge
www.cindyashbridge.com
Anne Bader
www.auri-jewellery.com
Talya Baharal
www.talyabaharal.com
Sun-Woong Bang
www.sunwoongbangjewellery.com
Kelvin J. Birk
www.kelvinbirk.com
Adele Brereton
www.adelebrereton.com
Shimara Carlow
www.shimara.com.au
Catherine Clark
cath53703@yahoo.com
Nancy Megan Corwin
www.nancymegancorwin.com
Ronda Coryell
www.rondacoryell.com
Donna D'Aquino
www.donnadaquino.com
Ute Decker
www.utedecker.com
Jörg Eggiman
www.eggiman-goldschmied.ch
Cynthia Eid
www.cynthiaeid.com
Celie Fago
www.celiefago.com
Darren Harvey
www.darrenharvey.com.au
Trudee Hill
www.trudeehill.com
Catherine Hills
www.catherinehillsjewellery.com
Kate Hodgson
www.katehodgson.co.uk
Birgit Holdinghausen
holdinghausen@optusnet.com.au
Melanie Ihnen
www.studio2017.com.au

Hadar Jacobsen
www.artinsilver.com
Mayza João
www.mayzajoao.com
Yumiko Kakiuchi
www.yumikokakiuchi.com
Christy Klug
www.christyklug.com
Hannah Louise Lamb
www.hannahlouiselamb.co.uk
Linda Lewin
www.lindalewin.co.uk
Terri Logan
tlstudios@aol.com
Jane Macintosh
www.janemacintosh.com
Susan May
www.susanmay.org
Wendy McAllister
www.wendymcallister.com
Kate McKinnon
www.katemckinnon.com
Suzanne Otwell Negre
www.suzanne-otwell-negre.com
Julia Rai
www.juliarai.co.uk
Todd Reed
www.toddreed.com
Nora Rochel
www.nora-rochel.de
Verena Schreppel
www.verenaschreppel.com
Regine Schwarzer
www.regineschwarzer.com
Erik Stewart
www.erikstewartjewelry.com
Stepan Terteryan
www.stepanjewellery.com
Patricia Tschetter
tschetterstudio.com
Estelle Vernon
www.estellevernon.com
Georgia Wiseman
www.georgiawiseman.com

其他提供者：

Argentium International Ltd
www.argentiumsilver.com
Cookson Precious Metals
www.cooksongold.com
Xavier Young
www.xavieryoung.co.uk

中国国际贸易促进委员会纺织行业分会

中国国际贸易促进委员会纺织行业分会成立于1988年，成立以来，致力于促进中国和世界各国(地区)纺织服装业的贸易往来和经济技术合作，立足为纺织行业服务，为企业服务，以我们高质量的工作促进纺织行业的不断发展。

简况

每年举办(或参与)约20个国际展览会
涵盖纺织服装完整产业链，在中国北京、上海和美国、欧洲、俄罗斯、东南亚、日本等地举办
广泛的国际联络网
与全球近百家纺织服装界的协会和贸易商会保持联络
业内外会员单位2000多家
涵盖纺织服装全行业，以外向型企业为主
纺织贸促网 www.ccpittex.com
中英文，内容专业、全面，与几十家业内外网络链接
《纺织贸促》月刊
已创刊十八年，内容以经贸信息、协助企业开拓市场为主线
中国纺织法律服务网 www.cntextilelaw.com
专业、高质量的服务

业务项目概览

中国国际纺织机械展览会暨ITMA亚洲展览会(每两年一届)
中国国际纺织面料及辅料博览会(每年分春夏、秋冬两届，分别在北京、上海举办)
中国国际家用纺织品及辅料博览会(每年分春夏、秋冬两届，均在上海举办)
中国国际服装服饰博览会(每年举办一届)
中国国际产业用纺织品及非织造布展览会(每两年一届，逢双数年举办)
中国国际纺织纱线展览会(每年分春夏、秋冬两届，分别在北京、上海举办)
中国国际针织博览会(每年举办一届)
深圳国际纺织面料及辅料博览会(每年举办一届)
美国TEXWORLD服装面料展(TEXWORLD USA)暨中国纺织品服装贸易展览会(面料)(每年7月在美国纽约举办)
纽约国际服装采购展(APP)暨中国纺织品服装贸易展览会(服装)(每年7月在美国纽约举办)
纽约国际家纺展(HTFSE)暨中国纺织品服装贸易展览会(家纺)(每年7月在美国纽约举办)
中国纺织品服装贸易展览会(巴黎)(每年9月在巴黎举办)
组织中国服装企业到美国、日本、欧洲及亚洲等其他地区参加各种展览会
组织纺织服装行业的各种国际会议、研讨会
纺织服装业国际贸易和投资环境研究、信息咨询服务
纺织服装业法律服务

更多相关信息请点击纺织贸促网 www.ccpittex.com

中国纺织出版社推荐书目

书名:《中国传统首饰　簪钗冠》
从书名: 中国艺术品典藏系列丛书
作者: 王金华 著
ISBN: 9787506498104
定价: 398.00元

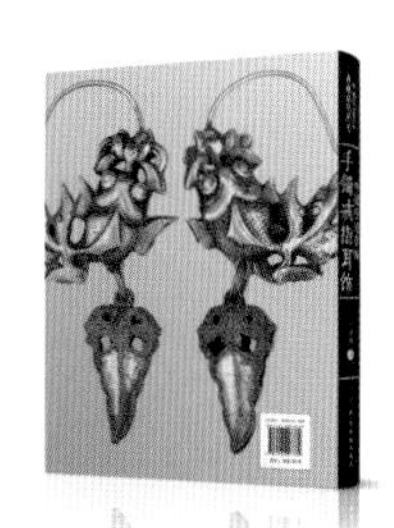

书名:《中国传统首饰　手镯戒指耳饰》
从书名: 中国艺术品典藏系列丛书
作者: 王金华 著
ISBN: 9787518003389
定价: 368.00元

书名:《中国传统首饰　长命锁与挂饰》
从书名: 中国艺术品典藏系列丛书
作者: 王金华 著
ISBN: 9787518003396
定价: 368.00元

书名: 服装配件绘画技法
从书名: 国际时尚设计丛书·服装
作者: [英]史蒂文·托马斯·米勒 著
ISBN: 9787518001606
定价: 69.80元

书名: 2013北京国际首饰艺术展
作者: 詹炳宏 主编
　　　郭强 胡俊 副主编
ISBN: 9787518000500
定价: 180.00元

原文书名：SILVERSMITHING FOR JEWELRY MAKERS
原作者名：Elizabeth Bone

著作权合同登记号：图字：01-2013-0937

图书在版编目（CIP）数据

国际首饰设计与制作：银饰工艺 /（英）波恩著；胡俊译. --北京：中国纺织出版社，2014.6（2023.3 重印）
（国际时尚设计丛书. 服饰配件）
书名原文：Silversmithing for jewelry makers
ISBN 978-7-5180-0269-6

Ⅰ.①国…　Ⅱ.①波…　②胡…　Ⅲ.①金银饰品－生产工艺　Ⅳ.①TS934.3

中国版本图书馆CIP数据核字（2014）第004872号

责任编辑：李春奕　　责任校对：余静雯
责任设计：何　建　　责任印制：储志伟

中国纺织出版社出版发行
地址：北京市朝阳区百子湾东里A407号楼　邮政编码：100124
邮购电话：010—67004422　传真：010—87155801
http: //www.c-textilep.com
E-mail: faxing@c-textilep.com
中国纺织出版社天猫旗舰店
官方微博 http://weibo.com/2119887771
北京利丰雅高长城印刷有限公司印刷　各地新华书店经销
2014年6月第1版　2023年3月第8次印刷
开本：787×1092　1/16　印张：12
字数：130千字　定价：78.00元

凡购本书，如有缺页、倒页、脱页，由本社图书营销中心调换